文化伟人代表作图释书系

An Illustrated Series of Masterpieces of the Great Minds

非凡的阅读

从影响每一代学人的知识名著开始

知识分子阅读，不仅是指其特有的阅读姿态和思考方式，更重要的还包括读物的选择。在众多当代出版物中，哪些读物的知识价值最具引领性，许多人都很难确切判定。

“文化伟人代表作图释书系”所选择的，正是对人类知识体系的构建有着重大影响的伟大人物的代表著作。这些著述不仅从各自不同的角度深刻影响着人类文明的发展进程，而且自面世之日起，便不断改变着我们对世界和自然的认知；不仅给了我们思考的勇气和力量，更让我们实现了对自身的一次次突破。

这些著述大都篇幅宏大，难以适应当代阅读的特有习惯。为此，对其中的一部分著述，我们在凝练编译的基础上，以插图的方式对书中的知识精要进行了必要补述，既突出了原著的伟大之处，又消除了更多人可能存在的阅读障碍。

我们相信，一切尖端的知识都能轻松理解，一切深奥的思想都可以真切领悟。

文化伟人代表作图释书系

Arithmetical Classic of the Gnomon and the Circular Paths of Heaven

周髀算经

（全新插图本）

〔汉〕佚名 / 著　〔汉〕赵爽 / 注

胡永斌 / 译注

重庆出版集团　重庆出版社

图书在版编目（CIP）数据

周髀算经 /（汉）佚名著；（汉）赵爽注；胡永斌译注. —重庆：重庆出版社，2023.3

ISBN 978-7-229-17537-5

Ⅰ.①周… Ⅱ.①佚… ②赵… ②胡… Ⅲ.①古算经—中国 ②天文学史—中国—先秦时代 Ⅳ.①O112 ②P1-092

中国版本图书馆CIP数据核字（2023）第033624号

周髀算经
ZHOUBI SUANJING
〔汉〕佚名 著 〔汉〕赵爽 注 胡永斌 译注

策 划 人：刘太亨
责任编辑：陈渝生
责任校对：刘小燕
特约编辑：张月瑶
封面设计：日日新
版式设计：冯晨宇

重庆出版集团 重庆出版社 出版

重庆市南岸区南滨路162号1幢 邮编：400061 http://www.cqph.com
重庆市国丰印务有限责任公司印刷
重庆出版集团图书发行有限公司发行
全国新华书店经销

开本：720mm×1000mm 1/16 印张：28.5 字数：456千
2023年5月第1版 2023年5月第1次印刷
ISBN 978-7-229-17537-5
定价：68.00元

如有印装质量问题，请向本集团图书发行有限公司调换：023-61520678

译注者序

《周髀算经》原名《周髀》，是中国现存最早的数理天文学著作。周髀，本意是周朝测影用的圭表。从书中陈子答荣方问“古时天子治周，此数望之从周，故曰周髀。髀者，表也”，亦可获知书名含义。唐朝初期，国子监明算科以十部算经作为教材，列《周髀》为十部算经的第一部，故改称《周髀算经》。

关于《周髀算经》的成书年代，学界至今存在争议，认可度比较高的有两个说法，一是成书于春秋战国，二是成书于西汉年间。推敲作品本身的写作风格，再结合汉朝前后的天文历法理论成果，我们大致可以认定，《周髀算经》成书于西汉末年。虽然学术界对其具体成书年代观点不一，但几乎都有一个共识，即《周髀算经》并非一人一时之作，而是经过了许多朝代的积累改进才形成我们所看到的篇幅与结构。作为一部以推理观测为基础的古代研究自然科学的述作，原文虽仅有六千二百余字，但其内容广博深奥，记录了大量的天文观测数据和数学计算结果，从西周的商高定理到战国的陈子模型，所覆盖的算术、天文知识相当丰富，蕴含着中国古代劳动人民的智慧，是一部集大成的学术著作。

《周髀算经》全书分为上下两卷。

上卷的内容包括两个部分。第一个部分为“商高定理”，记载了西周数学家商高是如何创建积矩推导法和推导勾股定理的。这一成果使中国古代数学由经验层次发展到推导证明的层次，从而奠定了中国古代数学的基石。书中明确记载的求弦公式，“若求邪至日者，以日下为勾，日高为股，勾股各自乘，并而开方除之，得邪至日”，比西方有据可考的毕达哥拉斯定理（即勾股定理）早了五百多年。商高推导勾股定理的叙述是世界数学史现存最早证明勾股定理的记载。除此之外，这个部分还记载了商高圆方之术，“毁方而为圆，破圆而为方”的理论和步骤，以及推算近似圆面积及圆周率的方法；关于商高在矩的应用上的叙述也是测量数学现存的早期系统记载。

第二部分为“陈子模型”和“七衡图”。“陈子模型”部分以对话方式叙述治学之道以及春秋战国之交有关周髀说的天文学知识。在这一篇中，陈子将商高的用矩之道进一步发展成为测望日高的重差术。陈子利用影差原理与日高术，在商高的用矩之道的基础上，完善更加宏大的测天量地的理论与实践。陈子测得“率八十寸而得径一寸”的日距日径比率，而在西方，直到阿基米德时代才达到类似的成就。陈子对天体视运动的测算尝试是一个以观测和理论为依据的超时代学术研究，具有高度的科学价值。“七衡图”部分则介绍了赵爽（字君卿，东吴人）在陈子模型的基本假设下建立的“七衡六间”的宇宙模型。

下卷记载了古代天文和历代周髀说的成就。本卷以术文的形式给出了每日太阳运行轨道的计算方法，使“七衡图”成为一个可以操作的真正的活动式星盘；在陈子模型和“七衡图”的基础上，进一步引入新的天地形状的模型，给出了地理五带的划分、寒暑成因的解释、日出日落的方位；建立了以盖天说为基础的天体测量学，引入了“去极度”的概念，制作了比较完整的“四分历”等，为中国古代人民安排生产生活提供了可靠的依据。

《周髀算经》现存于世的最早版本，是上海图书馆所藏孤本南宋本，此版本由嘉定六年（1213年）鲍澣之根据北宋元丰七年（1084年）秘书省重刊《算经十书》重刻。南宋本《周髀算经》保留了东汉·赵爽、北周·甄鸾、唐·李淳风等三家注文，虽有刊漏阙误等情况，但与其他版本相比相对错误较少，且保存的内容更接近南宋以前的版本。

本书基于《周髀算经》兼具理论性与实践性这一特点，用现代数学语言加以注译和详细解读，以期向广大读者展示原著的精微奥妙并帮助读者领略中国灿烂辉煌的文明历史。在译解的过程中，尽管译者始终秉持科学严谨、精益求精的态度解读此书，但也难免因学力不逮而有所不及，疏忽错漏之处，敬请各位方家不吝赐教。

胡永斌

导读

《周髀算经》原名《周髀》，“算经”这两个字是唐朝修订《算经十书》时加上的。既然被称作“算经”，《周髀算经》中必然体现了许多朴素而精妙的数学理论和数学思维，比如勾股定理、圆方转化之术、重差公式、开方过程、工具“矩”，以及直观法搭配出入相补原理求解、通类思维、数学正则模型的运用等，思路由浅入深，计算由易到难，表述由简到繁，具有丰富的内容呈现和深刻的思想深度。历代也有许多数学家为此书作注，其中最著名的当属东汉·赵爽和唐·李淳风，他们不仅阐释《周髀算经》经义，还提出了一些质疑以及更先进、完善的计算方法；一些原本已经散佚的证明图，经由他们的手恢复出来，流传千古；一些我们现今熟知的“矩出于九九八十一”、“勾广三、股修四、径隅五”就出于此。不过，《周髀算经》中的数学部分，最终都服务于天象观测和天文历法，在这个过程中，还涉及少部分逻辑学知识，因此，称它为数学和天文学著作而不是古典数学著作，要更为恰当。

一、概说

现在，我们来拆解书名中的“周髀”二字，“周”顾名思义是周代，“髀”就是在周朝产生的某种工具。陈子说：“周髀长八尺……古时天子治周，此数望之从周，故曰周髀。髀者，表也。”《晋书》曰：“表，竿也。盖天之术曰周髀。髀，股也。”再结合矩（一种折成直角的曲尺）的外形和勾股定理的表达，不难推断出，“髀”是一种用来测影的圭表，它被限定在八尺长，与日晷的原理类似，它是利用日影进行测量的天文仪器。“表”常常与“圭”连用，又近义于“竿”，有个词叫作“立竿见影”，说的就是圭表的运用。圭表由“圭”和“表”组成，圭是垂直于地面的竿子，“表”是水平放置在地上并标有刻度的尺，用以测量正午时日影的长度变化，以确定节气、时刻等。古代天文观测有许多方法，圭表测影与太阳出入方位观测法（一般用以测定方位，航海时可以有效确认航向）、恒星偕日出观测法（因凌晨前的东方天空中，恒星清晰可见，故一般用以星辰测绘）以及昏旦中星观测法（在黄昏的时候和日出的时候观测天空，进行星辰测绘）一并作为基本的观测方法，不同时代所选用的方法有所侧重，但测算日影是历朝历代都会使用到的方法。《周髀算经》中圭表的特殊性在于，它是在“天圆地方”的宇宙体系下被使用的，具有思维上的局限性，精度也有所欠缺，但后人不断测算、调整，到了元·郭守敬的《授时历》编成之时，中国天文学家所算出的地球绕太阳公转一周的时间离实际只差26秒，达到了同时代欧洲天文学家无法企及的高度。

不同于西方古代天文学受战争影响，学术知识在多国间辗转融合，注重理论发明，中国古代天文学则以农耕社会的需求为基础，与农业社会生产生活紧密结合而发展，具有高度稳定性与实用性。例如，二十四节气、二十八星宿的发现与记载，深刻地影响了农业生产和天文历算，无论从数学发展史上还是从天文发展史上看，都具有不可替代的重要地位。

二、勾股定理与圆方之术

勾股定理

这个定理的现代代数公式写作 $a^2+b^2=c^2$，适用情况相当普遍、简易。但就是这样简单的一个定理，令全世界的数学家和数学爱好者都为之着迷，人类先是用了十几个世纪去发现它，又用了几个世纪变着花样地证明它，再在发现、证明的过程中反复运用它。19世纪以前，勾股定理基本在二维平面上运用，但1851年，黎曼〔1〕在他的一篇论文中提到“几何可以不局限于二维平面”。于是，勾股定理从平面被移到球面，在更高的维度中发挥着作用。我们常常能在许多复杂无比的公式中看到“a^2+b^2”的存在。当一个极简的公式频繁被嵌套在复杂公式中时，它的价值不言而喻。曾有一位美国俄亥俄州的数学教师卢米斯，他收集了当时已知的所有对毕达哥拉斯定理的证明。在他生命最后一年，也就是1940年他将其结集出版，书名为《毕达哥拉斯命题》，书中共有371种证明。作为数学界最重要的基本定理之一，勾股定理已经融入人们的日常生活中，闪耀着千年来人类智慧的光芒。

古巴比伦人也有关于毕达哥拉斯定理的记载。当我们从现代数学世界转身，穿越幼发拉底河，去往美索不达米亚，在整齐码放的土块中，我们会发现一块编号为“YBC 7289”的泥板。它形似龟壳，边缘有两处磨损，这块散发着原始气息的泥板在公元前1800年曾是软黏土，但经由阳光暴

〔1〕黎曼（1826—1866）：德国著名数学家，开创了黎曼几何，并留下了七大难题之一的“黎曼猜想”。

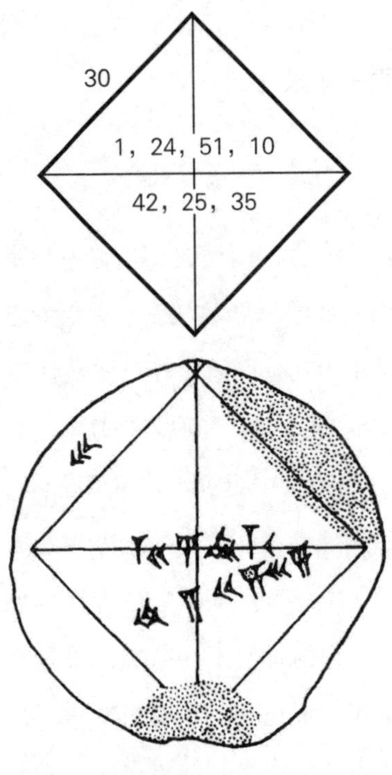

□ **"YBC 7289"泥板**

这个圆形的泥板来自《耶鲁-巴比伦泥板书收藏集》，编号为"YBC 7289"，写于前1800—前1600。它显示了正方形及其对角线的几何图形。这个问题要求边长为30的正方形的对角线之长度。图为"YBC 7289"泥板的提取图及图中符号所对应数字的示意图。

晒、风化干燥、炉内烘烤，它成为了信息的载体，其中的数学思想，一直保存到现在，与我们相见。

泥板上的文字是古巴比伦记数体系，它使用六十进制，对应于现代十进制记数体系的0~59。在表示个位数时，可以使用" Y "字楔形文字；在表示十位数时，则用" — "和" | "来表示。比如这块" YBC 7289 "，左上角的三个小箭头似的图案，表示为" — — — "，就是30。然后，我们用十进制记数法表示巴比伦数字：由于水平对角线上的数涉及小数点，所以我们在泥板上得到"24、51、10"这三个数之后，将它换算为十进制数字，会得到1.414213的结果，即精确到十万分之一。在几何学中，正方形对角线与边的关系恰为 $a=\sqrt{2}b$（或表示成 $a^2=2b^2$）。针对上面那组数字，我们把它乘以30，能得到42.426389，再以六十进制去表示它，就能得到水平对角线下的一行数字：" 42、25、35 "。由此我们可以推断，古巴比伦人明确知道一千年之后被称为毕达哥拉斯定理的数学定理。

不只古巴比伦人，建造出金字塔的古埃及人也在使用毕达哥拉斯定理。在保留了古埃及人数学研究状况的莱茵德纸草书中，涉及许多数学应用的问题，如求谷仓体积、土地面积等，其中如何保证金字塔边的斜度的问题正与毕达哥拉斯定理相关。金字塔体形庞大，在科技不发达的年代，没有精密机器，又想保证四个面相等且有相同的斜度，该怎么做呢？古埃及人就用带有等距离间隔绳结的绳子去丈量，并且在这个过程中发现了三边分别为3、4、5的直角三角形。可惜的是，除了纸草书中给出的四个毕达哥拉斯三元组，没有其他证据表明埃及人得到了一个确定的公式。而未经总结的实践经验需要抽象化、理论化，才能推进数学发展，这是古埃及人没有做到的。正如范德瓦尔登所言："在90%关于数学历史的书籍中，有一本论述了古埃及人知道边长为3、4和5的直角三角形，并使用这个直角三角形摆出了一个直角。然而这一陈述有多少价值呢？完全没有。"

关于这个定理，尽管同样是受解决实际问题的驱动，中国的古代学者却利用了割补法，得出"勾三股四弦五"的明确结论，并且将这一原理推而广之，应用于多种问题的测量和计算。

在本书正文的第一篇"勾股圆方术"中，提到这样一句话："故禹所以治天下者，此数之所生也。""禹治天下"说的就是大禹治水的故事，这里的"此数"指的当然就是勾股数。以黄河为母亲河的古代中国是典型的农耕社会，水利工程关乎着农作物成长和人民安全。在舜帝的上古时期，洪水肆虐，民不聊生，大禹接下治水的任务后，便深入中原，左手执准绳，右手拿规矩（圆规和曲尺），测量山川形势以图治水对策。在深入山野和民间的过程中，他发现父辈惯用的"堵"并不是解决洪水的最好方法，所以他决定顺应水之自然，疏通九州水道，凿宽、凿深黄河上游及高处河道，拓宽、疏通下游及泥沙阻塞之处，让黄河顺利注入东海。这不是一项简单的工程，大禹用了整整13年才完成，但正如前文"极简的公式被频繁嵌套在复杂公式中"的表述，勾股定理也在这复杂的工程中发挥了简单而必要的作用。

在大禹的时代，勾股定理也像是古埃及人造金字塔那样，只在实践中应用，要更晚些才有严谨的数学证明。不过证明的手法，与欧洲数学有比较大的差别。相较于希腊人优先使用代数的抽象推演方式，中国古人更擅长使用具象的逻辑推演。虽然最终推导结果相同，但《周髀算经》中的推导过程明显更直观、更容易让人看懂：将一个矩形沿着对角线对折，得到两个相等的直角三角形，并假设这两个直角三角形的短边（勾）为三，长边（股）为四，对角线（弦）为五，之后以弦为边长，在直角三角形斜边上作一正方形，并将四个直角三角形环绕该正方形一周，形成一个大正方形。

在原文中，环绕正方形的过程被称作“既方之外，半其一矩”，这里的“矩”就是一开始取的矩形，“半其一矩”则是沿对角线一折为二得到的直角三角形。想要求得中间小正方形的面积，只需要将大正方形的面积（7×7＝49）减去两个矩形的面积（3×4×2＝24）即可得到25，也就是以弦为边长的正方形的面积，自然得到勾股定理的公式：$c^2=(a+b)^2-\frac{4ab}{2}=a^2+b^2$。这种堆积“半其一矩”的图形求解方法被称为“积矩法”。

如果只给出一个特殊的实例，或许还不能令人完全信服，但前代积累的数学方法和用矩经验，到《周髀算经》成书的时候已经形成一座相当丰裕的宝库。然而勾股术的魅力还不止于此，至少对于后来为《周髀算经》作注的赵爽来说是这样。

赵爽有一篇著名的数学论文《勾股论》。在这篇论文的开头，他一次性给出了两种简易、直观的证明方法：第一种是将勾边和股边各自平方，再加在一起，就是以弦为边的正方形的面积，再开方，就能得到弦长。第二种是先构造一个由四个相同的直角三角形拼成的正方形，以弦为边，中间留出一小块正方形，涂黄；再把所有直角三角形涂红，将一个直角三角形的面积设为朱实，勾股相乘就是两倍的朱实，四个直角三角形就是四倍的朱实；然后把勾股相减所得的值自乘，就得到了中黄实（即中间涂黄的小正方形的面积），四个朱实加上一个中黄实的面积，等于以弦为边的正方形的面积。

证明结束后，他总结道："或矩于内，或方于外，形诡而量均，体殊而数齐。"意思是，（勾平方加上股平方等于弦平方这个结论）不论推导的图案结构如何，结论都是不变的，在推导的过程中，虽然几何图形的形态和数值有各种变化，但最终能够合并为一个面积组合。"量均"是几何意义上的表述，"数齐"是代数意义上的表述，"量均"先而"数齐"后，这是中国古人形象逻辑推导的呈现，彰显了科学态度，说明中国古人的抽象思维能力和数学水平的发展，并不像古埃及人那样，只是"凑巧"在实践中用绳结测量出勾股弦的关系。

程贞一〔1〕博士认为："商高积矩推导法的一个主要成就是把数学由经验层次发展到以推导证明的层次，从而奠定了中国理论数学的基石。"的确，在中国式的数学证明里，几何图形充当了一种变形手段，数量关系最终会被发展成代数形式。有了商高这个奠基人，后代许多杰出的数学家也用不同方式对勾股定理进行推导，如清朝民间数学家梅文鼎在其著作《勾股举隅》中别出心裁的证明、《数书九章》中的三角形面积与秦九韶公式的证明，以及《九章算术》作者刘徽利用出入相补原理达成的证明。这些证明的相同点在于，都是从几何图形出发，特别是刘徽的证明思路，与赵爽相通，即一个平面或立体的几何图形被分割成若干部分后，面积或体积的总和保持不变。

在《九章算术》中，有一句话概括了这种证明方法："勾股各自乘，

〔1〕程贞一：当代学者，圣迭戈加州大学教授，从事自然科学史、哲学等方面的研究。著作有《黄钟大吕：中国古代和十六世纪声学成就》《〈周髀算经〉译注》等。

并，而开方之，即弦。勾自乘为朱方，股自乘为青方，令出入相补，各从其类，因就其余不动也。合成弦方之幂。”（勾边和股边各自平方，相加后开方，就能得到弦值。将勾边平方后的图形称为朱方，股边平方后的图形称为青方，使因被分割而缺少的部分和多出的部分按照一定的几何规则相互填补，其他不需要变动，这样就能得到弦的平方。）前一句话是勾股定理的结论，后一句话是证明的过程，理解的难点在于“出入相补”。不过最终证明 $c^2 = a^2 + b^2$ 的目的不变，只需要分割和填补就够了，“出入”的部分也易用现代数学方法证明全等。

出入相补法的原理在立体几何中也有很好的运用，刘徽就首先创制了三种适用不同问题的基本几何体。限于篇幅，不再展开。

圆方之术

万物周事而圆方用焉，除了勾股定理之外，商高还对圆方之术很有研究。他说，“数学的方法出于圆和方的数理特性”；又说，“圆可由方的数理特性推导”。可见他对几何图形的一般性质已经有了了解。方与圆几何关系的转化，被表示为“毁方而为圆，破圆而为方”。根据这种理论，他用一个单位圆分别容正方形内切和外切，得到圆周率的范围，并推算出近似圆面积以及圆周率，虽然只精确到3，但在那个时代，已经是了不起的成就了。

可惜的是，《周髀算经》中的证明图已经散佚，商高推演的具体步骤，只能靠后来人复原。不过刘徽在《九章算术》中的“割圆术”，正是“毁方而为圆”的另一种说法。《九章算术》中，刘徽先作了一个半径为10的圆，用一个正六边形与圆内接，然后不断增加边数，直到正一百九十二边形，把接于其外界的圆越割越细，所相差的部分越来越少。设想有一个正 n 边形，几乎与圆没有差距，那么也就相当于圆了，这就是

“割之又割，以至于不可割，则与圆周合体而无所失矣”。如此一来，圆内和圆外都有一个可测定的极限，刘徽就在这个极限中，算出了圆的周长和圆周率，取得圆周率近似值3.14；在此基础上，祖冲之又利用割圆法把圆周率的有效数字精确到了小数点后7位。

这被验证了的奇妙数理特性，大大加强了方和圆的关联，仿佛量子纠缠一般，其中任何一方出现时，另一方也随之出现，比如后世流行的方孔圆形钱币、上圆下方的明堂建筑、儒生圆形的头冠和方形的足履——当这些方圆出现的时候，其所蕴含的就不仅仅是数学知识那么简单了，而是被赋予了文化意义。追溯到最初的“天圆如张盖，地方如棋局”的盖天说理论，可以看到古人的朴素的宇宙观，这也正是《周髀算经》一书的指导理论。观察“圆方”一词和它们出现的地方，我们会发现很多时候圆在前，方在后，这是因为在古人的观念里“上圆法天，下方法地”，天总是高于人的，应当尊重天，以天为先。所以在提及儒生的装扮时，不是“儒者戴大圆、履大方”，而是“戴大圆者履大方”。这就是说，头戴圆形帽子的人，才能好好地在地上行走、做事，“圆”是一个前置条件。那么方在前面的情况有没有呢？有，就比如“无规矩不成方圆”。这首先大概是因了发音和押韵的方便，其次，商高也承认“圆出于方”，按照数理关系来说，这是合理的。

“圆出于方”的后一句，是“方出于矩”。这个“矩”恰好也和“无规矩不成方圆”里的是同一个“矩”，那么它究竟是什么样的东西呢？这就是《周髀算经》上卷的又一个重点了。

三、矩与重差

在山东嘉祥县汉武梁祠石室中的画像石和吐鲁番市唐代古墓群的绢绘图上，均有一幅“伏羲氏手执矩，女娲氏手执规”的画面：伏羲是天地之父，女娲是天地之母，两者皆人首蛇身，旁边还跟随着下属，他们一位向左，一位向右，分别拿着规和矩，准备丈量事物的尺寸、规律以造福先民。在古代，“规”和“矩”这两个字很早被应用，在公元前15世纪的甲骨文上就已经被发现。作为测量和绘图的工具，它们经常需要搭配使用，大禹治水就是一个大规模应用规、矩的实例。也正由于它们常常在一起出现，以至于到战国时代被孟子总结为：“不以规矩，不能成方圆。”这句话使“规”和“矩”有了礼仪制度的含义，且在流传中成为了其主要意义。现在让我们回归词语的本意，从石像的画面上看，“规”就是画圆的工具，与现代的圆规构造相似，一边用来确定圆心，一边用来画圆。在中国长期的测绘过程中，“规”的变化并不大，但“矩”却有多次的形象变更。从外形看上看，“矩”是一个折成直角的曲尺，两条垂直的边之间还有一根加固用的连杆。以汉代为分界，汉代以前的矩，两条垂直边等长，边上无刻度，仅用于画直角；汉代以后的矩，两条垂直边一长一短，便于持握，边上标有刻度，能够测量数据。于是，在与规配合绘制各类图形之外，矩成为了精准的几何测算工具，它的身影出现在许多数学科技典籍中。

如果想得到近处物体的相关数据，用直尺或绳就可以测量。但总有山川江河无法攀爬、渡过，正如大禹治水时遇到的情况，此时如果要测定它们的高度、深度以及两点间的距离，该怎么做呢？商高将用矩的方法归纳为：“平矩以正绳，偃矩以望高，覆矩以测深，卧矩以知远。”在具体应用过程中，“平矩”是最首要、最基本的操作：将矩的一边水平放置，使另一边靠在铅垂线上或与铅垂线重合，以此确定水平线，在确保分别垂直、水平后，再根据实际情况进行变化，测量不同情况的数据。“偃”是仰面放倒，“偃矩以望高”是把矩竖起，可以测量高度；“覆”是底朝上翻过来，“覆矩以测深”就是把矩倒置，可以测量深度；“卧”是躺下，“卧矩以知远”就是把用以测高度或深度的矩平放在地面上，可以测出两地间的水平距离。容易看出，用矩的方法实质上是利用勾股对应边成比例的规律，以小推大，以近推远，测高望深。

在归纳完用矩方法后，商高说道：“智出于勾，勾出于矩。夫矩之于数，其裁制万物，惟所为耳。”作为工具，矩是一种小，一种近；而规与矩的应用，应当能延伸到更广的范围，制裁万物，在对天地宇宙的测量中大显身手，矩就是一种大，一种远了。

为了构造天地模型、制定历法，弄清日影变化与太阳自身运动规律是不可忽视的一环，而陈子测日法应当是有记载以来最早的对于日高和日径的测算。他首先确定夏至日和冬至日的影长，以竖立起的表竿无日影的正午为分界，用8尺高的周髀作为主要测量工具，等到影子有6尺长，就能应用“勾六、股八、弦十”的比例了。此时取一个内径1寸，长8尺的空心竹筒，使得太阳的外缘能恰好填满竹筒的内孔，于是能得到人至太阳的距离与太阳直径的比率是80∶1，即竹筒长80寸和内径1寸的比率。若需再计算观测者到太阳的斜线距离，只要以太阳高度为股，以观测者到日光照耀下周髀的距离（此时不产生影子）为勾，就能求得观测者到太阳的斜线距离是10万里。因为已经知道比例关系（80∶1），所以在距离80里相当于直径1里的情况下，太阳的直径就是1250里。同时有一个更重要的结论是：南北方向的距离每改变1000里，影长相应地也增减1寸，这就是古代所谓的“寸差千里”或者“千里差一寸”的天文测算规律。

赵爽在注释中为日高图作的证明，同样是以勾股定理为基础，以图形求解，运用出入相补原理，割补面积，也求出了日高。赵爽的方法被称为“日高术”，而“日高术”的真正发展，还要归功于魏晋时期的数学家刘徽。

刘徽在为《九章算术》作的注中，发展了日高术，得到了“重差术”。他对重差术的评价是：“凡望极高、测绝深而兼知其远者必用重差，勾股则必以重差为率，故曰重差也。”由此可知，“重”是重复，“重差”是两次及以上测得日影的相差，也是以勾股术和用矩术为基本的操作。但“重差”一词并不是刘徽的首创，而是从《周礼》的注疏中来的。《周礼》中关于“九数”的论述是这样的：“方田、粟米、差分、少广、商功、均输、方程、盈不足、旁要；今有重差、夕桀、勾股也。”在《九章算术》的246个问题中，可以一览这“九数”的全貌。“九”这个数字也仿佛有魔力似的，在《九章算术》的第一章《勾股》的最后，刘徽根据所需测量对象的不同特性，将问题分成九个类型，并逐个介绍测量理论和方法。这种应用的推广，被称为“重差九问”，对后世影响巨大。它的第一问是这样的：

今有望海岛，立两表齐高三丈，前后相去千步，今后表与前表参相直，从前表却行一百二十三步，人目着地取望岛峰与表末参合，从后表却行一百二十七步，人目着地取望岛峰亦与表末参合。问岛高及去表各几何？答曰：“岛高四里五十五步，去表一百二里一百五十步。”

两次测望就能得出结论，因此海岛测望模型是重差法应用案例中最经典的一道题目，故而唐高宗年间编者在审定并注释《算经十书》时，将这“九问”独立出来，编集命名为《海岛算经》，并规定了三年学习期限，而其他的算经多为一年，可见重差术在解决具体问题中的实用性和重要性。在书中，“望松”（今有望松生山上，不知高下……问松高及山去表各几何？）一题需要测望三次，“白石”（今有望清渊下有白石……问水深几何？）

需要测望四次。但无论需要测望几次，都只是勾股比例关系的重复运用。刘徽对这种比例关系的应用相当精通，并将其概括为“率”：“凡数相与者谓之率，凡所谓率者，细则俱细，粗则俱粗，两数相推而已。”就是说，同时扩大或缩小不等于零的相同倍数，率是不变的。于是，凡是比值一定的数，都可以用率来表示，率也成为了中国古代数学表示数字比值的一个术语。在进行计算时，只要“不失本率”，计算就能无误。我们现在知道，利用三角函数正余弦知识也能解答这些问题，但刘徽没有提及，他只是将勾股比例关系应用到了极致。这种数学思维的影响很是深远，如南北朝的《张丘建算经》，北周·甄鸾注的《数术记遗》都提及了有关重差术运用的题目，特别是甄鸾，他也为《周髀算经》作过注。

《算经十书》的总编者李淳风对《海岛算经》有相当深入的研究，他为所有题目都作了注释，并在题后附上运算过程。重差术在小范围内使用，相对精确，偏差不大，但作为数学家兼天文学家，李淳风进一步地思考了“千里差一寸”的结论是否正确，换句话说，重差术在更大范围内是否仍有实用性。从现代天文学的角度看，地球是一个表面不平整的球形，而重差术是在盖天说这种宇宙认知观下形成的，每一千里的差值都相同，是明显的谬误。多次测算后，李淳风发现刘徽重差法在平地状态下的局限性，遂将重差术改进为“斜面重差术”，也称“余面重差术”。

陈子测日影时，首先确定了夏至日影长，这是由于冬至、夏至日前后三四天内，表影伸缩比较小，误差小。李淳风的表影测量，自然也是在夏至日进行的。然而李淳风在多次测量的过程中意识到“寸差千里”的局限性。依照盖天说的天体模型，在《晋书·天文志》中“天中高于外衡冬至日之所在六万里，北极下地高于外衡下地亦六万里，外衡高于北极下地二万里”的结论，表明了太阳有高低之别。这个结论容易理解，因为太阳处于不间断的“公转”和自转。但使用重差法测量日影却有前置条件：

在盖天说体系内，地面必须水平、表竿必须垂直、太阳必须平移运行。而一旦太阳平移运行，就不应该推导出不同的高度，这与《晋书·天文志》的结论产生了明显的矛盾，而且，地势高低也会影响测望的结果；那么，“寸差千里”的结论，就更为不准确了。于是，李淳风在测影实践中总结出了“六术”，用来应对各种实际情形。

第一，后高前下术；第二，前高后下术。前一种是自上而下测望；后一种是自下而上测望。这两种方法都以在选定的两点上竖起的表的高度差为勾，以两表的斜线距离为弦，求出一个叫“定间”（把后表移至与前表同一水平位置时两表的距离）的值，再套用《海岛算经》中已证明的公式，就能进行计算，得到日高之类的值。

第三，邪下术；第四，邪上术。“邪”通“斜”，顾名思义指斜面。这两种方法都是依据两表的水平高度差，把在水平面上的晷影求法转化到斜面上来的测望法：前一种向上作出两表在倾斜地面上的影长，用于向南测望；后一种向下作出两表在倾斜地面上的影长，用于向北测望。以上四种方法，是斜面重差术的主要内容，使用的依旧是重差公式和相似三角形对应边成比例的性质，利用这个性质把斜面测量问题转换成平面测量问题，精简问题模型，多次测望，变换比例，最后套用公式，得出结果。

第五种，平术。也就是在平地上使用的重差术，没有高低和方向的限制。

第六术是关于外衡的一些理论。以地球为观测中心，盖天说的支持者分析季节和日月运行的理论关系，将太阳的周年运动设想为七条间隔平均的同心圆轨道，并总结为一张图，名为“七衡图”。从内到外，分别是内一衡、次二衡、次三衡……直至次七衡，内一衡（内衡）是夏至日道，次七衡（外衡）是冬至日道，其余每一衡分别对应着不同节气，比如次二衡是小满、大暑的日道，次四衡（中衡）是春分、秋分的日道。相邻两衡的间隙被称为“间”，七条衡产生六个间，于是七衡图也被称作“七衡六间图”。

若将七衡图细分，还可分为青画图和黄画图。青画图是一个圆圈，圆心是观测者上方标示出的北极璇玑，并涂成青色；黄画图以北极为圆心，画出黄道（太阳周年运行路线），在内衡之外，外衡之内涂上黄色。黄画图上布列二十八宿和日月星辰。使用时，青画图在上，黄画图在下，以北极为轴旋转，两图重叠，能得到各种交会表示的天象。

七衡图是一个非常理想化的模型，在表示大致方位时，它尚有一定参考性，但由于盖天说的原生缺陷，七衡图上的所有的结果都以“地面是平面”的思想为指导，套用平面重差术计算而得，在今天看来是不合理的。李淳风在对照多项古来的日影测量数据后，终于得出结论：“千里差一寸”不一定正确。

可是，为何李淳风非要揪着“寸差千里”的问题不放呢？首先，这是历代天文学家在现有宇宙认知体系中的理想追求。在古代天文学中，天圆地方的概念相当深入人心，几乎是到17世纪，这种观念才被来华传教士所改变。在中国古人的初始宇宙观念中，地是方的，就意味着天文学家们能找到一个地面中心——“地中”，作为进行天文观测的原点坐标。依照《周礼》“寸差千里”的标准，古人测定阳城（位于今河南省郑州市登封市告成镇王城岗）为地中。但后来的人在实际测量过程中越来越意识到，靠“寸差千里”，是无法测出地中位置的。从南北朝到唐代，祖暅、刘焯、僧一行、南宫说[1]等人纷纷用不同方法，在多地实施测量，李淳风更是其中

---

〔1〕祖暅（xuǎn）、刘焯、僧一行、南宫说：祖暅（456—536），南北朝时期数学家，祖冲之之子，提出“祖暅原理”；刘焯，隋朝天文学家，编有《皇极历》；僧一行，唐朝僧人，名一行，精通阴阳五行之学，制定了《大衍历》；南宫说，唐朝太史丞，是测定、编集《大衍历》的官员之一。

一员。他们的质疑和实践最终在《新唐书·天文志》形成有记载的结论："旧日说王畿千里，影差一寸，妄矣。"这说明"千里差一寸"的观念在唐朝最终被推翻。

李淳风作为一位数学家勇于担当，他为陈子测日术写了两千字左右的附注，多方面论证了"千里差一寸"的误差，提出并总结了"斜面重差术"的具体应用方法。文章的最后，他说："若以一等永定，恐皆乖理之实。"意思是说测量的情况是多变的，表影测量每次得出的数据并不相同，如果总是套用"千里差一寸"的范式，恐怕会背离实际，于理不合。一方面，这句话点明了在科学计算中态度严谨的重要性；在另一方面，李淳风的这一番反省还透露出中国古代的经典逻辑类推思想，又叫作"通类思维"，它所使用的推理方法是举一反三，由个例推广到一般。

正如荣方在向陈子请教宇宙星宿的问题时，陈子告诉他，想要得到这些问题的答案，需要学会用两表竿测望高、远的技术，并熟练运用通类思维，最后达到"问一类而以万事达者"的境界，真正地"知道"（通晓事物的规律）。这个过程用现在的话讲，就是先掌握普遍的规律、方法，再在理解的基础上进行推导和推论。中国古代数学家是精于发现普遍规律的，比如刘徽的"率"，在"率"的基础上，刘徽解决了面积、体积、勾股形、盈不足、方程等复杂问题。这些能被套用的数学理论和计算方法，被称作正则化模型。而推导的演绎，在历法的形成上运用得尤为明显，试摘一段陈子推论天地模型的段落为例：

日夏至南万六千里，日冬至南十三万五千里，日中无影。以此观之，从极南至夏至日中十一万几千里……凡径二十三万八千里，此夏至日道之径也。……从夏至之日中至冬至之日中十一万九千里，北至极下亦然。则从极南至冬至之日中二十三万八千里……凡经四十七万六千里，此冬至日道径……从春秋分之日中北至极下十七万八千五百里。

这段文字中的数字虽然多，但表述上很有规律，赵爽言陈子所述数学之理，是“举一隅使反之以三也”，其言甚切。

四、中国古代天文学：星象、历法、宇宙观

人类的生存依赖于光、热、水，越是原始的人类，越仰赖自然来获得生存资料。因此，白日里产生光与热的太阳、夜晚时带来光与寒的月亮、晴朗天气时的满天繁星，都能极大地激起人们的好奇心：太阳是如何运转的？为什么不同时候太阳照射的人影物影长短不一？为何太阳正午的时候高度不同？月亮与太阳是如何更替的？为什么月亮一个月中有盈有亏？还有星星，在某方向总是出现的星星是什么星？它们的移动又有什么规律？这些问题，原始人类无法解答，但随着四季更替，他们也能大致发现一些周期性的变化，为农业耕作做好规划，譬如日出而作、日落而息、春种秋收、秋收冬藏。这些农业习惯的表述虽然略显粗糙，但掌握它们的重要性对于当时的人类来说，是不言而喻的。就在掌握天时的过程中，人们产生了类似于宗教的敬天文化。

这种敬天文化认为，由于“天”的变化直接影响人类的生存，所以“天”是处于最高地位的超自然力量，与“地”相对应，地上有人，天上就有神。但天与地，神与人的沟通，需要由具有神力的巫师来完成。一般来说，女性的巫师被称为“巫”，男性的巫师被称为“觋”，他们的日常工作是通过占筮、祭祀、歌舞等活动，通达天意，向天祈请，以定农时，以避灾祸。再有，就是观测天象，总结规律，形成历法，指导民众。夏代形成的历书《夏小正》，记录了物候、气象、草木、星象等自然现象。

它们得以被发现、记录，与巫师的工作分不开。而能够从事巫师这份工作的人也因此获得了独一无二的解释权，并且利用超自然力量的神秘感和民众对自然福祸的敬畏，将知识生成的手段保存在固定的圈层内，由此获得了以天为支撑的统治力量。所以在上古时代，帝王本人往往就是群巫之首——巫能通天，进而为王，自是顺理成章的意料中事。

这就是原始社会和奴隶社会的天文认知情况，尽管带有浓厚的宗教性质和迷信色彩，但仍可大致认为这就是中国古代天文学的萌芽。在从奴隶社会进入封建社会后，由于最高统治者权力由“天”下放到人间的帝王，天文学的宗教狂热色彩慢慢减弱，代之以阴阳五行八卦[1]的学说，“四分历”也被创造出来。民众接受了一种较为守序的统治，但秩序之中又会产生一个问题：原先支配着人生死的是“天”，现在支配人生死的是帝王，可帝王是如何从“天”手中取得权力的呢？不解决这个问题，封建君主的统治就带有根源上的不合理性，于是，帝王在多方面做了努力，来表明自己权力的正统地位。

星　象

《尚书》说：“先王有服，恪谨天命。”直言帝王是遵照“天”的要求做事的，帝王能得到“天”的指示，“天”也会对帝王的行为作出评判。这套天人感应的理论到了汉·董仲舒的手里，被纳进儒家学说的框架，将道德伦理中的父为子纲作为根据，君主自称为“天子”，家国同构，伦理是人人都应遵守的社会规范。如此一来，君主“天”之代理人的身份便顺

〔1〕阴阳五行八卦：阴阳五行和八卦理论，古人利用这一套理论来阐释世间的万事万物，是汉族自然哲学传统的集中体现。《周易》是最具代表性的作品。

理成章了，董仲舒的“天人合一”新儒学也成为此后历朝历代的政治基本。不过，虽然这套理论为君主的权力提供了正统性与合法性的依据，但它也限制着君主的权威；在这里发挥主要作用的，是占星术。从事星象观测的官员，称为占星家，他们内部也分成两派。一派基于阴阳五行说，给天体命名，如阳为日，阴为月，太一为北极星，金木水火土各对应一颗行星，一年之中他们反复观察五星运动的变化，总结规律。另一派专门观察奇异天象，也就是《周易》中提到的“观乎天文，以察时变”。每当天文现象发生异常变化，譬如天体运动速度过快、光亮程度激增，他们就要对皇帝治国理政提出建议。尽管从现在的科学观念来看，这些现象只是流星、彗星的出现或者新星超新星的爆发，与发生灾祸没有必然联系。但当天文与人事有预设的联系时，星象异变就成为了政治现象，甚至会引起杀伐。

《尚书·胤征》记载了世界上最早的日食记录。当时（公元前2137年），太阳神的象征兼天官羲和因为沉湎于酒色，废乱时间日程，没有预测出当年的日食。那天是朔日，一切看起来都很平常，然而毫无预兆地，普照大地的阳光突然一点点暗淡，光亮的太阳渐渐被遮住，四方天空在短暂的时间里便沉如黑夜，行走在街上的人、郊野外的动物，对这末日般的景象没有准备，纷纷逃窜，寻找道路。人们心中惴惴不安，以为是天狗食日，要君主向天祭祀，才能叫天狗把太阳吐出来，否则灾祸将要降临到这个国家里。首先遭遇凶险的，就是君主。君主在位期间发生了日食，就说明他品德有失，只是本来能通过焚香祭祀赎罪的事情，天文官居然没有预测到，这使当时的君主仲康[1]震怒，他派将军胤侯征伐羲和，判此为无赦

〔1〕仲康：全名姒仲康，夏启的儿子，太康的弟弟，夏朝的第四位皇帝。他整顿了哥哥太康时代的朝政乱象，恢复国家农事与军事，但当时的政治被后羿及其党羽控制，复国无望，最终忧郁而死。

之罪。又比如在宋代，王安石进行变法之时，有彗星出现。反对者认为这是新法悖逆天意带来的警告，应当停止改革。王安石据理力争，可宋神宗认为“天变不敢不惧”，意欲终止变法。保守派有了底气，借题发挥，屡屡上书贬损王安石的政治举措，最后逼得王安石罢相，放弃变法。可见天文异变的影响之大。历朝历代想要建立一番功业的帝王，都在王城内设立了观象台，大行祭祀，有时观测与祭祀场所合为一体，目的多在于此。得益于君主的重视和严格管制，中国对日月食的记载相当丰富，记录了超过500次彗星出现，还总结出彗星的彗尾总是背向太阳的规律，这比欧洲早了大约900年。不过，也正因天文政治有强相关性，所以人事常常影响天文记录，有时，一些预兆凶象的星也能被阐释为吉象，不可能出现的天文现象也会被记录在册，这都是天文与政治紧密联系而产生的结果。

历 法

在占星之外，“天”之所以被尊奉，是因为它能够指导农业生产，不误农时，这才是被统治民众最深切的需要，所以君主在位期间，选择使用或创制一套精确的天文历法就显得尤为重要。中国历法用的是干支纪年法，从春秋末年的黄帝历到太平天国的天历为止，一共诞生了102种历法，足见历法的地位。官方观测天象，制定历法，督促民众使用的过程叫作“观象授时”，它有几个主要的方法：一是在太阳初升或太阳将落之时观测亮星的位置；二是观察北斗星，指示一年四季；三是以月球盈亏规律推定太阳位置；四是表竿测影，总结太阳运行规律。天文学本质上是一门测量学科，观测所需要的数学方法，在前面已经提到，此处不再赘述，只以中国历法史上划时代的事件——“太初改历”为例，呈现政治对于历法的影响。

这是一场被三次搁置，但最终顺利完成的立法变革。秦统一六国之后，颁行了在周朝就已制定的《颛顼历》，这是一部“四分历”（以 $365\frac{1}{4}$ 日为回归年长度的历法，回归年长度的小数正好将一日四分，故称为“四分历”），把十月作为一年的开端，配合“五德始终[1]”的理论顺利运行。到了汉初，国家施行休养生息的政策，大部分制度承袭前朝，可是此时的历法经过周代与秦代的百年岁月，早就与当时的实际情况不匹配了，再加上“寸差千里”的理论本身就不尽准确，造成了农时的延误，不再适应生产生活需要，理应变更。但由于前朝遗留下来的统治势力过于强大，变更历法的事情虽然被个别年轻官员提起，如贾谊，但只是白白地遭到许多前朝老臣的反对，改历便第一次搁置下来。之后公孙臣向汉文帝提起，说有“黄龙”祥瑞会顺应汉朝的土德出现，“天”已经承认政权的合法性，应当听从天意，尽快改历。此时前朝丞相张苍反对说：“事下丞相张苍，张苍亦学律历，以为非是，罢之。”但是，公孙臣的预言不久后就兑现了，汉文帝大受提醒，便开始着手准备改历。

改历的第二次搁置，起因是一个叫新垣平的人假造祥瑞，欺瞒汉文帝，后被揭发，汉文帝期望落空，对天象、历法之类的事情失去兴趣，也就不了了之了。之后汉武帝继位，他野心勃勃，自发组织官府内和民间的天文学家，准备改定历法，变换服色，然而受黄老之学影响的窦太后不接受儒家体系下的“五德”之说，于是改历第三次搁置。直到窦太后去世，改历一事才得以真正实施。公元前104年，《太初历》完成，汉武帝举行了颁历典礼，并改年号元封七年为太初元年，这场前后波折近一百年的变革

[1] 五德始终：阴阳五行理论运用的一个具体体现，其规律是木胜土、金胜木、火胜金、水胜火、土胜水。秦以水德取代了周的火德，那么汉就应以土德取代秦的水德，以获取理论上的政权稳定性。

才终于完成。

《太初历》的形成，标志着中国具有了一部较为完整精确的历法：首先，它重新测量影长，计算日期，纠正了古历的错误；其次，《太初历》把正月定为岁首，这一改正沿用至今，仍旧科学；再者，《太初历》是官方第一次把二十四节气纳入历法，大大方便了农业的耕种与收获，《周髀算经》等书的成果也终于得到应用。数学与天文学相结合，自然科学与人文社科相互影响，正是中国古代独特的文明样貌。

宇宙观

盖天说是相当古老的宇宙模型学说，它的基本模型就是“天圆如张盖，地方如棋局”，北极位于天穹中央，高高隆起，称作“北极璇玑”，《周髀算经》就是在盖天说理论指导下形成的代表作。

浑天说的产生要稍晚于盖天说，它的代表作《张衡浑仪注》认为宇宙的模型是这样的：“浑天如鸡子。天体圆如弹丸，地如鸡子中黄，孤居于天内，天大而地小。”这个模型将天想象成球形，认为“地有四游”，地球在空气中回旋浮动，沿着一定轨道的周期性运动产生了四季，全天恒星也都布于一个“天球”上运行。据此，浑天说采用球面坐标系，以赤道坐标量度天体的位置，计量天体的运动，如昏旦中天，日月五星的顺逆去留。

浑天说与盖天说两派历来存在许多争论与对峙，而争论主要爆发在汉朝太初改历的时候。站在现代的天文角度看，盖天说的宇宙模型是错误的，而其代表作《周髀算经》所记载的七衡六间图、二十四节气等，也都是采用类推的逻辑方法，结论并非出于实测，导致错上加错，偏差比较大。但它对于太阳影长的结论如“寸差千里”却被沿用了下来，直到太初改历的发生。当时，浑天家落下闳对二十八宿的各项数据和影长都进行了重新观测。这种基于实测的观测法具有现实的实用性和可靠性，再加上浑天家创制了浑天仪，大大方便了观测，更具科学性、严谨性、务实性，使得浑天说在与盖天说的争论中占据上风，并在汉朝后成为主流。

同浑天说和盖天说相类似，宣夜说也是古人提出的一种宇宙学说。宣夜说起源很早，但留存下来的文字资料不多。李淳风在《晋书·天文志》中记录："是以七曜或逝或住，或顺或逆，伏见无常，进退不同，由乎无所根系，故各异也。故辰极常居其所，而北斗不与众星同没也；摄提、填星皆东行，日行一度；月行十三度。迟疾任情，其无所系著可知矣，若缀附天体，不得尔也。"意思是，宣夜说认为天是没有形质的，天体各有自己的运动规律，宇宙是无限的空间。这种宇宙结构体系与某些现代天文学结论有惊人的重合之处，然而由于在古代缺乏理论的证明，实用性不高，它只能被保留在思想领域，成为一种思辨的假说。

原　序

【原文】

夫高而大者莫大于天；厚而广者莫广于地。体恢洪而廓落[1]，形修广而幽清[2]。可以玄象[3]课[4]其进退[5]，然而宏远不可指掌[6]也。可以晷仪[7]验其长短，然其巨阔不可度量也。虽穷神知化[8]不能极其妙，探赜索隐[9]不能尽其微。是以诡异之说出，则两端之理生，遂有浑天[10]、盖天[11]兼而并之。故能弥纶天地之道[12]，有以见天地之赜，则浑天有《灵宪》[13]之文，盖天有《周髀》[14]之法。累代存之，官司是掌。所以钦若昊天[15]，恭授民时。爽[16]以暗蔽[17]，才学浅昧。邻高山之仰止[18]，慕景行之轨辙[19]。负薪[20]余日，聊[21]观《周髀》。其旨约而远，其言曲而中。将恐废替[22]，濡滞不通[23]，使谈天者无所取则。辄依经为图[24]，诚冀颓毁重仞之墙[25]，披露堂室之奥。庶[26]博物君子[27]，时迴思焉[28]。

【注释】

〔1〕体恢洪而廓落：天体宽阔广大但空旷稀落。体，天体。恢洪，即恢宏，广大，宽阔。廓落，空旷稀落，此处意为日月星辰零星分布。

〔2〕形修广而幽清：地形广远但边缘不清。形，地形。修广，长而宽阔。幽清，隐蔽不清。

〔3〕玄象：日月星辰所成的奥妙天象。玄，奥妙的。象，即天象。

〔4〕课：测量，推算。

〔5〕进退：行星自西向东运行称为顺行，进，即顺行；行星自东向西运行称为逆行，退，即逆行。“留”是顺行和逆行的转折点，当行星由逆行改为顺行的时候，即为“留逆”“留退”。《清史稿·时宪志》：“合伏后距太阳渐远，为晨见东方顺行。顺行渐迟，迟极而退为留退。”

〔6〕指掌：比喻事理浅显易明或对事情非常熟悉了解。出自《论语·八佾》：“或问禘之说。子曰：‘不知也。知其说者之于天下也，其如示诸斯乎？’指其掌。”

〔7〕晷仪：通过日影来测定时刻、方位的仪器，类似于今日所说的日晷、圭表。古人在平地上竖一根八尺高的竿，称为“表”，表的影子称为“晷”。后世又将一把有刻度的尺（圭）与表制成一体，二者呈直角，合称“圭表”。

〔8〕穷神知化：穷究事物之神妙，了解事物之变化。出自《周易·系辞下》：“穷神知化，德之盛也。”又可见于《南齐书·卷一·高帝本纪上》：“惟德动天，玉衡所以载序，穷神知化，亿兆所以归心。”也作“穷神观化”。

〔9〕探赜（zé）索隐：求取高深的学问，探索事物的奥秘。赜，深奥，玄妙。出自《周易·系辞上》：“探赜索隐，钩深致远，以定天下之吉凶，成天下之亹亹者，莫大乎蓍龟。”也作“探赜索微”“探奥索隐”“探幽穷赜”“探幽索隐”。

〔10〕浑天：“浑天说”，中国古代一种重要的宇宙学说，曾在中国古代天文学说中长期居于主流地位。该学说认为“浑天如鸡子，天体圆如蛋丸，地如鸡中黄”，天内充满了水，天靠气支撑着，地则浮在水面上，故称天体为“浑天”。《晋书·天文志》：“前儒旧说，天地之体，状如鸟卵，天包地外，犹壳之裹黄也；周旋无端，其形浑浑然，故曰浑天也。”该学说的代表人物为东汉科学家张衡（78—139），他发明了浑天仪和地动仪。

〔11〕盖天：“盖天说”，该学说认为天像一个斗笠，地像覆着的盘子。天

在上，地在下，日月星辰随天盖而运动，其东升西没是由于近远所致，不是没人地下。《周髀算经》是盖天说的代表作之一。

〔12〕弥纶天地之道：概括天地星辰运行的规律。出自《周易·系辞上》："《易》与天地准，故能弥纶天地之道。"高亨注："《释文》引京云：'准，等也。弥，遍也。'《集解》引虞翻曰：'纶，络也。'弥纶即普遍包络。此二句言《易经》所讲之道与天地齐等，普遍包络天地之道。"

〔13〕《灵宪》：作者张衡，中国古代历法书，约作于公元118年，论述了宇宙的起源和宇宙的结构、月食的成因、宇宙的有限性和无限性等重要天文问题，是浑天说代表作之一。

〔14〕《周髀》："周髀"本义是周代测影用的圭表，此处指《周髀算经》。

〔15〕钦若昊天：恭敬地遵循上天的指示。出自《尚书·尧典》："乃命羲和，钦若昊天，历象日月星辰，敬授民时。"钦，恭敬。昊天，广阔的天空，即上天、苍天。

〔16〕爽：赵爽，又名婴，字君卿，约182—250。东汉末至三国时代吴国人，数学家、天文家，曾为《周髀算经》作注，本序亦为赵爽所作。

〔17〕暗蔽：愚钝。

〔18〕邻高山之仰止：亲近仰慕品德高尚的人。邻，亲近。高山之仰止，形容才学品行像高山一样，要人仰视。出自《诗经·小雅·车辖》："高山仰止，景行行止。"司马迁在《史记·孔子世家》中专门引以赞美孔子："《诗》有之：'高山仰止，景行行止。'虽不能至，然心向往之。"

〔19〕慕景行之轨辙：仰慕崇高之人的品德和行为。慕，仰慕。景行，崇高的德行。轨辙，前人做过的事情。

〔20〕负薪：古代士族自称疾病的谦辞，这里并不意味着赵爽是一个未脱离体力劳动的"布衣天文数学家"。

〔21〕聊：姑且，略微。

〔22〕废替：废弃。

〔23〕濡滞不通：难以理解。濡滞，迟留、停滞。通，明白、了解。

〔24〕辄依经为图：于是就依照《周髀算经》制作新图。辄，于是、就。经，指《周髀算经》，包括经文和经图。

〔25〕重仞之墙：数仞高的墙，此处用以形容为《周髀算经》作注、制图困难极大。重仞，数仞。仞，古代长度单位。

〔26〕庶：但愿，希冀。

〔27〕博物君子：博学多识的人。出自《左传·昭公元年》："晋侯闻子产之言，曰：'博物君子也。'"子产本名公孙侨，春秋时期郑国名相，以博学多才著称。

〔28〕时迥思焉：时常深思。时，时常。迥，遥远的。

【译文】

那些高而大的事物，没有比天还大的；那些厚而广的事物，没有比地更广的。天体广阔但空旷稀落，地形广远但边缘不清。虽然可以用日月星辰形成的奥妙天象来推测天体运行的进退出没，但因其广大遥远而不能直接洞测；虽然可以用晷仪测量晷影来间接推算，但因其尺度巨大而不能直接测量。即使掌握了所有事物变化的规律，也不能极尽宇宙的奥妙；即使用上了一切探索深奥义理的方法，也无法穷尽宇宙的精微。因此各种各样标新立异、相互对立的学说纷纷出现。随后逐渐统一为浑天说和盖天说，并存于世。这些学说可以概括天地星辰运行的规律，为了论述天地的奥秘，浑天说有《灵宪》，盖天说有《周髀算经》。这些典籍历代相传，由政府部门掌管，被用来观测星象，恭敬地遵循上天的指示，并向子民敬授历法，以便遵守节气天时、安排农事。我赵爽天资愚钝，才疏学浅，但仰慕品德高尚之人，愿意亲近他们的高德，追随他们的品行。病后余生，信手翻看《周髀算经》，发现其主旨简约而深远，其用词隐晦曲折但切中义理。我担心此书会被逐渐废弃，文句难以被人理解，使得研究天文的人无法取作准则，于是就依照《周髀算经》原书增修新图，加以注释，真诚期望可以克服种种困难，挖掘此书的奥妙，并展示给后世的读者们。希望知识广博的人，日后可以时常深思探究。

目录 CONTENTS

卷　下

Juan Shang
卷上

商高定理

本章包括“勾股圆方术”、“用矩之道”、“勾股圆方图”以及“赵爽附录（一）：勾股论”四节。

第一节通过周公向商高提问来介绍勾股定理的来源和概念。第二节介绍了如何用矩来进行测量。第三节和第四节则结合图像，记载了商高方圆法和“毁方而为圆，破圆而为方”的理论和步骤，推导并验算了勾股定理。

勾股圆方术[1]

【原文】

昔者周公[2]问于商高[3]曰："窃闻乎大夫善数也，周公，姓姬名旦，武王之弟。商高，周时贤大夫，善算者也。周公位居冢宰，德则至圣，尚卑己以自牧，下学而上达，况其凡乎？**请问古者庖牺[4]立周天历度[5]？**庖牺，三皇之一，始画八卦。以商高善数，能通乎微妙，达乎无方，无大不综，无幽不显，闻庖牺立周天历度，建章蔀之法[6]。《易》曰："古者庖牺氏之王天下也，仰则观象于天，俯则观法于地。"此之谓也。**夫天不可阶而升，地不可得尺寸而度，**邈[7]乎悬广，无阶可升；荡[8]乎遐远，无度可量。**请问数安从出？"**心昧其机，请问其目。**商高曰："数之法出于圆方[9]，**圆径一而周三，方径一而匝四。伸圆之周而为勾，展方之匝而为股，共结一角，邪适弦五。此圆方邪径相通之率，故曰"数之法出于圆方"。圆方者，天地之形，阴阳之数。然则周公之所问天地也，是以商高陈圆方之形，以见其象；因奇偶之数，以制其法。所谓言约旨远，微妙幽通矣。**圆出于方[10]，方出于矩[11]，**圆规之数，理之以方。方，周匝也。方正之物，出之以矩。矩，广长也。**矩出于九九八十一[12]。**推圆方之率，通广长之数，当须乘除以计之。九九者，乘除之原也。故折矩[13]，故者，申事之辞也。将为勾股之率，故曰折矩也。**以为勾广三[14]，**应圆之周，横者谓之广，勾亦广。广，短也。**股修四，**应方之匝，从者谓之修，股亦修。修，长也。**径隅五[15]，**自然相应之率。径，直；隅，角也。亦谓之弦。**既方之外[16]，半其一矩[17]。**勾股之法，先知二数然后推一。见勾、股然后求弦：先各自乘成其实，实成势化，尔乃变通[18]，故曰"既方其外[19]"。或并勾、股之实以求弦实，之中乃求勾股之分并，实不正等，更相取与，互有所得[20]，故曰

“半其一矩”。其术：勾、股各自乘，三三如九，四四一十六，并为弦自乘之实二十五；减勾于弦，为股之实一十六；减股于弦，为勾之实九。**环而共盘**〔21〕**，得成三四五**〔22〕。盘，读如盘桓之盘。言取而并减之积，环屈而共盘之谓。开方除之，得其一面。故曰“得成三四五”也。**两矩共长二十有五**〔23〕**，是谓积矩**〔24〕。两矩者，勾、股各自乘之实。共长者，并实之数。将以施于万事，而此先陈其率也。**故禹之所以治天下者，此数之所生也**〔25〕**。”**禹治洪水，决流江河。望山川之形，定高下之势。除滔天之灾，释昏垫〔26〕之厄，使东注于海，而无浸逆。乃勾股之所由生也。

【注释】

〔1〕“勾股圆方术”“用矩之道”“勾股圆方图”等级别的标题沿用了程贞一、闻人军在《〈周髀算经〉译注》中所加的标题。

〔2〕周公：西周初期政治家。姓姬名旦，也称叔旦，辅武王灭商。武王死后，成王年幼，于是周公摄政。周公先后平定了武庚、管叔、蔡叔之叛，继而厘定典章、制度，定洛邑为东都，将其作为统治中原的中心，天下臻于大治。后多作圣贤的典范。

〔3〕商高：生平不详。赵爽注：“商高，周时贤大夫，善算者也。”李淳风《晋书·天文志》论盖天说：“其本庖牺氏立周天历度，其所传，则周公受于殷高，周人志之，故曰周髀。”《中国方志丛书·商南县志·人物志》曰：“商高，黄帝之昆孙。以地得姓。周初封子男于商。精数学，《周髀》衍其说为算经。”据考证，本章是从先秦流传下来的《周髀》中最早的经文，叙述周公商高时代的数学成就及其在天文观测上的应用。其内容可以归纳为：一、勾股定理和积矩推导法；二、方圆法和近似圆及圆周率的计算方法；三、方圆数学与矩在观测中的应用。

〔4〕庖牺：也称牺皇、伏羲。神话中人类的始祖。传说他和女娲兄妹相

□ 伏羲女娲规矩图

“规”“矩”是古代用来作图的工具，规常用来画圆，矩常用来作直角或测长度。图为山东嘉祥武梁祠出土的汉代画像石拓片。画面中女娲执规，伏羲执矩，二神用规、矩测定宇宙之方圆，制定万物的秩序。在这里，“规”、“矩”已经超出了工具本身的含义，蕴含了数理关系和文化意义。

婚而产生人类。他还制作八卦，历法由此产生。《周易·系辞下》：“古者庖牺氏之王天下也，仰则观象于天，俯则观法于地。”南朝梁·萧统《昭明太子集·文选序》：“逮乎伏羲氏之王天下也，始画八卦。”

〔5〕立周天历度：建立周天历法量度。一年有365 $\frac{1}{4}$ 天，古人将天球每天转过的角度记为1度，因此天文学上以365 $\frac{1}{4}$ 度为一周天。须注意，此处的度与现代几何学中的度意义不同。

〔6〕章蔀之法：古代历法名词。汉初所传的六种古代历法都是四分历（一种以365 $\frac{1}{4}$ 日为回归年长度调整年、月、日周期的历法），以十九年为一章，一章有七闰，四章为一蔀，二十蔀为一纪（遂），三纪（遂）为一元（首）。冬至与月朔同日为章首，冬至在年初为蔀首。

〔7〕邈：距离遥远。

〔8〕荡：广阔，广大平坦的样子。

〔9〕数之法出于圆方：数学方法源自圆和方的几何特性。刘徽注《九章算术》“圆田术”时称：“凡物类形象，不圆则方。”

〔10〕圆出于方：求圆的方法可根据方的几何特征导出。圆，圆形。赵爽注：“方，周匝也。”引申为多边形的周长。

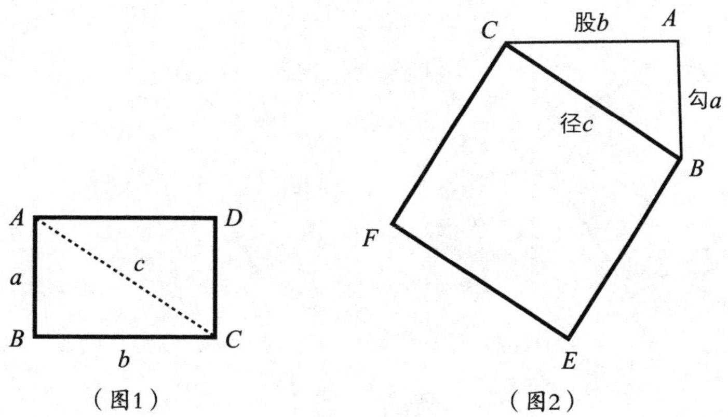

（图1）　（图2）

〔11〕方出于矩：方形的计算方法可根据矩形的几何特征推导。矩的本义是画方形或直角的曲尺。在两条边上可按用途取相等或不等之值。短边称为勾，长边称为股。《荀子·不苟》："五寸之矩，尽天下之方也。"

〔12〕九九八十一：九九乘法表，指乘法运算。商高的这句回答表明，可以用已知的数学知识启发推导出新的数学知识，体现了中国古代的"通类推导"思维。

〔13〕折矩：将矩形对角一折为二，得到两个相等的直角三角形。如图1所示。

〔14〕以为勾广三："令勾广为三"，设折矩所得直角三角形的短直角边边长为三。

〔15〕股修四，径隅五：股修四，长直角边边长为四；径隅五，斜边边长得五。修，长。径，长方形的对角线，也即直角三角形的斜边。

〔16〕既方之外：以直角三角形的斜边为边长，在直角三角形之外作正方形。既方，以斜边为边作正方形。之外，直角三角形之外。如图2所示。

〔17〕半其一矩：取半个长方形。

〔18〕实成势化，尔乃变通：得到这些面积以后，就可以根据不同的情况

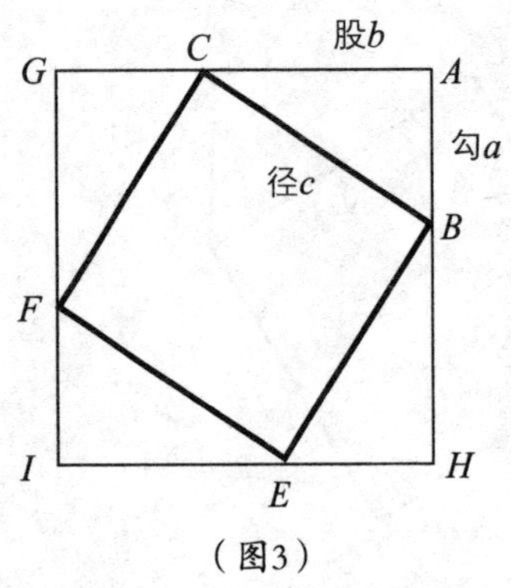

（图3）

做相应的处理。变通，依据不同情况，作非原则性的变动，不拘泥成规。《周易·系辞上》："广大配天地，变通配四时。"

〔19〕既方其外：同"既方之外"。

〔20〕更相取与，互有所得：交替取勾或股的数值，都可得出对应的股或勾的数值。

〔21〕环而共盘：环绕正方形一周，共同组成一方盘。如图3所示。

〔22〕得成三四五：得到勾股定理。得成，得到，得以推导成立。三四五，直角三角形勾（短直角边）、股（长直角边）和弦（斜边）的数值关系，即现在所称的勾股定理。

〔23〕两矩共长二十有五：勾的平方和股的平方，即两个矩形面积之和等于二十五，也就是弦的平方的面积。用现代数学符号表示为 $a^2+b^2=c^2$。赵爽注："两矩者，勾股各自乘之实，共长者，并实之数。"

〔24〕积矩：组合矩形的面积。"积矩法利用矩的总面积与其组合面积之间的关系，来建立数学原理。在此，商高利用的总面积是大方（即方盘），组合面积是四个在大方四角的直角三角形和其中间的正方形，由分析这总面积与组合面积之间的关系得成勾股定理。这种推导法符合逻辑，是古代中国在数学上的一大成就，首见于商高的工作。后人称赵爽和刘徽的推导法为出入相补法，实与商高积矩法一脉相承。"（参阅程贞一《勾股，重差和积矩法》，编入吴文俊主编《刘徽研究》，1993年。）

〔25〕故禹之所以治天下者，此数之所生也：大禹治水得以治天下，其中必定涉及测量山川地势的数学实践活动（赵爽注："望山川之形，定高下之势。"），以至于积累了许多数学知识和用矩的经验，促进了勾股定理这一数学原理的产生及发展。

〔26〕昏垫：陷溺。指困于水灾，亦指水患，灾害。

【译文】

从前，周公问商高：“我早就听说大夫您擅长数学，周公姓姬名旦，是周武王的弟弟。商高是周代有德行的大夫，擅长数学。周公身居宰相之位，德行堪比圣贤，尚且保持谦虚的态度以提高自己的修养，不耻下问，进而了解自然的法则，何况普通人呢？**请问古时伏羲如何建立周天历法量度呢？**伏羲是三皇之一，八卦的创始人。商高擅长数学，能够致广大而尽精微，他通晓伏羲的周天历法量度及古代历法。《易经》说：“古代伏羲氏统治天下的时候，抬头仰观天空的现象，低头俯察大地的规律。”说的就是这个。**可是天没有阶梯可供攀登，地也不适合用尺子去量，**天极其高远广大，没有阶梯可以攀登；地极其遥远辽阔，没有尺子可以度量。**请问这些数学原理是从何而来的？”**心中不明所以，请教来龙去脉。**商高说：“数学原理出自圆和方的几何特性，**圆的直径为一则周长为三，正方形的边长为一则周长为四。伸展圆的周长作为勾，伸展正方形的周长作为股，两端相连成为一直角三角形，斜边正好等于弦五。这是圆方斜径彼此相通的关系，所以说“数之法出于圆方”。圆和方这两个图形，包含天地的形状和阴阳之数的本性。所以周公问及天地，而商高以圆方之形解释其形象；用奇偶之数说明其原理。这真是言简意赅，含义深刻，微妙通透。**圆可由方的几何特性导出，方可由矩的几何特性导出，**圆周的长度，是根据方形推理得来的。方，指多边形的周长。长方形，是以矩作出的。矩，画直角或方形用的曲尺。**矩的数学原理出自乘除法则。**推算圆和方之间、长和宽之间的数学关系，必须根据乘除法则来计算。九九乘法表是乘除法的根本。所以将矩形沿对角线一折为二，得两个相等直角三角形。故，是说明某事的开头语。将得到勾与股的比例，所以称折矩。**假设折矩后所得直角三角形的勾，即短边等于三，**与圆形的周长相应，横的叫作广，勾也是广。广，就是短。**股，即长边等于四，**

与方形的周长相应，纵的叫作修，股也是修。修，就是长。**那么径即弦，也即斜边之长就等于五。**自然而然得出的比率。径，直角三角形的斜边；隅，就是角。径隅也叫作弦。**在直角三角形之外，以径（斜边）为边作正方形，取半个长方形。**勾股之法，已知两个数然后推算另一个数。有了勾、股然后求弦：勾、股先各自乘成其面积，得到这些面积以后，就可以根据情况做相应的处理，所以说“既方之外”。若将勾平方和股平方相加可以求弦平方；如果从弦平方求勾和股之间的比例，勾平方、股平方不一定相等，交替取勾或股的数值，都可得对应的股或勾的数值；所以叫“半其一矩”。其方法是：勾和股各自乘，即三三得九，四四一十六，加起来等于弦平方二十五；从弦平方减去勾平方，得股平方一十六；从弦平方减去股平方，得勾平方九。**环绕正方形一周，共同形成一方盘。由此推导出勾三股四弦五的数学关系（今称为勾股定理）。**盘，读作盘桓的盘。指取其加减的面积，环绕而共同形成一方盘。开方求解，得到其一边的边长。所以说“得成三四五”的数学关系。**勾方和股方两个正方形的面积，共二十五，这种方法就是所谓的‘积矩’法。**两矩，勾、股各自乘的面积。共长，指的是此面积之和。此方法普遍适用于各种情况，这里事先作出勾股定理的陈述。**所以大禹得以治天下的方法，促成了数学原理的产生。”**禹治洪水，疏通江河水流；观察山川之形，测定高低之势；消除滔天之灾，解除水灾之患，使江河东流入海，而不会淹没倒灌。这是勾股术的来源。

用矩之道

【原文】

周公曰：“大哉言数，心达数术之意，故发“大哉”之叹。**请问用矩之**

道？”谓用表之宜，测望之法。**商高曰：“平矩以正绳**〔1〕**，**以水绳之正，定平悬之体，将欲慎毫厘之差，防千里之失。**偃矩以望高**〔2〕**，覆矩以测深**〔3〕**，卧矩以知远**〔4〕**，**言施用无方〔5〕，曲从其事〔6〕，术在《九章》〔7〕。**环矩以为圆**〔8〕**，合矩以为方**〔9〕。既以追寻情理，又可造制圆方。言矩之于物，无所不至。**方属地，圆属天，天圆地方**〔10〕。物有圆方，数有奇耦〔11〕。天动为圆，其数奇；地静为方，其数耦。此配阴阳之义，非实天地之体也。天不可穷而见，地不可尽而观，岂能定其圆方乎？又曰：“北极之下高人所居六万里，滂沲四隤而下。天之中央亦高四旁六万里〔12〕。”是为形状同归而不殊途〔13〕，隆高齐轨而易以陈〔14〕。故曰“天似盖笠，地法覆槃〔15〕”。**方数为典，以方出圆**〔16〕。夫体方则度影正，形圆则审实难。盖方者有常，而圆者多变，故当制法而理之。理之法者：半周、半径相乘则得圆矣〔17〕；又可周、径相乘，四而一〔18〕；又可径自乘，三之，四而一〔19〕；又可周自乘，十二而一〔20〕；故“圆出于方”。**笠以写天**〔21〕**，**笠亦如盖，其形正圆，戴之所以象天。写，犹象也。言笠之体象天之形。《诗》云“何蓑何笠〔22〕”，此之义也。**天青黑，地黄赤。天数之为笠也**〔23〕**，青黑为表，丹黄为里，以象天地之位**〔24〕。既象其形，又法其位。言相方类〔25〕，不亦似乎？**是故，知地者智，知天者圣。**言天之高大，地之广远，自非圣智，其孰能与于此乎？**智出于勾**〔26〕，勾亦影也。察勾之损益，知物之高远，故曰“智出于勾”。**勾出于矩**〔27〕。矩谓之表。表不移，亦为勾。为勾将正〔28〕，故曰“勾出于矩”焉。**夫矩之于数，其裁制**〔29〕**万物，惟所为耳。”**言包含几微，转通旋还〔30〕也。**周公曰：“善哉！”**善哉，言明晓之意。所谓问一事而万事达。

【注释】

〔1〕平矩以正绳：如图4所示，把矩的一边水平放置，另一边靠在一条铅垂线上，就可以校正水平线。正绳，纠正，在这里指以铅垂绳之正校定水平

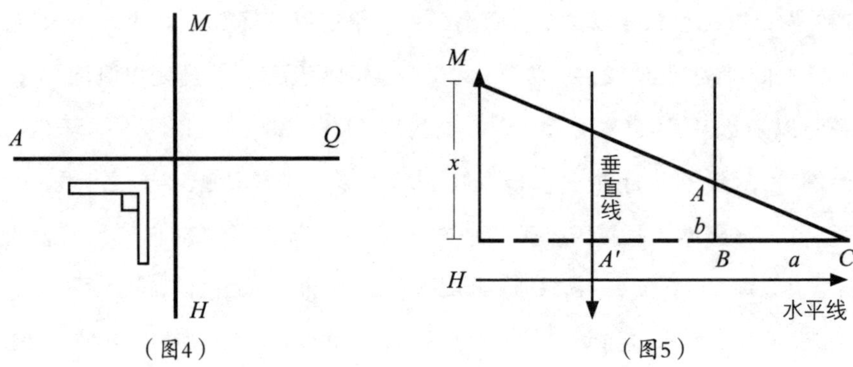

（图4）　（图5）

线。《东观汉记·传八·王阜》：“王阜为益州太守，边郡吏多放纵，阜以法绳正吏民，不敢犯禁。”《后汉书·循吏列传·王涣》：“（王涣）在温三年，迁兖州刺史，绳正部郡，风威大行。”

〔2〕偃矩以望高：意思是把矩的一边仰着放平，就可以测量高度。如图5所示，所求高为 MH ，$CB:AB=CH:MH$ 。下文中“覆矩以测深”、“卧矩以知远”的计算方法与此相同。偃：仰，放倒。《广雅》：“偃，仰也。”

〔3〕覆矩以测深：把上述测高的矩颠倒过来，就可以测量深度。如图6所示。

〔4〕卧矩以知远：把上述测高的矩平放在地面上，就可以测出两地间的距离或斜距。在不能直接测出两地水平距离或斜距时，可利用矩的不同摆法，根据勾股对应边成比例的关系，确定水平和垂直方向，以测量远处物体的高度、深度和距离。如图7所示。

〔5〕无方：测量无方向限制。

〔6〕曲从其事：根据需要灵活运用。曲，迂回，灵活。

〔7〕《九章》：《九章算术》。《九章算术》是集先秦至西汉数学成果之大成的一部专著，大约成于公元1世纪，其原作者已不可考，一般认为它是经历代各家的增补修订，而逐渐成为现今定本的。西汉·张苍、耿寿昌曾经做过增

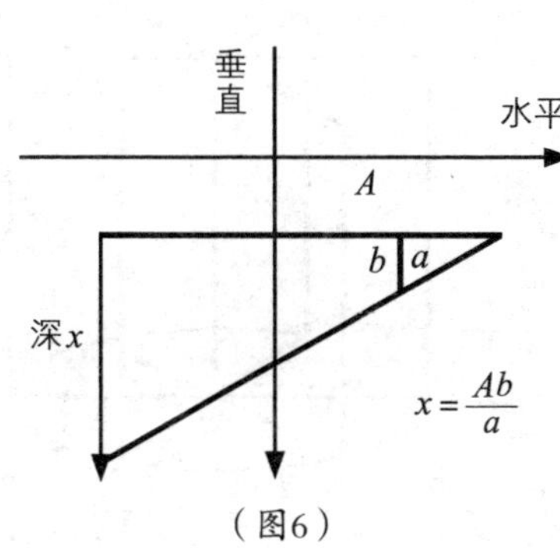

（图6）

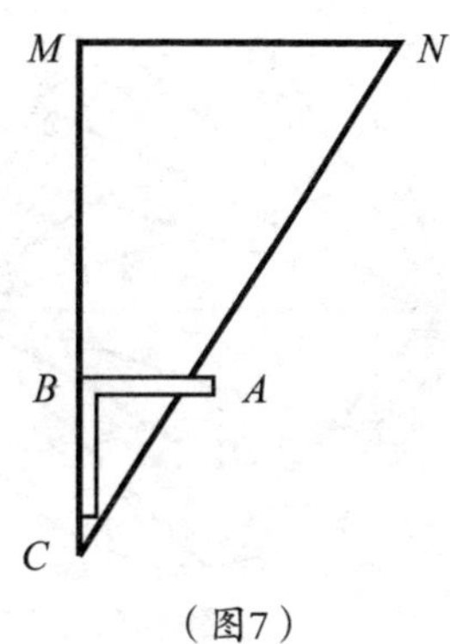

（图7）

补和整理，东汉 · 刘徽曾为《九章算术》作注。全书分为九章：方田、粟米、衰（cuī）分、少广、商功、均输、盈不足、方程、勾股。在《九章算术》的第一章“勾股”的最后，刘徽根据所需测量对象的不同特性，将问题分成九个类型，并逐个介绍测量理论和方法，这种应用的推广，被称为“重差九问”。

〔8〕环矩以为圆：把矩当作圆规旋转一周，可以得到圆形。关于本句介绍的计算方法，各专家理解不一，现列举主要几种：

李俨、梁宗巨：“固定矩的斜边，保持顶角为直角并不断变化，其直角顶点的轨迹便是圆。”（梁宗巨《世界数学史简编》）如图8所示。

傅溥：“将矩形直立于平面上，固定其边而使他边绕它回转时，那回转边下端的轨迹，便是圆。”（傅溥《中国数学发展史》）如图9所示。

李迪：“矩的顶点不动，而两边在平面上旋转，其端点就画出一个圆。”（李迪《中国数学史简编》）如图10所示。

陈遵妫：“以矩的一端为枢，旋转另一端，可以成圆，即所谓环矩以为圆。”如图11所示。

吴文俊、李兆华：“把矩的长短两边当作‘规’的两只脚，直立于平面上，以矩的一端枢，旋转另一端即可成圆。”（吴文俊《中国数学史大系》第一卷）如图12所示。

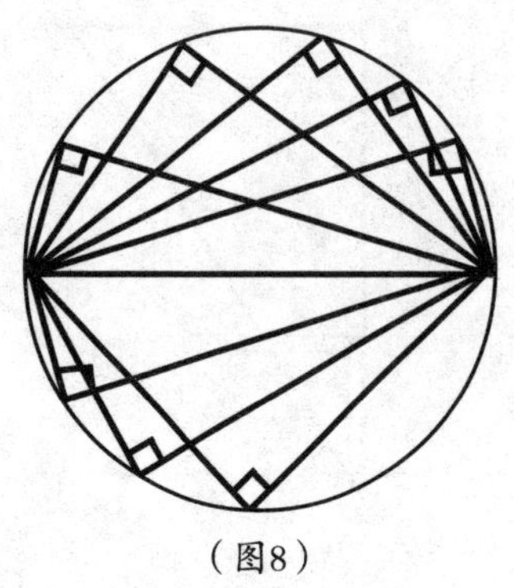
（图8）

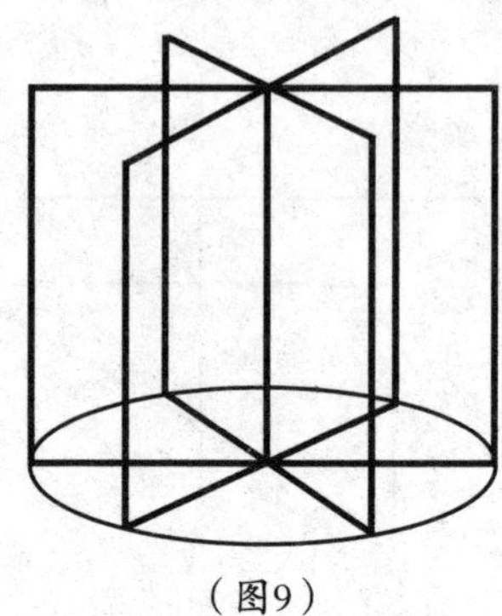
（图9）

〔9〕合矩以为方：将两矩合并，可以得到长方形。如图13所示。

〔10〕方属地，圆属天，天圆地方：观测地的数学根据是方形，观测天的数学根据是圆形，所以说“天圆地方”。

〔11〕耦：同“偶”。双数，成对。《周易·系辞下》：“阳卦奇，阴卦耦。”

〔12〕北极之下高人所居六万里……天之中央亦高四旁六万里：这是赵爽引用《周髀算经》卷下“盖天天地模型”的原文。隤（tuí）：崩坠、坠落。《文选·宋玉·高唐赋》：“磐石险峻，倾崎崖隤。”《太平广记·卷

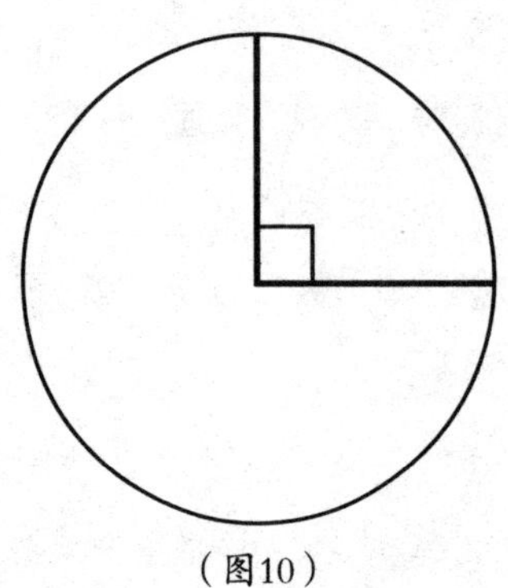
（图10）

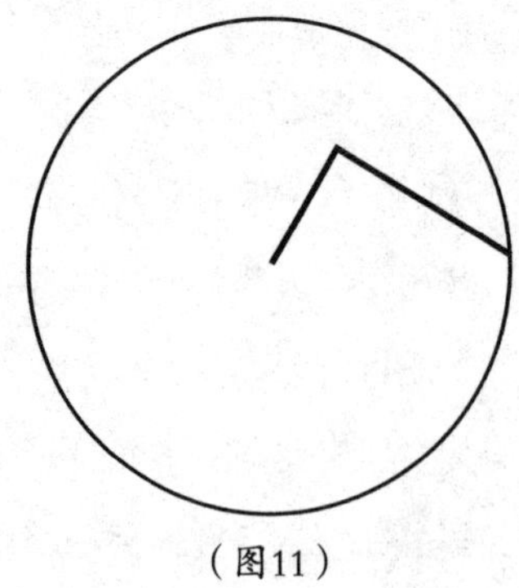
（图11）

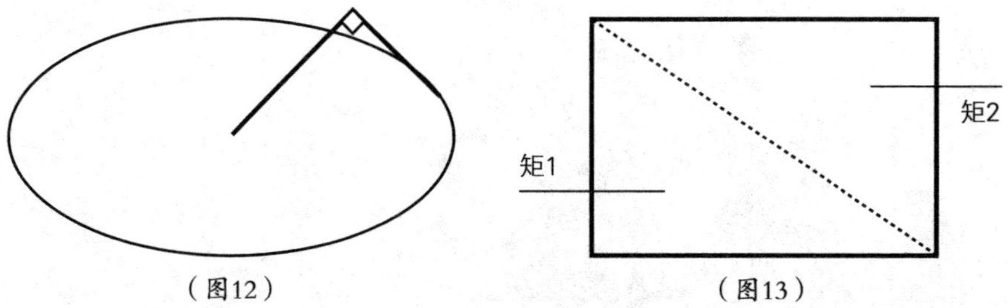

（图12）　　（图13）

四百 · 李员》：“夜有甚雨，隤其堂之北垣。”人所居，人居住的地方，指的是周地。

〔13〕形状同归而不殊途：天地形状结构相似，形成的机制也没有不同。

〔14〕隆高齐轨而易以陈：中央隆起的高度一致，差别就是所显示的样子。隆高，中央隆起的高度。齐轨，像车辆轮距般整齐划一。这里指高度一致。南朝梁 · 萧统《贺洛阳平启》：“方今九服大同，万邦齐轨。”易，改变，更改。清 · 方苞《狱中杂记》：“狱词无易。”陈，分布，陈列。《广雅》：“陈，列也。”《玉篇》：“陈，布也。”

〔15〕天似盖笠，地法覆槃：详见《周髀算经》卷下“盖天天地模型”。

〔16〕方数为典，以方出圆：以方形的数学性质为基准，由方形的数学性质推导出圆形的数学性质。

〔17〕半周、半径相乘则得圆矣：圆面积等于该圆的半周与半径的乘积，以现代数学符号表示为 $S=\pi R^2$。其中 R 为半径，πR 为周长的一半，π 为圆周率。

〔18〕又可周、径相乘，四而一：又可以用周长（$2\pi R$）乘以直径（$2R$）再除以四，以现代数学符号表示为 $S=\dfrac{2\pi R\times 2R}{4}=\pi R^2$。

〔19〕又可径自乘，三之，四而一：又可以用直径的平方（$4R^2$）乘以三（圆周率的约值）再除以四（得 $3R^2$）。

□ 天地定位之图

这是一幅中世纪的中国地图，图中的地球是一个在圆形天空下的方形区域。

〔20〕又可周自乘，十二而一：又可以取周长的平方［$(2\pi R)^2$］的十二分之一（圆周率的约值取三，可得 $3R^2$）。

〔21〕笠以写天：以斗笠来表示天的数学特性。笠，斗笠。写，仿效，描绘。《淮南子·本经训》："雷震之声，可以鼓钟写也。"东汉·张衡《周天大象赋》："坟墓写状以孤出，哭泣含声而相召。"

〔22〕何蓑何笠：披戴蓑衣与斗笠。《诗·小雅·无羊》："尔牧来思，何蓑何笠，或负其糇。"

〔23〕天数之为笠也：天的数学性质体现在斗笠（的数学性质）中。在这里，"笠"不仅表示天体视运行之形状，也指天盖的结构和功能。

〔24〕青黑为表……以象天地之位：以天色青黑为其外表，以地色黄赤为其内在，以此象征天地的方位。

〔25〕相方类：相仿、相类似。

〔26〕智出于勾：智体现在有善于利用勾影长度进行测量的才能。

〔27〕勾出于矩：把矩固定作为标尺（表），可以测量出勾影。

〔28〕为勾将正：以矩为标尺可以得到正勾（表的影长）。

〔29〕裁制：裁算制作。

〔30〕转通旋还：各种转化、变换、旋转、往还，变化莫测。

【译文】

周公说："谈论数学问题，意义重大！周公领会了数学的意义，故而发出"意义重大"的感叹。请问使用矩的方法？"这是指用矩作标尺的窍门、测量观察的方法。商高答道："利用矩的直角边和重垂线，可确定水平面。以水平和悬绳为基准，确定水平和垂直的物体，这是为了防止"差之毫厘，失之千里"。把矩的一边仰着放平，就可以测量高度；把测量高度的矩颠倒过来，就可以测量深度；把矩平放在地面上，就可以测出两地间的水平距离。这是指使用矩无方向限制，可根据具体情况灵活使用，其方法载于《九章算术》。把矩旋转一周，可以得到圆形；将两矩相合，可以得到长方形。矩既可以探寻各种事物的数学关系，又可以构造圆形和方形。这就是说矩应用于各种事物之上，无所不至。观测地的数学根据是方形，观测天的数学根据是圆形，所以说"天圆地方"。物有圆形、方形，数有奇数、偶数。天体运动轨迹为圆，其数是奇数；大地静止为方形，其数是偶数。这是为了配合阴阳的含义，不是对天地实体的定义。观察天不可能穷尽，观测地也不可能穷尽，岂能确定它们是圆是方？又说："北极之下高人所居六万里，滂沲四隤而下。天之中央亦高四旁六万里。"这说明天上地下形状结构均相似，中央隆起的高度一致，差别就是所显示的样子。所以说"天似盖笠，地法覆槃"。以方形的数学性质为基准，由方形的数学性质推导出圆形的数学性质。若物体为方形，测影就容易正确；而圆形的物体，面积都难以计算。其原因是方形有规律可循，而圆形变幻莫测，所以要寻找规律来应对。应对的方法是：半周、半径相乘则得圆面积；又可以周长、直径相乘，除以四；又可以直径自乘，再乘以三，除以四；又可以周长自乘，除以十二，均得圆面积，所以说"圆出于方"。笠可用来刻画天的功能与表现天的形态，笠也如圆盖，其形状是正圆，天就像大地戴着斗笠。写，象征的意思。说笠之形状象征天的形状。《诗经》说"何蓑何笠"，就是这个意思。天色是青黑的，地色是黄赤的。以笠的数学性质来象征天的数学性

质，天色青黑为其外表，地色黄赤为其内里，以此象征天地的方位。既显示其形态，又表明其位置。用类似之物作比喻，能说不相似吗？**所以说，通晓地上事物的是智者，理解天上事物的是圣人。**以天之高远博大，地之广阔遥远，除了圣人和智者，谁能达到这个水平？**智者的聪明体现在善于利用勾影长度进行测量的才能，**勾即表的影长。观察影长的增减，可知目标事物的高度和距离，所以说“智出于勾”。**把矩固定作为标尺，可以测量出勾影。**矩用作标尺。标尺不动，也可以得到影长。以矩为标尺可以得到正勾的影长，所以说“勾出于矩”。**矩在数学应用中的意义，在于测算与制作万物，它使用起来得心应手。”**也就是说，用矩包含精妙的法门，各种转化、变换、旋转、往还，变化莫测。**周公说：“好极了！”**善哉：意思是清楚明白之后的赞同。这就是所谓问清楚一事而万事皆已通晓。

勾股圆方图〔1〕

【原文】

此方圆之法〔2〕。此言求圆于方之法。**万物周事而圆方用焉，大匠造制而规矩设焉。或毁方而为圆，或破圆而为方**〔3〕。**圆中为方者谓之方圆，方中为圆者谓之圆方也**〔4〕。

【注释】

〔1〕勾股圆方图：古代数学家商高、赵爽证明勾股定理所使用的图形。底本原图已佚，今补正如图14 。图中标题“方圆图”“圆方图”是根据原文“圆中为方者谓之方圆，方中为圆者谓之圆方也”所加。

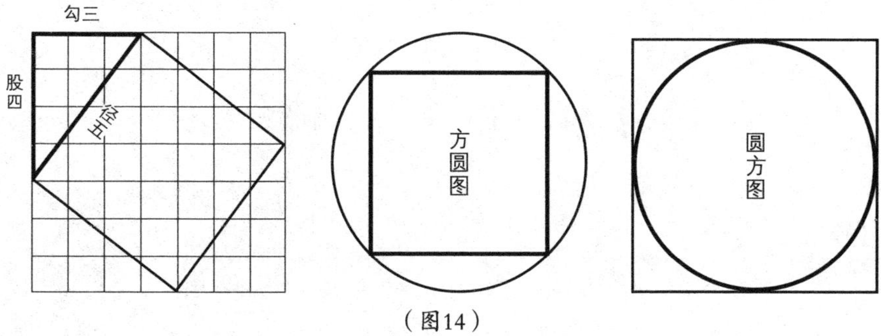

（图14）

〔2〕此方圆之法：这是通过方形得到圆形的方法。正如赵爽所注“此言求圆于方之法”。

〔3〕或毁方而为圆，或破圆而为方：（由方形得圆形）需打破正方形变为多边形，以此不断地趋近圆形，或切割圆弧为多段作为多边形的近似边。

〔4〕圆中为方者谓之方圆，方中为圆者谓之圆方也：方圆图是由内接正方形向外推算圆的示意图；圆方图是由外切正方形向内推算圆的示意图。

【译文】

这是方圆之法。这是通过方形求得圆形的方法。**周围的万事万物都要用到圆形和方形，大工匠为制作物品而设计了规和矩。由方形求得圆形，或需打破正方形变为多边形，以此不断地趋近圆形，或切割圆弧为多段作为多边形的近似边。由内接正方形向外推算圆的示意图称为方圆图，由外切正方形向内推算圆的示意图称为圆方图。**

赵爽附录（一）[1]：勾股论

【原文】

勾、股各自乘，并之为弦实。开方除之，即弦。[2]案弦图，又可以勾、股相乘为朱实二，倍之，为朱实四。以勾、股之差自相乘，为中黄实。加差实，亦成弦实。[3]

以差实减弦实，半其余，以差为从法，开方除之，复得勾矣。[4]加差于勾，即股。[5]凡并勾、股之实，即成弦实。[6]或矩于内，或方于外。[7]形诡而量均，体殊而数齐。[8]

勾实之矩以股弦差为广，股弦并为袤；而股实方其里。减矩勾之实于弦实，开其余，即股。[9]倍股在两边为从法。开矩勾之角，即股弦差，加股为弦。[10]以差除勾实，得股弦并。以并除勾实，亦得股弦差。令并自乘，与勾实为实，倍并为法，所得亦弦。勾实减并自乘，如法为股。[11]

股实之矩以勾弦差为广，勾弦并为袤，而勾实方其里。减矩股之实于弦实，开其余，即勾。[12]倍勾在两边为从法。开矩股之角，即勾弦差，加勾为弦。[13]以差除股实，得勾弦并。以并除股实，亦得勾弦差。令并自乘，与股实为实，倍并为法，所得亦弦。股实减并自乘，如法为勾。[14]

两差相乘倍而开之，所得以股弦差增之为勾。以勾弦差增之为股。两差增之为弦。[15]倍弦实，列勾股差实，见弦实者，以图考之。倍弦实，满外大方，而多黄实。[16]黄实之多，即勾股差实。以差实减之，开其余，得外大方。大方之面，即勾股并也。令并自乘，倍弦实乃减之，开其余，得中黄方。黄方之面即勾股差。[17]以差减并而半之，为勾；加差于并而半之，为股[18]；其倍弦为广袤合[19]。令勾、股见者，互乘为其实[20]，四实以减之，开其余，所得为差。以差减合，半其余为广。减广于合为袤，即所求也〔21〕。观其迭相规矩〔22〕，共为返覆〔23〕，互与通分，各有所得。然则统叙群伦〔24〕，弘纪〔25〕众理，贯幽入微，钩深致远。故曰“其裁制万物，唯所为之也”〔26〕。

【注释】

〔1〕赵爽在本篇注后所附的数学论文中提到“观其迭相规矩，共为反覆，互与通分，各有所得”，可见此文本来包含勾股术和方圆术的内容，惜现存文本仅包含勾股术的内容。图15是《周髀算经》南宋本中的上图、中图和下图，由赵爽绘制。

〔2〕勾、股各自乘……即弦：勾的平方与股的平方之和等于弦的平方，对其开方即得弦长。并，加起来。实，面积。弦实，以弦为边的正方形的面积。

〔3〕案弦图……亦成弦实：由弦图所示（图16），还可以令勾、股相乘得到朱面积的二倍，再加二倍，得到朱面积的四倍。勾、股之差的平方为中间的黄面积。加上这一面积，亦得以弦为边的正方形的面积（即弦的平方）。朱实，外弦图（图17a）中每个勾股三角形的面积。黄实，内弦图（图17b）中间的小正方形的面积。见弦图，若

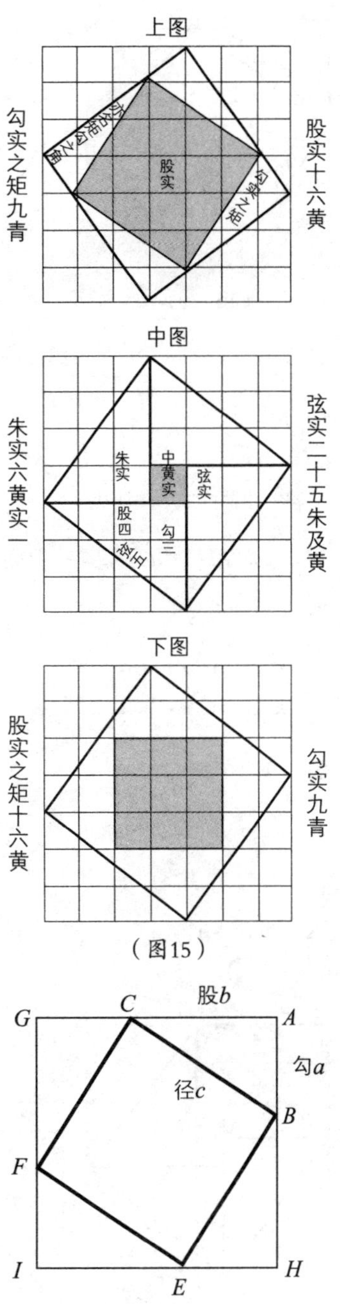

（图15）

（图16）

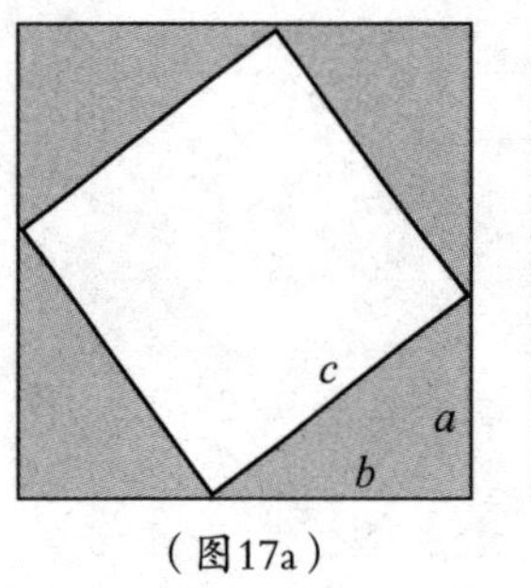

（图17a）

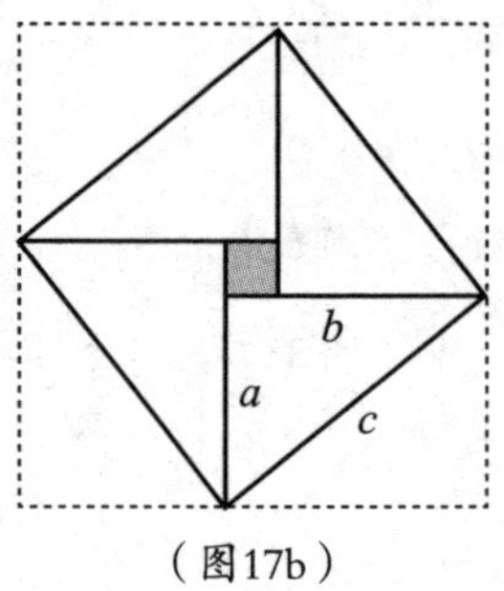

（图17b）

令勾为 a ，股为 b ，弦为 c ，则朱实等于 $\frac{ab}{2}$ ，黄实等于（$b-a$）^{2} 。

〔4〕以差实减弦实……复得勾矣：如图18所示，弦实 c^2 减去差实（$b-a$）^{2} ，半其余即再除以2，得

$$\frac{c^2-(b-a)^2}{2}=ab$$

以差 $b-a$ 为方程的一次项系数，因此勾 a 可由开二次开方式求得。因此，设勾 a 的值为 x ，则带从平方式用代数式表示为

$$x^2+(b-a)x-ab=0$$

把此方程开方除之，可得勾 a 的长度。从法，中国古代数学术语，即方程的一次项系数。

〔5〕加差于勾，即股：将差与勾相加，得到股。即（$b-a$）$+a=b$ 。

〔6〕凡并勾、股之实，即成弦实：只要是勾的平方加股的平方就得弦的平方，即 $a^2+b^2=c^2$ 。

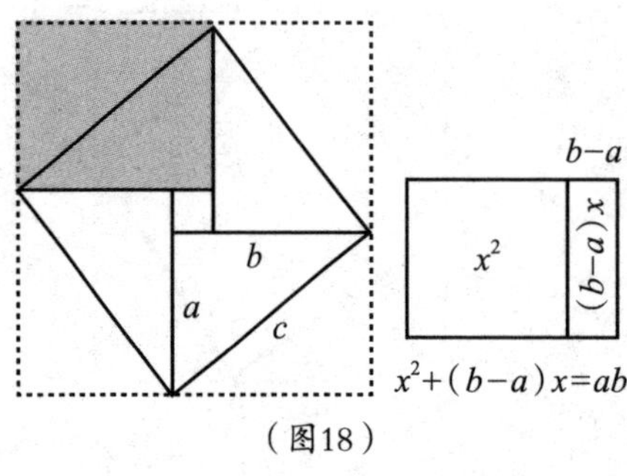

（图18）

〔7〕或矩于内，或方于外：有的矩形在内部（如内弦图），有的矩形在外部（如外弦图）。这里指的是由图15上图衍生出的各种弦图结构。

〔8〕形诡而量均，体殊而数齐：各形状不同，但量度的方式相

同；各面积不同，但总面积相同。

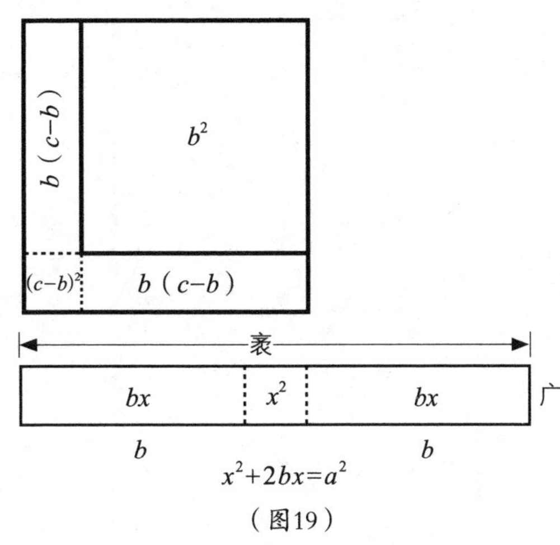

（图19）

〔9〕勾实之矩以股弦差为广，股弦并为袤；而股实方其里。减矩勾之实于弦实，开其余，即股：以勾 a 为边长的正方形（勾实之矩）的面积，等于以股、弦之差 $c-b$ 为宽，以股、弦之和 $c+b$ 为长的矩形面积，即

$$a^2=(c-b)(c+b)$$

若弦 c 的平方减“矩勾之实”$(c-b)(c+b)$，然后开二者之差的平方，可得

$$b=\sqrt{c^2-(c-b)(c+b)}$$

广，宽。袤，长。

〔10〕倍股在两边为从法……加股为弦：如图19所示，将股的两倍 $2b$ 作为一元二次方程的一次项系数，然后解“矩勾之角”方程

$$x^2+2bx=a^2$$

得股弦差 $c-b$ 为根 x，加股得弦 c，即 $c-b+b=c$。

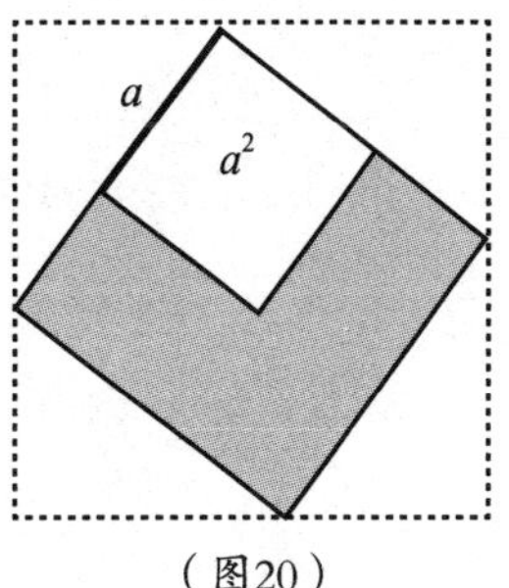

（图20）

〔11〕以差除勾实……如法为股：如图19所示，勾的平方除以股弦差 $c-b$，得股弦之和，即

$$c+b=\frac{a^2}{c-b}$$

勾 a 的平方除以股弦之和 $c+b$，又得到股弦

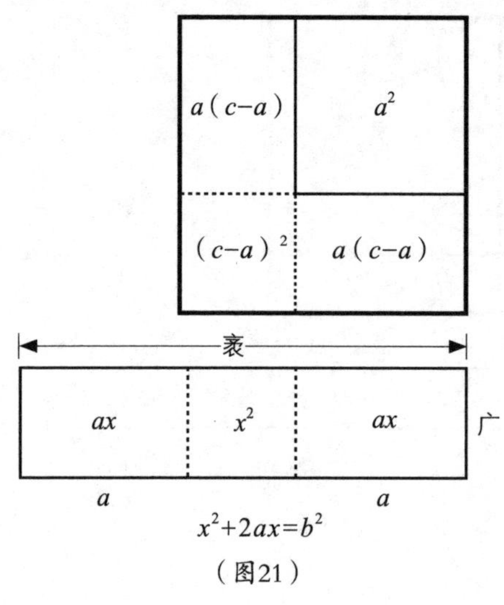

（图21）

差，即

$$c-b=\frac{a^2}{c+b}$$

令股弦之和 $c+b$ 的平方加上勾 a 的平方为分子，股弦之和的二倍为分母，得弦长，即

$$c=\frac{(c+b)^2+a^2}{2(c+b)}$$

令股弦之和 $c+b$ 的平方减去勾 a 的平方为分子，分母如上，得股 b，即

$$b=\frac{(c+b)^2-a^2}{2(c+b)}$$

〔12〕股实之矩以勾弦差为广……即勾：将赵爽弦图（图15下图）中央的勾实 a^2 移动到一角可得到图20。股的平方（“股实之矩”）b^2 等于 c^2-a^2，也就是以勾弦差 $c-a$ 为宽、勾弦和 $c+a$ 为长的矩形面积，其展开式中含有勾的平方。用弦的平方 c^2 减去这一矩形面积（$c-a$）（$c+a$）再开方，得勾 a，即

$$a=\sqrt{c^2-(c-a)(c+a)}$$

〔13〕倍勾在两边为从法……加勾为弦：如图21所示，将勾的两倍 $2a$ 作为一元二次方程的一次项系数，然后解“矩股之角”方程

$$x^2+2ax=b^2$$

得勾弦差 $c-a$ 为根 x，加勾得弦，即 $c-a+a=c$。

〔14〕以差除股实……如法为勾：由图20及注〔13〕可得，股的平方 b^2 除以勾弦差 $c-a$，得勾弦之和 $c+a$，即

$$c+a=\frac{b^2}{c-a}$$

股的平方 b^2 除以勾弦之和 $c+a$ ，又得到勾弦差 $c-a$ ，即

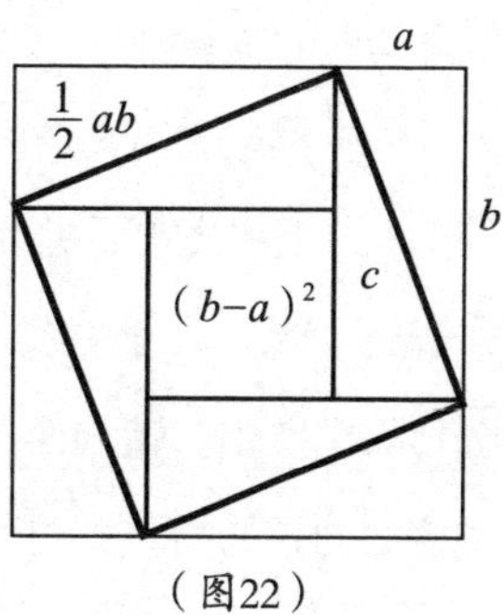

（图22）

$$c-a=\frac{b^2}{c+a}$$

令勾弦之和的平方（$c+a$）^{2} 加上股的平方 b^2 为分子，勾弦之和的二倍，即2（$c+a$）为分母，得弦长 c ，即

$$c=\frac{(c+a)^2+b^2}{2(c+a)}$$

令勾弦之和的平方（$c+a$）^{2} 减去股的平方 b^2 为分子，分母如上，得勾 a ，即

$$a=\frac{(c+a)^2-b^2}{2(c+a)}$$

〔15〕两差相乘倍而开之……两差增之为弦：根据上注，勾弦差 $c-a$ 与股弦差 $c-b$ 相乘再二倍之后开方，即得数为

$$\sqrt{2(c-a)(c-b)}$$

得数加上股弦差 $c-b$ 等于勾 a ，即

$$\sqrt{2(c-a)(c-b)}+(c-b)=a$$

得数加上勾弦差 $c-a$ 等于股 b ，即

$$\sqrt{2(c-a)(c-b)}+(c-a)=b$$

得数加上股弦差 $c-b$ 再加上勾弦差 $c-a$ 等于弦 c ，即

$$\sqrt{2(c-a)(c-b)}+(c-a)+(c-b)=c$$

〔16〕倍弦实，列勾股差实……而多黄实：如图22所示（由图15的中图演变而来），弦的平方加倍，即 $2c^2$，再列出勾股差的平方，即（$b-a$）^{2} 。用 $2c^2$ 填满最外面大正方形的面积（$b+a$）^{2}，会多出一个黄的面积（$b-a$）^{2}，所

以有 $2c^2-(b-a)^2=(b+a)^2$。

〔17〕黄实之多……黄方之面即勾股差：如图23所示（由图15的上图演变而来），上注公式可变为 $2{c_1}^2-(b_1-a_1)2=(b_1+a_1)^2$。可以看到，这两个公式表达了同一数理关系，这正是赵爽所说的“形诡而量均，体殊而数齐”。图15的中图中，黄的面积等于勾股差的平方 $(b-a)^2$。用勾股差的平方去减加倍后的弦的平方，再开方，就可以得到外面大正方形的面。面，中国古代算术术语，即边长，这里的“大方之面”，指的是最外面大正方形的边长，即勾、股长的和 $(b+a)$。整理以上描述，得出等式

$$b+a=\sqrt{2c^2-(b-a)^2}$$

再用勾股和的平方去减加倍后的弦的平方，再开方，就可以得到中黄方的面，也就是勾股差。整理以上描述，得出等式

$$b-a=\sqrt{2c^2-(b+a)^2}$$

〔18〕以差减并而半之……为股：差，勾股差。并，勾股和。本句可表示为两个等式

$$a=\frac{(b+a)-(b-a)}{2}$$

$$b=\frac{(b+a)+(b-a)}{2}$$

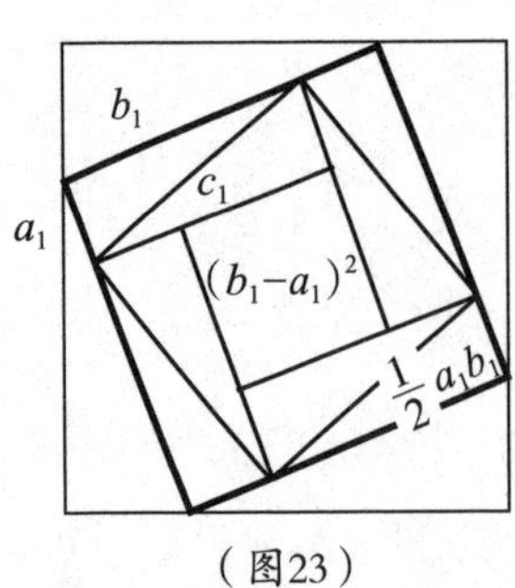

（图23）

〔19〕其倍弦为广袤合：本句根据文意可增补为“其倍弦为弦广袤差并合”，这里的意思是弦的二倍等于弦宽差加弦宽和，或弦长差加弦长和，即

$$2c=(c-a)+(c+a)=(c-b)+(c+b)$$

〔20〕令勾、股见者，互乘为其实：“令勾、股见者”，指上文“以差减并而半之，为

勾；加差于并而半之，为股”中两个等式中所见的勾和股（见注〔19〕中二式），因此“互乘为其实”所表述的是如下勾股相乘的等式

$$ab=\frac{(b+a)-(b-a)}{2}\cdot\frac{(b+a)+(b-a)}{2}$$

$$=\frac{(b+a)^2-(b-a)^2}{4}$$

〔21〕四实以减之……即所求也：以四倍 ab 为减数，整理上式 $\frac{(b+a)^2-(b-a)^2}{4}$，得

$$(b-a)^2=(b+a)^2-4ab$$

开方得

$$b-a=\sqrt{(b+a)^2-4ab}$$

合 $b+a$ 减去差 $b-a$，再除以2，等于广 a。即

$$a=\frac{(b+a)-\sqrt{(b+a)^2-4ab}}{2}$$

合 $b+a$ 减去广 a，得袤 b。即

$$b=\frac{(b+a)+\sqrt{(b+a)^2-4ab}}{2}$$

〔22〕规矩：规，作圆的工具；矩，作方的工具。《礼记・经解》：“规矩诚设，则不可欺以方圆。”孔颖达疏：“规所以正圆，矩所以正方。”《楚辞・九辩》：“何时俗之工巧兮？灭规矩而改凿！”晋・葛洪《抱朴子・辞义》：“乾坤方圆，非规矩之功。”《孟子・尽心章句下》：“梓匠轮舆能与人规矩，不能使人巧。”

〔23〕返覆：亦作“返复”，重复多次、再三。

〔24〕群伦：众多同类事物。群，众多。伦，同辈、同类。

〔25〕弘纪：弘，扩大、推广、光大。《论语・卫灵公》：“人能弘道，

非道弘人。”纪，纲领，纲纪。《韩非子·主道》：“道者，万物之始，是非之纪也。”

〔26〕其裁制万物，唯所为之也：这句是赵爽引用商高的，参见上文“用矩之道”。

【译文】

勾的平方与股的平方之和等于弦的平方，对其开方即得弦长。由弦图所示，还可以令勾、股相乘得到朱色三角形面积的二倍，再乘以二得到朱色三角形面积的四倍。同时，勾、股之差的平方为中间的黄色正方形面积。勾、股之差的平方加上这一面积，也能求得以弦为边的正方形的面积。

以弦的平方减去勾股差的平方再除以二，作为常数项；以勾股差作为一元二次方程的一次项系数，解此方程，又得勾长。勾股差加勾长等于股长。勾的平方加股的平方总是等于弦的平方。这是一般数理，不论弦图中矩形在内部还是在外部。虽然其中图形的形状多种多样，但对其量度的方式相同；虽然这些图形的面积也大小不一，但其拼合的总面积始终齐一。

以勾为边长的正方形面积，等于以股、弦之差为宽，以股、弦之和为长的矩形面积；而以股为边长的正方形包含在里面。因此弦的平方减去勾的平方再开方，得股。将股的两倍作为一元二次方程的一次项系数，勾的平方作常数项，然后解“矩勾之角”方程，得股弦差，加股得弦。勾的平方除以股弦差，得股弦之和。勾的平方除以股弦之和，又得到股弦差。令股弦之和的平方加上勾的平方为分子，股弦之和的二倍为分母，得弦长。令股弦之和的平方减去勾的平方为分子，分母如上，得股长。

股的平方，等于以勾弦差为宽，勾弦之和为长的矩形面积，其展开式中含有勾的平方。用弦的平方减去这一矩形面积再开方，得勾。将勾的两倍作为一元二次方程的一次项系数，股的平方为常数项，然后解此“矩股之角”方程，得勾弦差，加勾得弦。股的平方除以勾弦差，得勾弦之和。股的平方除以勾弦之和，又得到勾弦差。令勾弦之和的平方加上股的平方为分子，勾弦之和的二倍为分母，得弦长。令勾弦之和的平方减去股的平方为分子，分母如上，得勾长。

勾弦差与股弦差相乘再乘以二之后开方，得到的数加上股弦差等于勾；得到的数加上勾弦差等于股；得到的数加上股弦差再加上勾弦差等于弦。弦的平方乘以二，再列出勾股差的平方，弦的平方，如图所示。用弦平方的二倍，填满外部大正方形的面积，会多出一个黄色正方形的面积。黄色正方形的面积，等于勾股差的平方。以二倍的弦平方减去勾股差的平方，然后开方，得外部大正方形的边长，其边长为勾股之和。以二倍的弦平方减去勾股和的平方再开方，得中间黄色正方形的边长。黄色正方形的边长即勾股之差。以勾股之和减去勾股之差，再除以二得勾长；以勾股之和加上勾股之差，再除以二得股长。弦的二倍等于弦宽差加弦宽和，或弦长差加弦长和。令上述勾和股相乘，得勾股矩形面积，用外部大正方形面积减去四倍的勾股矩形面积，再开方，得勾股差。以勾股之和减去勾股之差，其余数除以二得宽。长宽之和减宽得长。这就是所求的解。观察圆和方之间的相互关系，反复分析其数理相通之处，各有收获。由于这一数理关系适用于众多同类型的例子，能突显众理之纲领，揭示其幽深微妙之处，意义深刻而长远，所以说："其裁制万物，唯所为之也。"

陈子模型

本章包括“通类思维”、“测影探日行”、“天地模型数据分析”、“李淳风附注（一）”、“赵爽附录（二）”五节。

第一节由荣方向陈子提出如何知道太阳高低等问题，引出了陈子的一系列回答。在第二节中介绍了用测量晷影长短，结合勾股定理计算各种距离数据的方法，并得出了“勾之损益寸千里”的论断。第三节建立了盖天说天地模型，并根据模型分别推算出冬至日、夏至日时太阳与周地的距离以及宇宙的直径等数据。第四节介绍了李淳风的三种“重差术”，以及几部典籍中记录的晷影差不同变化的推算要点。第五节则介绍了日高图及图内相关面积的计算。

通类思维[1]

【原文】

昔者荣方[2]问于陈子[3]，荣方、陈子是周公之后人，非《周髀》之本文，然此二人共相解释，后之学者谓为章句[4]，因从其类，列于事下。又欲尊而远之，故云“昔者”。时世、官号未之前闻。**曰：“今者窃闻夫子[5]之道，**荣方闻[6]陈子能述商高之旨，明周公之道。**知日之高大[7]，**日去地与圆径之术。**光之所照[8]，**日旁照之所及也。**一日所行[9]，**日行天之度也。**远近之数[10]，**冬至、夏至去人之远近也。**人所望见[11]，**人目之所极也。**四极之穷[12]，**日光之所远也。**列星之宿[13]，**二十八宿之度[14]也。**天地之广袤[15]。**袤，长也。东西、南北谓之广、长。**夫子之道，皆能知之。其信[16]有之乎？”**而明察之，故不昧不疑。**陈子曰：“然。”**言可知也。**荣方曰：“方虽不省[17]，愿夫子幸[18]而说之。**欲以不省之情，而观大雅之法。**今若方者，可教此道邪？”**不能自料，访之贤者。**陈子曰：“然。**言可教也。**此皆算术[19]之所及，**言《周髀》之法，出于算术之妙也。**子之于算，足以知此矣，若诚[20]累[21]思之。”**累，重也。言若诚能重累思之，则达至微之理。

于是荣方归而思之，数日不能得。虽潜心驰思，而才单智竭[22]。**复见陈子，曰：“方思之不能得，敢请问之？”陈子曰：“思之未熟[23]。**熟，犹善也。**此亦望远起高之术[24]，**而子不能得，**则子之于数[25]，未能通类[26]，**定高远者立两表，望悬邈者施累矩[27]。言未能通类求勾股之意。**是智有所不及，而神有所穷。**言不能通类，是情智有所不及，而神思有所穷滞。**夫道术，言约而用博者，智类[28]之明。**夫道术，圣人之所以极深而研几。唯深也，故能通天下之志。唯几也，故能成天下之务[29]。是以其言约，其旨远，故曰“智类之明”也。**问一类而以万事达者，谓之知道。**引而伸之，触类而长之，天下之能事毕矣[30]，故“谓之知道”也。今子所学，欲知天地之数。**算数之术，是用智矣，而尚有所难，是子之智类单**[31]。算术所包，尚以为难，是子智类单尽。**夫道术所以难通者，既学矣，患其不博。**不能广博。**既博矣，患其不习。**不能究习。**既习矣，患其不能知。**[32]不能知类。**故同术相学，同事相观**[33]，术教同者，则当学通类之意。事类同者，观其旨趣之类。**此列**[34]**士之遇**[35]**智，**列，犹别也。言视其术，鉴其学，则遇智者别矣。**贤**[36]**不肖之所分。**贤者达于事物之理，不肖者暗于照察之情[37]。至于役神驰思，聪明殊别矣。**是故，能类以合类**[38]**，此贤者业**[39]**精习**[40]**，智之质也。**学其伦类，观其指归，唯贤智精习者能之也。**夫学同业而不能入神**[41]**者，此不肖无智而业不能精习。**俱学道术，明智不察，不能以类合类而长之，此心游日荡，义不入神也。**是故，算不能精习。吾岂以道隐子哉？固复熟思之。”**凡教之道，不愤不启，不悱不发[42]。愤之悱之，然后启发。既不精思，又不学习，故言吾无隐也。尔“固复熟思之”。举一隅使反之以三也。

荣方复归，思之数日不能得。复见陈子，曰：“方思之以精熟矣。智有所不及，而神有所穷。知不能得，愿终请说之。”自知不敏，避席[43]而请说之。**陈子曰：“复坐，吾语汝。”于是荣方复坐而请。**

【注释】

〔1〕通类思维：“通类思维”“测影探日行”“天地模型数据分析”等标题沿用了程贞一、闻人军在《〈周髀算经〉译注》中所加的标题。

〔2〕荣方：生平不详。赵爽认为：“荣方、陈子是周公之后人，非《周髀》之本文。……时世、官号未之前闻。”据有关专家推测，荣方可能是西周成王时的一位卿士，他受封千荣邑，称“荣伯”，其子孙便以封国为姓。

〔3〕陈子：陈姓天文学家和数学家，年代、生平不详。据有关专家推测，他可能是战国初期之人。

〔4〕章句：汉代注家以分章析句来解说古书意义的一种著作体，又有剖章析句的意思，也就是经学家解说经义的一种方式。亦泛指书籍注释。

〔5〕夫子：古代对男子的敬称。

〔6〕闻：听说，知道。

〔7〕日之高大：太阳的高低、大小。

〔8〕光之所照：太阳光所照耀的范围。

〔9〕一日所行：在天空中，太阳一天所行的距离。

〔10〕远近之数：太阳距离地面的最大和最小距离。

〔11〕人所望见：人的眼睛所能望见的最远距离。

〔12〕四极之穷：四方极远之地，古代天文名词，指日月周行四方所达的最远点。《楚辞·离骚》："览相观于四极兮，周流乎天余乃下。"朱熹集注："四极，四方极远之地。"金·完颜璹（shú）《自适》诗："小斋蜗角许，夜卧膝仍屈；能以道眼观，宽大犹四极。"古代神话传说中四方的擎天柱。《淮南子·览冥训》："往古之时，四极废，九州裂，天不兼覆，地不周载，火爁炎而不灭，水浩洋而不息，猛兽食颛民，鸷鸟攫老弱。于是女娲炼五色石以补苍天，断鳌足以立四极……苍天补，四极正。"

〔13〕列星之宿：恒星在天空中的分布。列星，罗布天空定时出现的恒星。《公羊传·庄公七年》："恒星者何？列星也。"何休注："恒，常也，常以时列见。"汉·袁康《越绝书·外传记宝剑》："观其釽，烂如列星之行。"

〔14〕二十八宿之度：二十八宿距星分布的度数。二十八宿，观测日月星辰视运行的二十八个星组系统。

〔15〕广袤：指土地面积宽而远。广，从东到西的长度。袤，从南到北的

长度。《淮南子·天文训》："欲知东西南北广袤之数者，立四表以为方一里距。"《汉书·贾捐之传》："元封元年立儋耳、珠崖郡，皆在南方海中洲居，广袤可千里。"《资治通鉴·周赧王二年》："纵某至某，广袤六员。"胡三省注："东西为广，南北曰袤。"

〔16〕信：真实，不虚妄。《老子》："信言不美，美言不信。"

〔17〕不省：不察，不能领悟。《礼记·礼器》："礼，不可不省也。"郑玄注："省，察也。"引申为不检查。

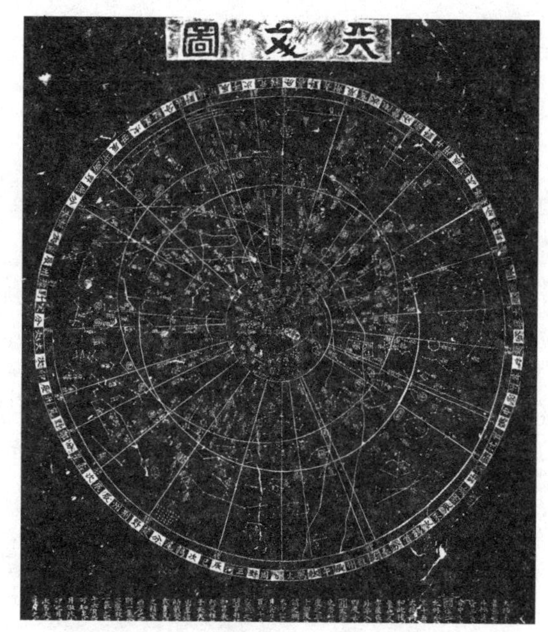

□ **苏州南宋府学石刻天文图**

江苏苏州府学内的石刻天文图碑，由王致远刻于淳祐七年(1247年)。今陈列于苏州碑林博物馆宋碑室。它是现存最完整最早的石刻盖天全图，根据北宋元丰年间的观测值，按球极方位等距投影法绘制，并按三垣二十八宿《步天歌》体制收录了1436颗星。所绘星辰虽然有部分缺失和衍增，但是它图下有文，述当时所知的天文学知识，具有很高的历史文化和学术价值。

〔18〕幸：表希望，一种敬辞。

〔19〕算术：数学的一个分科，是数学中最基础的部分，主要论数的性质、关系及其计算方法。《说文解字·竹部》曰："筭，长六寸，计历数者。从竹，从弄，言常弄乃不误也。"又曰，"算，数也。从竹，从具，读若筭。"筭、算两字，后世通用。

〔20〕若诚：如果。

〔21〕累：连续，多次。

〔22〕才单智竭：同“智穷才尽”，智能与才能已经穷尽。单，通“殚”，尽。《广雅》：“殚，尽也。”

〔23〕熟：精审，仔细。《吕氏春秋·察传》：“凡闻言必熟论，其于人必验之以理。”表示程度深。

〔24〕望远起高之术：用两根标尺测量观察高度、距离的方法。

〔25〕则子之于数：而你对数学的把握。

〔26〕通类：普遍的方法。南朝宋·颜延之《又释何衡阳达性论》：“足下前答，已知牲牢不可顿去于今世，复谓畋渔不可独弃于古，未为通类也。”

〔27〕累矩：两矩。

〔28〕智类：举一反三、触类旁通的聪明才智。

〔29〕夫道术……故能成天下之务：道术是圣人得以深入了解事物并掌握关键的方法。因为了解深入，所以才能通晓天下的志记；因为掌握了关键，所以才能达成天下的事务。道术，学术、方法。

〔30〕引而伸之……天下之能事毕矣：就一件事引申拓展，触类旁通，那么天下所能做的事就都包括在内了。

〔31〕单：同注〔22〕中释义。

〔32〕夫道术所以难通者……患其不能知：方法难以通晓的原因在于，学习又担心不够博学，博学又担心不够熟练，熟练又担心不能知晓其中的道理。《大戴礼记·曾子立事》：“君子既学之，患其不博也。既博之，患其不习也。既习之，患其无知也。既知之，患其不能行也。既能行之，贵其能让也。君子之学，致此五者而已矣。”

〔33〕同术相学，同事相观：相似的道理互相借鉴，相似的事物相互参照。

〔34〕列：“裂”的古字，区别。《说文》：“列，分解也。”《荀

子》：“古者列地建国。”《管子·五辅》：“大袂列。”注：“决之也。”《荀子·哀公》：“两骖列两服入厩。”这里引申为差别。赵爽注：“列，犹别也。”

〔35〕遇：通“愚”，愚蠢、愚昧。《说文》：“愚，戆也。”

〔36〕贤：有才德的人、人才。

〔37〕暗于照察之情：对明显的事情仍然不清楚。暗于：昏昧，不明白。

〔38〕类以合类：把属性相似的事物归入一类。

〔39〕业：学业，术业。唐·韩愈《师说》：“术业有专攻。”明·宋濂《送东阳马生序》：“业有不精。”

〔40〕精习：精益求精地学习。

〔41〕入神：指一种技艺达到神妙之境。《周易·系辞下》：“精义入神，以致用也。”孔颖达疏：“言圣人用精粹微妙之义，入于神化，寂然不动，乃能致其所用。”

〔42〕不愤不启，不悱不发：不到他努力想弄明白却弄不明白的程度不要去开导他，不到他心里明白却不能完善表达出来的程度不要去启发他。语出《论语·述而》：“不愤不启，不悱不发。”朱熹注：“愤者，心求通而未得之意；悱者，口欲言而未能之貌。”

〔43〕避席：亦作“避廗”。古人席地而坐，离席起立，以示敬意。《吕氏春秋·慎大览》：“武王避席再拜之，此非贵虏也，贵其言也。”

【译文】

曾几何时，荣方向陈子请教，荣方、陈子是周公以后的人，此对话并非《周髀》的原文，然而此二人共同解说经义，后世的学者将这种解说称为章句，分门别类列在这里；又想将此对话尊为早期的文献，所以说“从前”。二人的时代、官号以前没听说过。**说：“如今我听说用您的方法**，荣方听说陈子能讲述商高数学的要旨，通晓周公的道理。能知道太阳的高低和大小，日地距离与太阳直径的计算方法。日光所照耀的范围，光照所能达到的范围。太阳一天所运行的距离，太阳一天运行的度数。太阳离我们的最大和最小距离，冬至、夏至太阳距离人的远、近。人的眼睛所能望见的最远距离，人眼所能看到的最大范围。四方的极限，太阳的光照极限。恒星在天空中的分布，二十八宿分布的度数。天地的长度和宽度。袤，就是长。东西叫作广，南北叫作长。按照您的方法都能知道，真的是这样吗？”因为明察秋毫，所以不轻信。陈子说：“是这样。”陈子说是可知的。荣方说：“我虽然不懂，但是愿意聆听您的指导。希望在不明白时能得到高人指点迷津。像我这样资质的可以受教而学到这一方法吗？”自己不能判断，所以向高人请教。陈子说：“可以的，陈子说可以教。这些都是算术知识。《周髀》的方法，出于算术的妙用。如果你能反复思考的话，以你的算术能力，足以理解此法了。”累，是连续、多次、反复之意。意思是若能勤于思考，就能通达最深奥的道理。

于是荣方回去反复琢磨，历时数日却不得要领。虽然潜心思考，然而智慧和才能都已穷尽。他再次拜见陈子说：“我仔细思考之后仍不得要领，敢问能请您进一步指教吗？”陈子说：“这是因为你的思考尚未深入。熟，完善。这类问题需要观察和测算高度、距离的方法，而你不能理解这个方法，说明你没能把数学方法触类旁通。测定高远目标要竖立两个表，测算远距离悬空目标要使用两个矩。意思是说荣方未能将推算勾股定理的方法举一反三。因为你尚未掌握推理的智慧，且理解有限。意思是不能举一反三的原因是不够聪明，理解力也有限。能够将简约的方法广泛应用的人，一定拥有触类旁通的聪明才智。道术是圣人得以深入了解事物并掌握其关键的方法。因为了解得深入，所以能通晓天下之事；因为掌握了关键，所以能达成天下之事。因此它言简意赅，意义深远，所以说“智类之明”。求得一原理而能在万事中应用，才是所谓的知道。能够引申拓展，触类旁通，那么天下所能做的事就都包括在内了，所以说“谓之知道”。如今你所要学习的，想知道天地间的数学关系。是算术的原理和方法，这需要足够的聪明才智。现在遇到困难，是因为你的才智有限。你对算术所包含的内容尚且感到为难，说明你的才智不够。方法难以通晓的原因在于，一开始学习就担心不够博学，不能博学。博学了又担心不能熟练，不能深入研究。熟练了又担心不能理解其中的道理，不能理解其中的道理。所以有共性的道理应当互相借鉴，相似的事件互相参照，面对相似的道理，应当学会融会贯通。对类似的事件，应观察、找出共同的规律。这正是明智的人与愚蠢的人的区别，列，差别。意思是观察其对方法的把握，鉴别其对知识的掌握，就可区分愚者与智者。有才的人与无才的人的区别。有才之人能够通达事物的道理，无才之人对明显的事情仍搞不清楚。在专心致志深入思考方面，聪明与否大有差别。因此，能够从复杂的事物中归纳出属性相似的事物，这是有才的人在钻研中的特质，即智慧的本质。归纳事物的条理和种类，看出它们的趋向，只有有才智又善于钻研的人才能做到。凡是学习相同东西而不能到达这种境界的，都是因为没有才智以至于不能精通‘同术相学，同事相观’的原理。一起学习道术方法，有的人能理解，有的人不理解，不能归结事物相似的属性，无法专心致志地领悟要义。因此，也不能精通算术的方法。难道是我对你隐瞒了方法不成！你还是回去再想想吧。”大凡教学之法，不到他努力想弄明白却弄不明白的程度不要去开导他，不到他心里明白却不能完善表达出来的程度不要去启发他。你既不精于思考，又不勤于学习，所以说我没有隐瞒什么。你“还是回去再想想吧”。这就是举一而反三。

荣方回去又思考了好几天，仍不能得其要领。他又去见陈子，说：“我已经深思熟虑过了，无奈我才智不济，理解力有限。明白单凭自己是不可能达到目标了，还是请你教我吧。”自己知道不够聪明，离座起立行礼，恳请指教。陈子说：“请坐下，我再给你讲讲。”于是荣方重新坐下，等待陈子教导。

测影探日行

【原文】

陈子说之曰："夏至南万六千里，冬至南十三万五千里，日中立竿无[1]影，此一者，天道之数[2]。言天道数一，悉以如此。**周髀[3]长八尺，夏至之日晷一尺六寸。**晷，影也。此数望之从周城之南千里也，而《周官》测影，尺有五寸[4]，盖出周城南千里也。《记》云："神州之土方五千里。"[5]虽差一寸，不出畿地[6]之分、失四和[7]之实，故建王国。**髀者，股也[8]。正晷[9]者，勾也。**以髀为股，以影为勾，勾股定[10]，然后可以度日之高远。正晷者，日中之时节也。**正南千里勾一尺五寸，正北千里勾一尺七寸[11]。**候其影，使表相去二千里，影差二寸。将求日之高远，故先见其表影之率。**日益表南，晷日益长。候勾六尺[12]，**候其影使长六尺者，欲令勾股相应，勾三、股四、弦五；勾六、股八、弦十。**即取竹空[13]，径一寸，长八尺，捕[14]影而视之，空正掩[15]日，**以径寸之空视日之影，髀长则大，矩短则小，正满八尺也。捕，犹索也。掩，犹覆也。**而日应空之孔[16]。**掩若重规。更言八尺者，举其定也。又曰近则大，远则小，以影六尺为正。**由此观之，率八十寸而得径一寸[17]。**以此为日髀之率[18]。**故以勾为首，以髀为股[19]。**首，犹始也。股，犹末也。勾能制物之率，股能制勾之正。欲以为总见之数，立精理之本。明可以周万事，智可以达无方。所谓"智出于勾，勾出于矩"也。**从髀至日下六万里，而髀无影[20]。从此以上至日，则八万里[21]。若求邪至日者，以日下为勾，日高为股。勾股各自乘，并而开方除之，得邪至日。从髀所旁至日所十万里[22]。**旁，此古邪字。求其数之术曰：以表南至日下六万里为勾，以日高八万里为股，为之求弦：勾、股各自乘，并而开方除之，即邪至日之所也。**以**

率率之，八十里得径一里，十万里得径千二百五十里。法当以空径为勾率，竹长为股率，日去人为大股，大股之勾即日径也。其术以勾率乘大股，股率而一。此以八十里为法，十万里为实。实如法而一，即得日径。**故曰：日径千二百五十里**〔23〕。**法曰**〔24〕**：周髀长八尺，勾之损益寸千里**〔25〕。勾谓影也。言悬天之影，薄地之仪，皆千里而差一寸。**故曰：极者，天广袤也**〔26〕。言极之远近有定，则天广长可知。**今立表高八尺以望极**〔27〕**，其勾一丈三寸。由此观之，则从周**〔28〕**北十万三千里而至极下**〔29〕**。"**谓冬至日加卯、酉之时，若春、秋分之夜半，极南两旁与天中齐，故以为周去天中之数。

□ **东汉铜圭表**

古代圭表用以测日影，定冬至、夏至等节气。通常表高8尺，圭长1丈5尺。而此铜圭表纳于一长方小盒。表立直后，自圭面至表顶高19厘米，表全长则为20.3厘米，宽2.15厘米，厚1.2厘米。盒身即圭身，全长34.5厘米，宽2.8厘米，厚1.4厘米。表卧倒后可放入圭盒内。按汉尺1尺折今23厘米计，则圭长为1尺5寸，表高约8寸，仅为测影圭表的十分之一。圭面凿有14条距线，恰代表1尺5寸。此器出土于江苏仪征石碑村东汉墓，是现存最早的圭表实物，图为其模型，现藏南京博物院。

荣方曰："周髀者何？"

陈子曰："古时天子治周，古时天子谓周成王〔30〕，时以治周，居王城，故曰："昔先王之经邑，奄观九隩〔31〕，靡地不营。土圭测影，不缩不盈，当风雨之所交，然后可以建王城。"此之谓也。**此数望之从周，故曰周髀。**言周都河南，为四方之中，故以为望主也。**髀者，表也。"**因其行事，故曰髀。由此捕望，故曰表。影为勾，故曰勾股也。

【注释】

〔1〕无：没有，跟"有"相对。此处各本讹作"测"，根据钱校本改。

〔2〕此一者，天道之数：这些数据的一个特征是反映了天体视运动的数学

规律。

〔3〕周髀：周代测影用的圭表，又代指盖天说。盖天说是我国古代一种天体学说，谓天像无柄的伞，地像无盖的盘子。阐明其观点的著作有《周髀算经》二卷。因书中使用了勾股术测算天体运行里数，又相传成书于周公，故称“周髀”。孔颖达引汉·蔡邕《天文志》疏：“言天体者有三家，一曰周髀，二曰宣夜，三曰浑天。”《晋书·天文志》：“蔡邕所谓‘周髀’者，即盖天之说也。其本庖牺氏立周天历度，其所传则周公受于殷高，周人志之，故曰‘周髀’。髀，股也；股者，表也。其言天似盖笠，地法覆槃，天地各中高外下。”《晋书·天文志》：“日丽天而平转，分冬夏之间日所行道为七衡六间。每衡周径里数，各依算术，用句股重差推晷影极游，以为远近之数，皆得于表股者也。故曰‘周髀’。”唐·杨炯《浑天赋》：“有称周髀之术者，辴（chǎn）然而笑。”清·陈康祺《郎潜纪闻》卷六：“（圣祖）命其孙珏成直内廷，说者谓以算数被恩遇，《周髀》以来未之有也。”

〔4〕《周官》测影，尺有五寸：《周礼·考工记·玉人》曰：“土圭尺有五寸。”《周官》即《周礼》，儒家经典之一，系搜集周王室官制和战国时代各国制度，添附儒家政治理想，增减排比而成的汇编，作于战国，作者不详。

〔5〕《记》云：“神州之土方五千里。”：《学记》上说：“神州大地方圆五千里。”

〔6〕畿（jī）地：古代王都所领辖的方千里地面，后指京城所管辖的地区。《说文》：“以逮近言之则曰畿也。”

〔7〕四和：太阳运行四方所达到的极限之处。

〔8〕髀者，股也：人的股骨或胫骨叫作“髀”，这里指将表尺的高度视为直角三角形的长直角边。用表测影是由人体测影发展而来的，人与表都是八尺高。

〔9〕正晷：正午时太阳的晷影。晷影测量的圆形坐标与天体的关系如图24

（改作自能田忠亮《〈周髀算经〉的研究》第27页插图）所示。

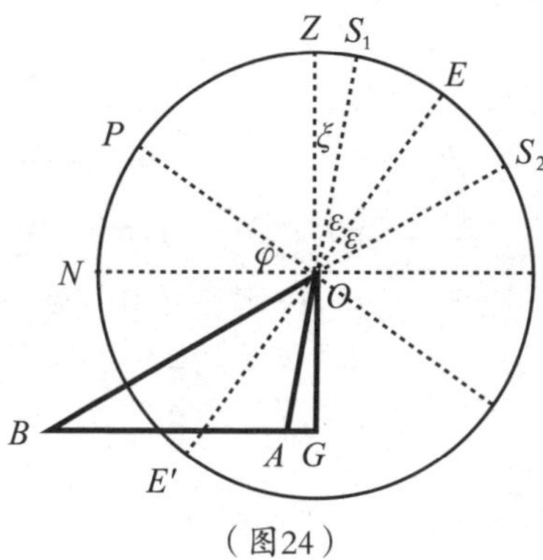

（图24）

〔10〕勾股定：勾与股的关系就确定了。

〔11〕正南千里勾一尺五寸，正北千里勾一尺七寸：距离观测地正南1000里的髀影长是15寸，距离观测地正北1000里的髀影长是17寸。寸，中国市制长度单位，一尺的十分之一。

〔12〕候勾六尺：等到一天中在测量处南北方向晷影长6尺之时。尺，中国市制长度单位。

〔13〕竹空：古代望远设备。如图25所示，人目与竹空所构成的直角三角形，和人目与日径构成的直角三角形为相似三角形。

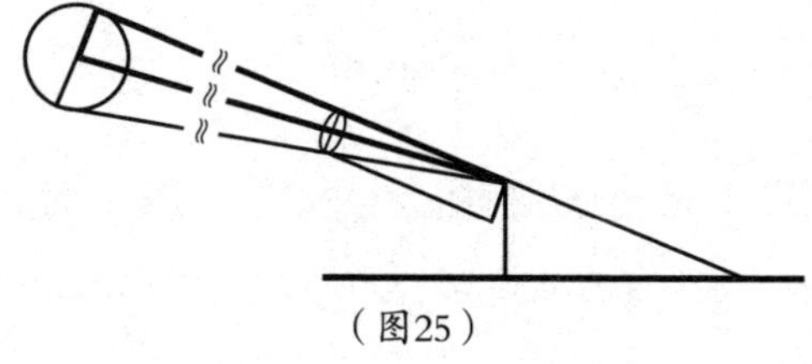
（图25）

〔14〕捕：追寻，搜寻。

〔15〕掩：覆盖，遮蔽。《说文》："掩，敛也。"

〔16〕日应空之孔：太阳的边缘恰好充满竹管的圆孔。这是陈子"竹空

测日”的关键条件。

〔17〕率八十寸而得径一寸：竹空筒长与竹空直径的长度之比为80寸：1寸。如图25所示，$\frac{\text{太阳与人目的距离}}{\text{太阳直径}}=\frac{\text{竹空长度}}{\text{竹空直径}}=\frac{8\text{尺}}{1\text{寸}}=\frac{80\text{寸}}{1\text{寸}}$。

〔18〕日髀之率：人与太阳的距离与太阳直径的比率。

〔19〕以勾为首，以髀为股：以晷影为勾，以髀高为股。如图26所示，$\triangle ABC$ 与 $\triangle AED$ 为相似三角形，$\frac{AE}{AB}=\frac{DE}{BC}$，$AB\approx BE=60000$里，$BC=\frac{DE\cdot AB}{AE}=\frac{8\text{尺}\times 60000\text{里}}{6\text{尺}}=80000$里。

〔20〕从髀至日下六万里，而髀无影：从髀到太阳正下方无影之点的距离是60000里。如图26所示，

$$BE=\frac{\text{冬至太阳与测量点的距离}-\text{夏至太阳与测量点的距离}}{\text{冬至晷影长}-\text{夏至晷影长}}\times EA=$$

$\left[\frac{(135000-16000)\text{里}}{(135-16)\text{寸}}\right]\times 60\text{寸}=60000$里。里，中国市制长度单位，今500米等于1里。

〔21〕从此以上至日，则八万里：从太阳正下方无影之点直上到太阳的距离是80000里。如图26所示，

$$CB=\frac{60000\text{里}}{60\text{寸}}\times 80\text{寸}+80\text{寸}\approx 80000\text{里}$$

〔22〕若求邪至日者……从髀所旁至日所十万里：若求太阳斜高距离，以太阳正下方至髀的水平距离加髀影长为勾，以太阳距离地面的垂直高度为股，然后勾与股各自平方相加再开方，即得太阳斜高距离。如图26所示，$CA=\sqrt{(BE+EA)^2+CB^2}\approx\sqrt{(60000\text{里})^2+(80000\text{里})^2}=100000$里。邪，通“斜”。邪至日，即旁至日，测点到太阳的斜高距离。赵爽注：“旁，此古邪字。”

〔23〕日径千二百五十里：太阳直径1250里。根据注〔17〕中的公式，

$$太阳直径=\frac{太阳与人目的距离}{竹空长度}=\frac{100000里\times1寸}{80寸}=1250里。$$

〔24〕法曰：叙述研究方法的引导语。

〔25〕勾之损益寸千里：指南北方向距离每改变1000里，影长改变1寸。根据上文陈子的叙述：夏至日正午，在周城测得8尺表竿影长为

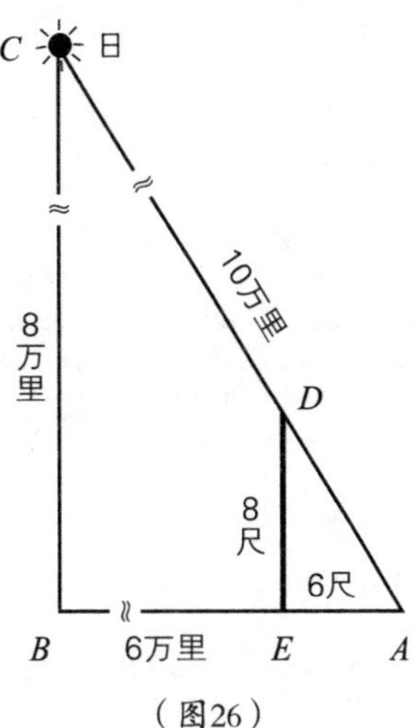

（图26）

16寸，在周城的正南北方各1000里处，测得夏至表竿影长为15寸、17寸，即3处表竿位置依次相距1000里，影长分别为15寸、16寸、17寸，相差各为1寸。如图27所示，设 H 表示表端以上到太阳的高度，h 为表高，d 与 D 分别为前表与后表到太阳的水平距离，s 与 S 分别为前后表的晷影，则根据相似勾股形，可得

$$\frac{H}{h}=\frac{D}{S}=\frac{D-d}{S-s}=\frac{表间}{影差}$$

因此，只要日高 H 与表高 h 固定，则 $\frac{表间}{影差}$ 就是一个常数。由于表高8尺

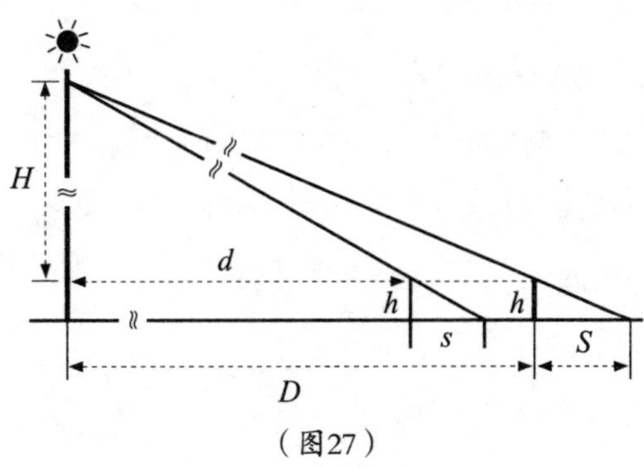

（图27）

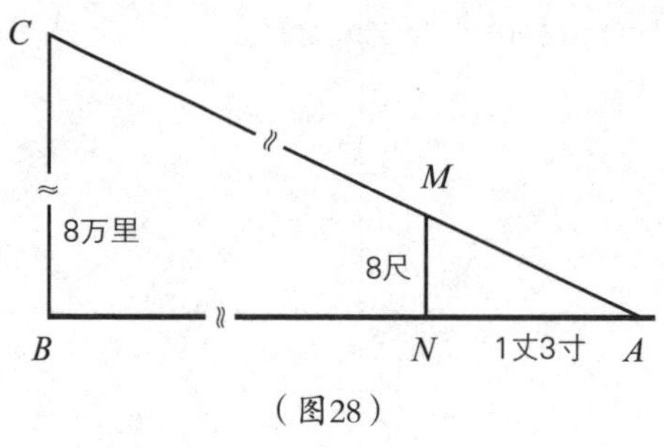

（图28）

是固定的，《周髀算经》认为太阳与地球的距离也是固定的80000里，如此一来“千里差一寸”自得其证。

〔26〕极者，天广袤也：北极，标志着天的广阔尺度。古人在地球上仰观星象，发现北极星是不动的，于是人们就把北极星定为天之中心，在周髀宇宙模型中，北极的天中是太阳在平面内环绕的中心。

〔27〕极：北极星。东汉·张衡《西京赋》：“譬众星之环极。”

〔28〕周：这里指西周的王城（今河南洛阳）。

〔29〕北十万三千里而至极下：向北103000里到北极星正下方的地点。如图28所示，$\triangle ANM$ 与 $\triangle ABC$ 为相似三角形，则 $\frac{BC}{NM}=\frac{AB}{AN}$，太阳与地面的垂直距离为80000里，将太阳替换成北极星，则北极星垂直地面处与周地的距离为

$$AB=\frac{BC\cdot AN}{NM}=\frac{8000\text{里}\times 1\text{丈}3\text{寸}}{8\text{尺}}=103000\text{里}。$$

〔30〕周成王（？—前1021）：姓姬，名诵，岐周（今陕西省岐山县）人，周朝第二位君主。继位之初，年纪尚幼，由皇叔周公旦摄政，平定三监之乱。周成王亲政后，营造东都洛阳，巩固了西周王朝的统治。

〔31〕奄（yǎn）观九隩（yù）：遍观九州之内。《国语·周语下》：“宅居九隩，合通四海。”奄，通“掩”，覆盖。隩，可以定居的地方。赵爽引“昔先王……建王城”，语出张衡《东京赋》。

【译文】

陈子说："夏至，太阳在离测量点南边16000里的天空上；冬至，太阳在离测量点南边135000里的天空上；在正午时，竖立的表竿没有日影。这些数据的一个特征是反映了天体视运动的数学规律。讲天体运行数据的其中一例，其他以此类推。周髀高8尺，夏至日的晷影长1尺6寸。晷，表竿的影长。此数据是从周城以南千里之处测望得到的，而《周礼》所载测量影长的部分说影长1尺5寸，是由于测量地点在周城以南1000里的缘故。《学记》说："神州大地方圆五千里。"虽影长差1寸，仍然没有超出王都所在地的范围，实际上没有失却四方的平衡，所以在此地建立王都。周髀的高度，相当于直角三角形中的股边。正午时的晷影，相当于直角三角形中的勾边。以髀表为股，以表影为勾，勾和股的关系就定了，然后就可以测量太阳的高度和距离了。正晷，正午时的晷影。（在同一时间，）距观测点正南1000里立表，勾（晷影）长1尺5寸；距观测点正北1000里立表，勾（晷影）长1尺7寸。等候时机测量影长，使两表相距2000里，日影差2寸。因为要求太阳的高度和距离，所以先表明表竿的影长与表竿距离观测点水平距离的比率。太阳远离表竿越往南，晷影就越长。等到晷影长6尺，等到晷影长6尺的目的，是要使勾股比例相应于勾三、股四、弦五之值，也即勾六、股八、弦十。取一支内径1寸、长8尺的空心竹筒，从筒中观察太阳的边缘，使得筒的内孔正好覆盖太阳，以内径1寸的空心竹筒观测太阳之影像，竹筒太长则太阳过大，竹筒太短则太阳过小，太阳充满竹筒内孔，筒长正好8尺。捕：搜寻。掩：覆盖。而太阳的边缘恰好填满竹筒的圆孔。掩，好比两圆重合。特别强调长度为8尺，指明它是规定的。又说近则大，远则小，以影长6尺为正勾。由此可见，观测者至太阳的距离与太阳直径的比率等于筒长80寸与内径1寸的比率。以此作为人到太阳的距离与太阳直径的比率。所以从晷影为勾着手，以周髀为股。首，开始。股，结束。勾能确定计算的比率，股能根据这一比率结合正勾进行计算。以普遍适用的公式，建立精微的物理原理。明智可以通晓万事万物，通达任何方面。这就是所谓“智出于勾，勾出于矩”。**从髀到太阳正下方无影之点的距离是60000里，从太阳正下方无影之点直上到太阳的距离是80000里。如要求观测者至太阳的斜线距离，就以观测者至日下髀无影处的距离为勾，太阳高度为股。勾、股分别自乘，其积相加后，再开方，就得到观测者至太阳的斜线距离。由此得知观测者至太阳的斜线距离是10万里。**旁，这是邪的古字。求得此数据的方法是：从表竿向南至太阳正下方无影点的距离60000里为勾，以太阳正下方无影点距太阳80000里的高度为股，进而求弦长：勾、股各自平方，相加再开方，即得观测者至太阳的斜线距离。**以前述比率推算，每80里相应于直径1里，100000里相应于直径1250里。**推算方法应当以竹筒的内径为勾率，竹筒的长为股率，太阳与人的距离为大股，与大股对应的大勾即太阳的直径。其算法以勾率乘以大股为被除数，除以股率。即以80为除数，以100000里为被除数。相除，即得太阳的直径。**所以说：太阳直径是1250里。测算方法：用8尺高周髀测量表影长度，则南北方向距离每改变1000里，表影长度增减1寸。**勾，指晷影。说到测天之晷，量地之仪，都是每千里而影长差1寸。**所以说：虽然北极标志着天的广阔。**意思是若北极星到地面的距离确定，那么天的长宽也可知道了。**但如果立8尺高的表竿观测北极星，由观察视线之底测得103寸的勾，即可求得从周到北极星垂直地面之点的距离是103000里。”**冬至日卯时和酉时，春分、秋分的夜半也一样，北极星东西游移，周地到北极星与到天中的距离相等，因此以它为周地距离天中的数。

荣方问：“周髀是什么？”

陈子答：“从前周天子治理天下，从前天子指周成王，当时为治理周，建王城而居，所以说：“从前先王建设城邑，遍观九州，没有什么地方不可以建筑。只需用土圭之法测影，不缩短不盈余，能遮风挡雨，就可以建王城。”指的就是这个。**这个数学测望的方法，是以周代王城（今河南洛阳）为测望的**

基地，所以叫周髀。说周建都河南，为四方之中央，因此以它为测望的基地。**髀，表竿。**”根据测算的操作特征，称为髀。据此测望，称为表。表竿之影为勾，所以称作勾股。

天地模型数据分析

【原文】

“日夏至南万六千里，日冬至南十三万五千里，日中无影〔1〕**。以此观之，从极**〔2〕**南至夏至之日中**〔3〕**十一万九千里，**诸言极者，斥天之中。极去周十万三千里，亦谓极与天中齐时，更加南万六千里是也。**北至其夜半亦然。**日极在极北正等也。**凡径二十三万八千里，**并南北之数也。**此夏至日道**〔4〕**之径也。**其径者，圆中之直者也。**其周七十一万四千里**〔5〕**。**周，匝也。谓天戴日行〔6〕，其数以三乘径。**从夏至之日中至冬至之日中十一万九千里，**冬至日中去周十三万五千里，除夏至日中去周一万六千里是也。**北至极下亦然。则从极南至冬至之日中，二十三万八千里，从极北至其夜半亦然。凡径四十七万六千里，此冬至日道径也。其周百四十二万八千里。从春、秋分之日中北至极下十七万八千五百里。**春秋之日影七尺五寸五分，加望极之勾一丈三寸。**从极下北至其夜半亦然。凡径三十五万七千里，周一百七万一千里。故曰：月之道常缘宿，日道亦与宿正。**〔7〕内衡之南，外衡之北，圆而成规，以为黄道〔8〕，二十八宿列焉。月之行也，一出一入，或表或里，五月二十三分月之二十一道一交〔9〕，谓之合朔交会及月蚀相去之数，故曰“缘宿”也。日行黄道以宿为正，故曰“宿正”。于中衡〔10〕之数与黄道等。**南至夏至之日中，北至冬至之夜半；南至冬至之日中，北至夏至之夜半，亦**

径〔11〕**三十五万七千里，周一百七万一千里。”**此皆黄道之数与中衡等。

“春分之日夜分〔12〕**以至秋分之日夜分，极**〔13〕**下常有日光。**春、秋分者昼夜等。春分至秋分日内近极，故日光照及也。**秋分之日夜分以至春分之日夜分，极下常无日光。**秋分至春分日外远极，故日光照不及也。**故春、秋分之日夜分之时，日光所照适至极，阴阳之分等也。冬至、夏至者，日道发敛**〔14〕**之所生也，至昼夜长短之所极。**发犹往也。敛犹还也。极，终也。**春、秋分者，阴阳之修，昼夜之象**〔15〕。修，长也。言阴阳长短之等。**昼者阳，夜者阴，**以明暗之差为阴阳之象。**春分以至秋分，昼之象，**北极下见日光也。日永主物生，故象昼也。**秋分以至春分，夜之象。**北极下不见日光也，日短主物死，故象夜也。**故春、秋分之日中，光之所照北极下，夜半日光之所照亦南至极。此日夜分之时也。故曰：日照四旁各十六万七千里。**至极者，谓璇玑〔16〕之际为阳绝阴彰。以日夜分之时而日光有所不逮，故知日旁照十六万七千里，不及天中一万一千五百里也。**人所望见，远近宜如日光所照**〔17〕。日近我一十六万七千里之内及我。我目见日，故为日出。日远我十六万七千里之外，日则不见我，我亦不见日，故为日入。是为日与目见于十六万七千里之中，故曰“远近宜如日光之所照”也。**从周所望见，北过极六万四千里，**自此以下，诸言减者，皆置日光之所照，若人目之所见十六万七千里以除之，此除极至周十万三千里。**南过冬至之日中三万二千里。**除冬至日中去周十三万五千里。**夏至之日中光，南过冬至之日中光四万八千里，**除冬至之日中相去十一万九千里。**南过人所望见万六千里，**夏至日中去周万六千里。**北过周十五万一千里，**除周夏至之日中一万六千里。**北过极四万八千里。**除极去夏至之日十一万九千里。**冬至之夜半，日光南不至人所见七千里，**倍日光所照里数，以减冬至日道径四十七万六千里，又除冬至日中去周十三万五千里。**不至极下七万一千里。**从极至夜半除所照十六万七千里。**夏至之日中与夜半，日光九万六千里，过极相接**〔18〕。倍日光所照，以夏至日道径减之，余即相接之数。**冬至之日中与夜半，日光不相及十四万二千里，不至极下**[19]**七万一千里。”**倍日光所照，以减冬至日道径，余即不相及之数。半之，即各不至极下。

“夏至之日正东西望[20]**，直周东西**[21]**日下**[22]**至周五万九千五百九十八里半。**求之术，以夏至日道径二十三万八千里为弦，倍极去周十万三千里，得二十万六千里为股，为之求勾。以股自乘减弦自乘，其余开方除之，得勾一十一万九千一百九十七里有奇，半之各得东西数。**冬至之日，正东西方不见日。**正东西方者，周之卯酉。日在十六万七千里之外，故不见日。**以算求之，日下至周二十一万四千五百五十七里半。**求之术，以冬至日道径四十七万六千里为弦，倍极去周十万三千里，得二十万六千里为勾，为之求股。勾自乘，减弦之自乘，其余开方除之，得四十二万九千一百一十五里有奇，半之各得东西数。[23]**凡此数者，日道之发敛，**凡此上周径之数者，日道往还之所至，昼夜长短之所极。**冬至、夏至，观律之数，听钟之音。**[24]观律数之生，听钟音之变，知寒暑之极，明代序之化也。**冬至昼，夏至夜，**冬至昼夜日道径半之，得夏至昼夜日道径。法置冬至日道径四十七万六千里，半之得夏至日中去夏至夜半二十三万八千里，以四极之里也。**差数所及，日光所遝观之**[25]**，**以差数之所及，日光所遝，以此观之，则四极之穷也。**四极**[26]**径八十一万里。**从极南至冬至日中二十三万八千里，又日光所照十六万七千里，凡径四十万五千里，北至其夜半亦然。故曰“径八十一万里”。八十一者，阳数之终，日之所极。**周二百四十三万里。”**三乘径即周。

“从周南至日照处三十万二千里，半径除周去极十万三千里。**周北至日照处五十万八千里，**半径加周去极十万三千里。**东西各三十九万一千六百八十三里半。**求之术，以径八十一万里为弦，倍去周十万三千里，得二十万六千里为勾，为之求股，得七十八万三千三百六十七里有奇，半之各得东西之数。**周在天中南十万三千里，故东西短中径二万六千六百三十二里有**

奇[27]**，**求短中径二万六千六百三十二里有奇法：列八十一万里，以周东西七十八万三千三百六十七里有奇减之，余即短中径之数。**周北五十万八千里。冬至日十三万五千里，冬至日道径四十七万六千里，周百四十二万八千里。**[28]**日光四极，当周东西各三十九万一千六百八十三里有奇。"**

【注释】

〔1〕日中无影：正午立表竿，没有影子。

〔2〕极：北极天中下的地点。

〔3〕日中：正午无晷影处。

〔4〕日道：太阳运行轨道，即内衡，详见本卷"七衡图"。

〔5〕其周七十一万四千里：周，周长。周长等于直径乘以圆周率，所以约得714000里。

〔6〕天戴日行：天穹载太阳旋转一周。

〔7〕月之道常缘宿，日道亦与宿正：月亮运行的轨道穿行于二十八宿之间，太阳运行的轨道也以二十八宿来标示。

〔8〕黄道：地球一年绕太阳自转一周，我们从地球上看到太阳一年在天空中移动一圈，太阳这样移动的路线叫作黄道。它是天球上假设的一个大圆圈，即地球轨道在天球上的投影。黄道和天球赤道相交于北半球的春分点和秋分点。《汉书·天文志》："日有中道，月有九行。中道者，黄道，一曰光道。"宋·沈括《梦溪笔谈·象数二》："日之所由，谓之黄道。"而月球绕地球运行的轨道平面与天球相交的大圆叫作白道。《汉书·天文志》："日有中道，月有九行。中道者，黄道，一曰光道……月有九行者：黑道二，出黄道北；赤道二，出黄道南；白道二，出黄道西；青道二，出黄道东。"南朝梁·江淹《丽色赋》："至乃西陆始秋，白道月弦。"清·朱大韶《实事求是斋经义·驳万氏分至不系时说》："故日行黄道与赤道交也，岁只两次，月之行

白道与黄道交也，则月有两交。”

〔9〕五月二十三分月之二十一道一交：每隔5 $\frac{20}{23}$ 个月，白道与黄道交会一次。

〔10〕中衡：七衡图中春分、秋分太阳轨道。内衡，夏至太阳轨道；外衡，冬至太阳轨道。人们将太阳视运动的轨道设想为七个同心圆，称其为衡，从内至外称其为一衡、二衡……七衡。七衡图最早出现在中国古代盖天说的经典著作《周髀算经》中：“故日夏至在东井，极内衡。日冬至在牵牛，极外衡也。”其后《晋书·天文志》《隋书·天文志》中介绍到盖天说时也有提及。详见本卷“七衡图”。

〔11〕径：七衡图中黄道的直径。详见本卷“七衡图”。

〔12〕日夜分：昼夜之交。

〔13〕极：盖天宇宙模型中的极区。

〔14〕发敛：往返。

〔15〕阴阳之修，昼夜之象：指春分、秋分时，阴阳相平衡，昼夜长短相等。

〔16〕璇玑：在盖天宇宙模型中，北极星围绕天北极视运动，做拱极运动所画出的柱形空间。

〔17〕人所望见，远近宜如日光所照：肉眼所能望见的距离，应该相当于太阳光照四方的半径。

〔18〕过极相接：日光越过北极天中，相互重合。参见图29。

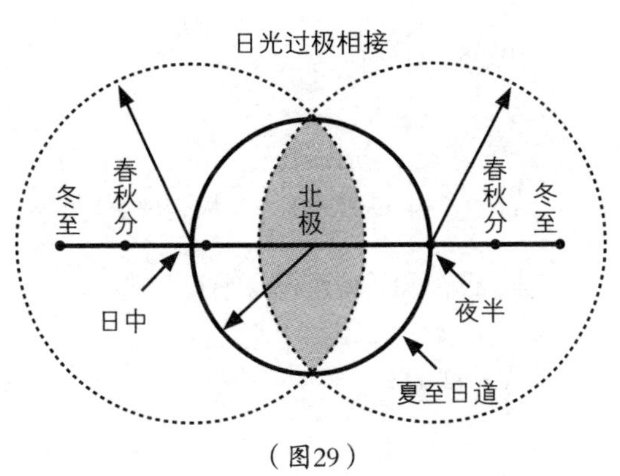

（图29）

〔19〕日光不相及十

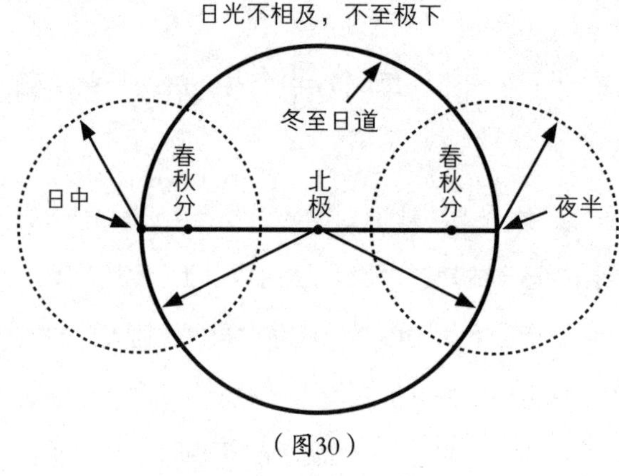

（图30）

四万二千里，不至极下：日光不相交接，中间距离142000里，没有经过北极天中。参见图30。

〔20〕夏至之日正东西望：夏至之日从周地向正东西方向望去。

〔21〕直周东西：通过周地的东西方向线。

〔22〕日下：日落处。

〔23〕求之术……半之各得东西数：根据赵爽的注解，夏至日、冬至日日落处与周地的距离求法如下：

夏至日（图31a）：

$$=\frac{1}{2}\sqrt{（夏至日道径）^{2}-（极距离周地的两倍）^{2}}$$

$$=\frac{1}{2}\sqrt{238000^{2}-(103000\times 2)^{2}}$$

$$\approx\frac{1}{2}\times 119197$$

$$=59598.5（里）$$

冬至日（图31b）：

$$=\frac{1}{2}\sqrt{（冬至日道径）^{2}-（极距离周地的两倍）^{2}}$$

$$=\frac{1}{2}\sqrt{476000^{2}-(103000\times 2)^{2}}$$

$$\approx\frac{1}{2}\times 429115$$

$$=214557.5（里）$$

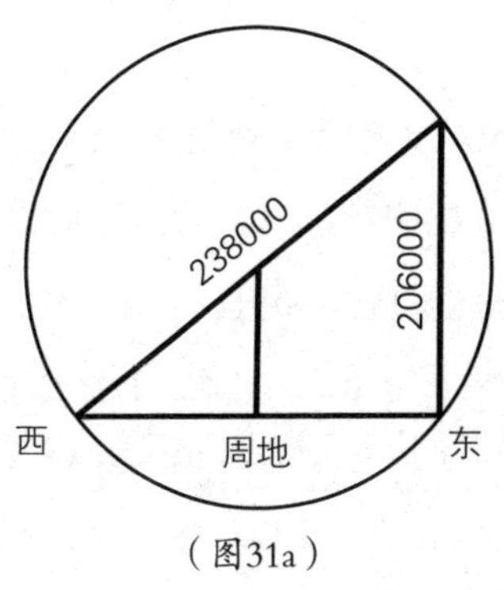

（图31a）

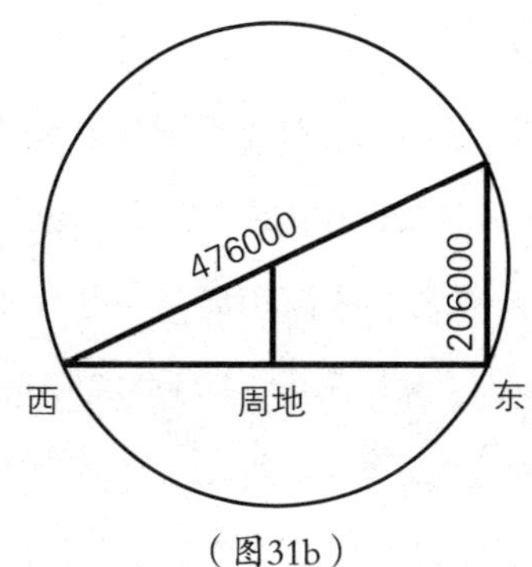

（图31b）

〔24〕冬至、夏至……听钟之音：冬至、夏至时晷影的变化，可以通过听音辨律加以佐证。律，指音乐的音律，如吕、宫调等。

〔25〕差（cī）数所及，日光所逻（tà）观之：以太阳轨道变化的最大范围，加上日光所能照到的极限来综合分析。逻，同“逮”，到、及。

〔26〕四极：阳光所能覆盖的四面八方的范围，即“日光四极”。

〔27〕周在天中南十万三千里，故东西短中径二万六千六百三十二里有奇：由于周地不在直径为810000里圆的圆心上，而从圆心偏向南边103000里。根据《周髀算经》中描述的宇宙模型半剖面，为238000里，再加上“日照四旁”的167000里，为405000里（宇宙的半径）。所以

$\sqrt{405000^2-103000^2}\approx 391683.5$（里）

$810000-391683.5\times 2=26633$（里）

其中，810000里为宇宙直径，26633里与文中所述“二万六千六百三十二里有奇”相合。

〔28〕周北五十万八千里……周百四十二万八千里：由于与上下文不连贯，这几句疑似衍文。

【译文】

“夏至，太阳位于测量点以南16000里的天空上；冬至，太阳位于测量点以南135000里的天空上；正午时，竖立的表竿没有日影。由此看来，北极天中之下往南距离夏至正午的无日影之地119000里，上述的极，指天之中心。北极距离周地103000里，也指北极星与天穹中心一致时，再加上夏至太阳距离周地正午无日影之地的16000里就是了。从极下之地向北到夏至夜半之地的距离也一样，太阳在极北正好对称。直径共238000里，南北之数相加。这是夏至太阳轨道的直径。径，指圆轨道的直径。其周长714000里。周，周长。天穹载着太阳运行一周，周长等于直径的三倍。夏至正午的无日影之地，距离冬至正午的无日影之地119000里，冬至正午的无日影之地距离周地135000里，减去夏至正午的无日影之地到周地的16000里。向北到北极天中之下也是同样的距离。那么从北极向南到冬至正午的无日影之地238000里，从北极天中之下向北到冬至夜半之地的距离也是一样。直径476000里，这是冬至太阳轨道的直径。其周长1428000里。从春分、秋分正午的无日影之地向北到北极天中之下有178500里。春分、秋分的晷影长7尺5寸5分，加上测望北极之晷影长1丈3寸。从北极天中之下向北到春分、秋分夜半之地，距离也是一样的。直径357000里，周长1071000里。所以说，月亮运行的轨道穿行于二十八宿之间，太阳运行的轨道也以二十八宿来标示。夏至太阳轨道之南，冬至太阳轨道之北，像圆规一样圆的是黄道，分布着二十八宿。月亮的运行轨道即白道，在黄道附近一出一入，或表或里；白道与黄道每隔$5\frac{20}{23}$个月交会一次，称为合朔交会及月蚀相隔之数，所以叫“缘宿”。太阳行黄道以宿为标示，所以叫“宿正”。在七衡图中，春分、秋分的太阳轨道的数据与黄道相等。向南到夏至正午的无日影之地，向北到冬至的夜半之地；向南到冬至正午的无日影之地：向北到夏至的夜半之地，是黄道的直径，也是357000里，

周长1071000里。”这些都是黄道的数据，与春分、秋分的太阳轨道数据相等。

“春分日的昼夜之交到秋分日的昼夜之交，北极经常有日光。春分、秋分时昼夜相等。从春分到秋分，太阳运行的轨道接近夏至太阳轨道，也靠近北极，所以日光能照到。**从秋分的昼夜之交到春分的昼夜之交，北极经常无日光。**从秋分到春分，太阳运行的轨道离冬至太阳轨道近，远离北极，所以日光照不到。**所以春分、秋分的昼夜相交之时，日光恰好照到极区，白天、黑夜的长度相等。冬至、夏至，是太阳轨道往返的终点，分别达到昼夜长短的极值。**发即往。敛即返。极，终极。**春分、秋分之时，阴阳相平衡，昼夜长短相等。**修，就是长。就是说阴阳平衡、昼夜长短相等。**昼属阳，夜属阴，**以明暗来区分阴阳现象。**从春分到秋分是白昼，**北极天中之下能见到日光。光照时间长，有利于万物生长，所以此现象为昼。**从秋分到春分是黑夜。**北极下不能见到日光，光照时间短，会导致生物死亡，所以此现象为夜。**所以春分、秋分的正午，日光照到北极天中之下；春分、秋分的夜半，日光所照也是向南到北极天中之下。这是日夜长度相等的时刻。所以说：日光照射的半径为167000里。**到北极天中之下，是以璇玑的边界作为阳气衰而阴气盛的分界。由于昼夜交替之时日光正好照不到，可知日光照射的半径为167000里，距离天穹中心尚有11500里。**肉眼所能望见的距离，应该相当于太阳光照四方的半径。**太阳距离我167000里以内，能照到我，我的眼睛也能看到它，所以称为日出。太阳距离我167000里之外，无法照到我，我也看不到它，所以称为日入。这是说人肉眼所及的地方与太阳距离在167000里之中，所以说“远近宜如日光之所照”。**从周地所能望见的距离，向北超过北极64000里，**从此以下，各处讲到减的场合，都取日光之所照半径里数为被减数，也就是肉眼之所见的167000里作为被减数，上述数值就是由此被减数减去北极至周地的103000里得到的。**向南超过冬至正午无影之地32000里。**减去冬至正午无影之地距离周地的135000里。**由夏至正午无影之地算起，阳光向南超过冬至正午无影之地48000里，**减去与冬至正午无影之地相距的119000里。**向南超过肉眼所及的16000里，**夏至正午的无影之地距离周地16000里。**向北超过周地151000里，**减去周地与夏至正午无影之地相距的16000里。**向北超过北极48000里。**减去北极离夏至正午无影之地的119000里。**冬至日夜半，日光向南距离肉眼所见极限不及7000里，**冬至太阳轨道直径476000里，减去两倍的太阳光照里数，又减去冬至正午无影之地距离周地的135000里。**尚且距离北极71000里。**从北极向北至夜半的238000里减去日光所照半径167000里。**夏至正午与夜半，日光越过北极天中之下，相互重合达96000里。**以夏至太阳轨道直径，减去两倍的太阳光照半径，余数就是相互重合之数。**冬至的正午与夜半，日光不相交，中间相距142000里，距离北极天中之下各71000里。"**以冬至太阳轨道直径，减去两倍的太阳光照半径，余数就是间距里数。除以2，就是各自距离北极的里数。

"夏至之日从周地向正东西方向望去，通过周地的东西方向线，日落处距离周地59598.5里。求此数的方法：以夏至太阳轨道直径238000里为弦，将北极距离周地的103000里加倍，得到206000里为股，用它们求勾；以弦平方减去股平方，将余数开方，得到勾等于119197里有余，除以2就得到向东或向西的距离。**冬至日时，在周地的正东西方向望不见太阳。**周地的正东西方向在卯酉。太阳在167000里之外，所以看不见。**以算法求解，可得日落处离周地214557.5里。**求此数的方法：以冬至太阳轨道直径476000里为弦，将北极距离周地的103000里加倍，得到206000里为勾，用它们求股；以弦平方减去勾平方，将余数开方，得到429115里多，除以2得到向东或向西的距离。**这些数据，体现了太阳轨道的往返规律，**这些周长、直径的数值，刻画了太阳轨道往返所到之处，昼夜长短的始终。**冬至、夏至的变化，可以通过听音辨律加以佐证。**观察律数的产生，听钟音的变化，可知寒暑交替的起止，明白时序的更替。**根据冬至白天、夏至夜晚，**冬至昼夜太阳轨道直径除以2，得夏至昼夜太阳轨道直径。算法是：取冬至太阳轨道直径476000里，除以2得夏至正午到夏至夜半238000里，以此计算四极的里数。**太阳轨道变化的幅度，加上光照范围的极限，**以太阳运行轨道的最大变化范围，加上太阳光线所能照到的范围，由此定义四极的边界。**可知日光照到四极的直径为810000里。**从北极向南至冬至正午无影之地238000里，加上光照范围167000里，总长405000里，向北至冬至夜半是同样的距离。所以说日光四极直径810000里。81是阳数终了之数，也是日光四极之数。**周长为2430000里。”**直径乘以3就是周长。

“从周地向南到日照极限处302000里。四极半径减去周地距北极的103000里。**从周地向北到日照极限处508000里。**四极半径加上周地距北极的103000里。**向东或向西到日照极限处各391683.5里。**算法是：以四极直径810000里为弦，以北极距离周地的103000里乘以2，得206000里为勾，用它们求股，得783367里多，除以2得到向东或向西直到日照极限处的距离。**周地在天穹中心的南面103000里，所以东西方向日照极限处的间距比天穹中心的日光四极直径短26632里多。**求日照极限处的间距比四极直径少26632里有余的方法：取810000里，减去周地东西间距783367里有余，余数就是间距比四极直径短少之数。**从周地向北到日照极限处508000里。冬至日135000里，冬至太阳轨道直径476000里，周长1428000里。日照四方的极限，在周地东西方向各391683里多。”**

李淳风附注（一）：斜面重差和晷影差变

【原文】

臣淳风等谨按：夏至王城[1]望日，立两表相去二千里，表高八尺。影去前表一尺五寸，去后表一尺七寸。旧术以前后影差二寸为法[2]，以前影寸数乘表间为实[3]，实如法得万五千里，为日下去南表里。又以表高八十寸乘表间为实，实如法得八万里，为表上去日里。仍以表寸为日高，影寸为日下。[4]待日渐高，候日影六尺，用之为勾，以表为股，为之求弦，得十万里为邪表[5]数目。取管圆孔径一寸，长八尺，望日满筒以为率。长八十寸为一[6]，邪去日十万里，日径即千二百五十里。

以理推之，法云"天之处心高于外衡六万里者"[7]，此乃语与术违[8]。勾六尺，股八尺，弦十尺，角隅正方自然之数[9]。盖依绳水[10]之定，施之于表矩。然则天无别体，用日以为高下，术既平而迁[11]，高下从何而出？语术相违，是为大失。

又按二表下地[12]，依水平法定其高下。若此表地高则以为勾，以间为弦。[13]置其高数，其影乘之，其表除之。所得益股为定间[14]。若此表下者，亦置所下，以法乘、除。所得以减股为定间。[15]又以高、下之数[16]与间相约，为地高、远[17]之率。求远者，影乘定间，差法而一，所得加影，日之远也。求高者，表乘定间，差法而一，所得加表，日之高也。[18]求邪去地者，弦乘定间，差法而一，所得加弦，日邪去地。[19]此三等至皆以日为正[20]。求日下地高下者，置戴日之远近，地高下率乘之，如间率而一[21]。所得为日下地高下。形势隆杀[22]与表间同，可依此率。若形势[23]不等，非世所知[24]。

率日径求日大小者，径率乘间，如法而一，得日径。此径当即得，不待影长六尺。[25]凡度日[26]者，先须定二矩[27]水平者，影南北[28]，立勾齐高四尺，相去二丈。以二弦候牵于勾上。并率二则[29]拟为候影。勾上立表，弦下望日。前一则上畔[30]，后一则下畔[31]，引则就影，令与表日参直。二至前后三四日间，影不移处即是当以候表。并望人取一影亦可，日径、影端、表头为则[32]。

然地有高下，表望不同，后六术乃穷其实：

第一，后高前下术[33]。高为勾，表间为弦，后复影为所求率，表为所有率，以勾为所有数，所得益股为定间[34]。

第二，后下术[35]。以其所下为勾，表间为弦。置其所下，以影乘，表除，所得减股，余为定间。[36]

第三，邪下术[37]。依其高率[38]，高其勾影[39]，合与地势隆杀相似[40]，余同平法[41]。假令髀邪下而南，其邪亦同，不须别望。但弦短[42]，与勾股不得相应。其南里数[43]，亦随地势，不得校平，平则促。若用此术，但得南望。若北望者，即用勾影南下之术[44]，当北高之地。

第四，邪上术[45]。依其后下之率[46]，下其勾影，此谓回望北极以为高远者。望去取差，亦同南望。此术弦长，亦与勾股不得相应[47]。唯得北望，不得南望。若南望者，即用勾影北高之术。

第五，平术。不论高下，《周髀》度日用此平术。故东、西、南、北四望皆通，近远一差，不须别术。

第六术者，是外衡。其经云：四十七万六千里。半之得二十三万八千里者，是外衡去天心之处。心高于外衡六万里为率，南行二十三万八千里，下校六万里约之，得南行一百一十九里，下较三十里；一百一十九步，差下三十步；则三十九步太强，差下十步。以此为准，则不合有平地。地既平而用术，尤乖理验。

且自古论晷影差变，每有不同，今略其梗概，取其推步[48]之要。

《尚书考灵曜》[49]云："日永影尺五寸，日短一十三尺，日正南千里而减一寸。"张衡《灵宪》云："悬天之晷，薄地之仪，皆移千里而差一寸。"郑玄注《周礼》云："凡日影于地，千里而差一寸。"王蕃[50]、姜岌[51]因为此说。按前诸说，差数并同，其言更出书，非直有此。以事考量，恐非实矣。

谨案：宋元嘉十九年岁在壬午[52]，遣使往交州[53]度日影，夏至之日影在表南三寸二分。《太康地志》[54]：交趾[55]去洛阳一万一千里，阳城[56]去洛阳一百八十里。交趾西南，望阳城、洛阳，在其东北。较而言之，今阳城去交趾近于洛阳去交趾一百八十里，则交趾去阳城一万八百二十里，而影差尺有八寸二分[57]，是六百里而影差一寸也。况复人路迂回，羊肠曲折，方于鸟道，所较弥多。以事验之，又未盈五百里而差一寸，明矣。千里之言，固非实也。何承天[58]又云："诏以土圭测影，考较二至，差三日有余。从来积岁及交州所上，检其增减，亦相符合。"此则影差之验也。

《周礼·大司徒》职曰："夏至之影尺有五寸。"马融以为洛阳，郑玄以为阳城。《尚书考灵曜》："日永影一尺五寸，日短十三尺。[59]"《易纬通卦验》[60]："夏至影尺有四寸八分，冬至一丈三尺。"刘向《洪范传》[61]："夏至影一尺五寸八分。"是时汉都长安，而向不言测影处所。若在长安，则非晷影之正也。夏至影长一尺五寸八分，冬至一丈三尺一寸四分。向又云："春秋分长七尺三寸六分。"此即总是虚妄。

《后汉·历志》[62]："夏至影一尺五寸。"后汉洛阳冬至一丈三尺。自梁天监[63]已前并同此数。魏景初[64]，夏至影一尺五寸。魏初都许昌，与颍川相近；后都洛阳，又在地中之数。但《易纬》因汉历旧影，似不别影之，冬至一丈三尺。晋·姜岌影一尺五寸。晋都建康在江表，验影之数遥取阳城，冬至一丈三尺。宋大明祖冲之历[65]，夏至影一尺五寸。宋都秣陵[66]遥取影同前，冬至一丈三尺。后魏·信都芳注《周髀四术》[67]云："按永平元年[68]戊子是梁天监之七年也，见洛阳测影，又见公孙崇集诸朝士共观秘书影，同是夏至之日，以八尺之表测日中影，皆长一尺五寸八分。"虽无六寸，近六寸。梁武帝大同十年[69]，太史令虞门[70]以九尺表于江左建康[71]测，夏至日中影，长一尺三寸二分；以八尺表测之，影长一尺一寸七分强。冬至一丈三尺七分；八尺表影长一丈一尺六寸二分弱。隋开皇元年[72]，冬至影长一丈二尺七寸二分。开皇二年，夏至影一尺四寸八分。冬至长安测，夏至洛阳测。及王劭《皇隋灵感志》[73]，冬至一丈二尺七寸二分，长安测也。开皇四年，夏至一尺四寸八分，洛阳测也。冬至一丈二尺八寸八分，洛阳测也。大唐贞观三年己丑五月二十三日癸亥夏至，中影一尺四寸六分，长安测也。十一月二十九日丙寅冬至，中影一丈二尺六寸三分，长安测也。

按汉、魏及隋所记夏至中影或长短，齐其盈缩之中，则夏至之影尺有五寸，为近定实矣。以《周官》推之，洛阳为所交会，则冬至一丈二尺五寸，亦为近矣。按梁武帝都金陵，去洛阳南北大较千里，以尺表，令其有九尺影，〔74〕则大同十年江左八尺表夏至中影长一尺一寸七分。若是为夏至八尺表千里而差四寸弱矣。

此推验即是夏至影差升降不同，南北远近数亦有异。若以一等永定，恐皆乖理之实。

【注释】

〔1〕王城：西周王城（今河南洛阳）。

〔2〕法：古代数学术语，除数。

〔3〕实：古代数学术语，被除数。

〔4〕仍以表寸为日高，影寸为日下：仍以表竿高80寸推算太阳高度，以晷影长度推算与太阳的水平距离。

〔5〕邪表：相似的大直角三角形的斜边，即表竿与太阳的斜线距离。邪，通“斜”。

〔6〕长八十寸为一：直径为1寸，则长为80寸。

〔7〕天之处心高于外衡六万里者：这句话指的是“盖天天地模型”中说的“天之中央亦高四旁六万里”，即天穹中心比冬至太阳轨道高6万里。

〔8〕此乃语与术违：说法与计算方法不符。

〔9〕角隅正方自然之数：直角三角形自身的数学规律。

〔10〕绳水：准绳和定水平器。

〔11〕术既平而迁：既然算法基于太阳的水平运动。迁，移动。《说文》：“迁，登也。”《尔雅》：“迁，徙也。”《广雅》：“迁，移也。”

〔12〕二表下地：竖立于斜坡上的两表竿。

〔13〕若此表地高则以为勾，以间为弦：如果北面表竿地势较高，则以两

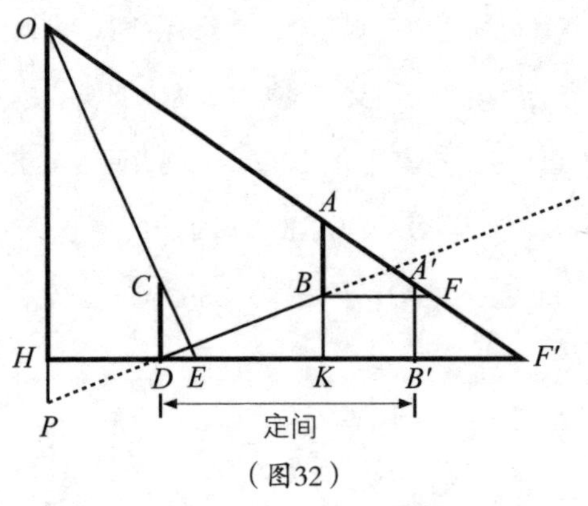

（图32）

表竿的高度差为勾，以两表竿的斜线距离为弦长，则可求股长。此表，指北表。如图32，前表为 CD ，后表为 AB ，两表所在地高度差为 BK ，两表斜线距离为 BD ，用勾股定理可求出 DK 。（改绘自曲安京《〈周髀算经〉新议》图26）。

〔14〕置其高数……所得益股为定间：取两表竿的高度差值，乘以北面表竿影长，除以表竿长度。所得数值加上股长为虚拟表竿间距。定间，虚拟表竿间距，是李淳风引入的术语，用于斜面和平面的重差转换。重（chóng）差，重测取差，也就是重复地对勾股进行测量，取两次观测对应的差值为比率来进行推算。

如图32，用两表高度差 BK 乘以北表影长 BF ，除以表长 AB ，得到 KB' 。再用 KB' 加上股 DK 等于定间 DB' 。即

$$KB' = \frac{BF \cdot BK}{AB}$$

$$DB' = KB' + DK$$

〔15〕若此表下者……所得以减股为定间：如果北面表竿地势较低，依然取两表竿的高度差，按照前面的方法计算。以股长减去所得数值为虚拟表竿间距。如图33（改绘自曲安京《〈周髀算经〉新议》图27），北表地势较低，依照前面所介绍的方法用高度差 DK 乘以北表影长 BF ，除以表长 AB ，可得 BK' ，即

$$BK' = \frac{BF \cdot BK}{AB}$$

$$DB' = KK' = BK - BK'$$

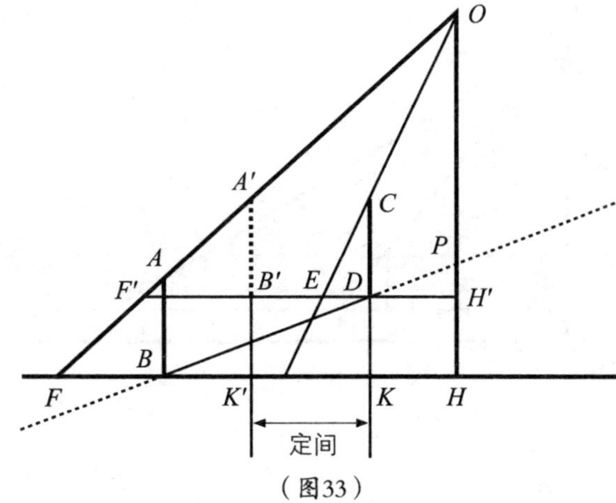

（图33）

〔16〕高、下之数：高，两表的高度差。下，两表间的斜线距离。

〔17〕高、远：高，两地高差。远，两地斜线距离。

〔18〕求高者……日之高也：求太阳高度的方法：以表竿长度乘虚拟表竿间距，除以影长差，所得数值加上表竿长度为太阳高度。

〔19〕求邪去地者……日邪去地：求测量点与太阳斜线距离的方法：以弦长乘以虚拟表竿间距，除以影差，所得数值加上弦长，等于测量点与太阳的斜线距离。邪去地，地斜至日的距离。

〔20〕此三等至皆以日为正：这三个公式都预设了观测点与太阳在同一水平面上。

〔21〕置戴日之远近……如间率而一：取观测点到日下的水平距离，乘以两表竿高度差，除以两表竿的水平距离。

〔22〕隆杀：地势高低。郑玄注："尊者礼隆，卑者礼杀，尊卑别也。"《荀子·乐论》："贵贱明，隆杀辨。和乐而不流，弟长而无遗，安燕而不乱。"明·归有光《王天下有三重》："所以多寡、轻重、隆杀、大小者，圣人能制之而不能为之也。"

〔23〕形势：斜率。

〔24〕非世所知：以现在的水平无法求解。

〔25〕率日径求日大小者……不待影长六尺：用日径比率求太阳直径大

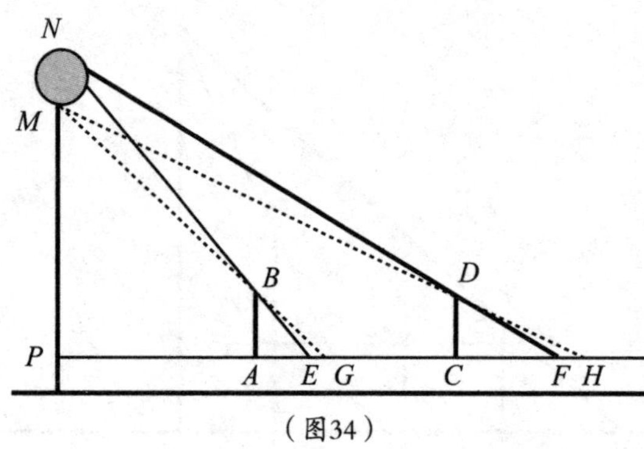

（图34）

小，只需将太阳与观测点的距离乘此比率，就可得到太阳直径。此太阳直径可以马上获得，不需等待影长为6尺之时。间，太阳与观测点的距离。

〔26〕度日：指的是测量太阳的直径。在这里介绍了一种测量太阳直径的方法：利用日高重差术，求得太阳上顶和下端距地面的高度，相减即为太阳直径。如图34所示（改绘自曲安京《〈周髀算经〉新议》图24），用表 AB 与CD，分别采集到用来推算太阳上顶高度及太阳下端高度的两组表影数据：AE、CF 及AG、CH。利用日高公式分别求得太阳上顶高度 PN 和下端高度 PM，则太阳直径 $MN=PN-PM$。

〔27〕二矩：两个表和两个勾。此测量方案中的表和勾都用矩、绳定水平，故称“二矩”。

〔28〕影南北：使二表竿的影子在同一南北经线上。

〔29〕则：瞄准线。

〔30〕上畔：太阳上顶。

〔31〕下畔：太阳下端。

〔32〕日径、影端、表头为则：太阳直径两端点分别与影子外端点、表竿顶点连成三点一线。

〔33〕后高前下术：靠近太阳的表为前，远离太阳的表为后。图见注〔34〕。

〔34〕后复影为所求率……所得益股为定间：以后面表竿影长乘以两表竿

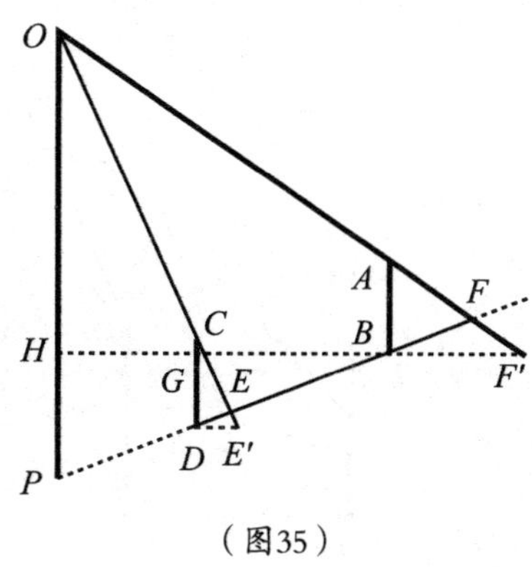

（图35）

高度差，除以表竿长度。所得加上股长等于虚拟表竿间距。益，增加。所求率，后表影长。所有数，两表高度差，即勾。所有率，表长。如图32所示，太阳为 O，前表为 CD，后表为 AB，表长为 AB（也即 CD），两表的高度差为 BK ，前表影长为 DE ，后表影长为 BF ，定间为 DB' 。$DB' = KB' + DK = \frac{BF \cdot BK}{AB} + DK$。

〔35〕后下术：前高后下术（靠近太阳的表为前，远离太阳的表为后）。见注〔36〕。

〔36〕以其所下为勾……余为定间：取两表竿的高度差为勾，乘以后面表竿影长，除以表竿长。用股长减去所得，余数等于虚拟表竿间距。所下，两表的高度差。表间，两表间的斜线距离。如图33所示，太阳为 O ，前表为 CD ，后表为 AB ，表长为 AB（或 CD），两表的高度差为 DK ，前表影长为 DE ，后表影长为 BF ，定间为 DB'（也即 KK'）。$DB' = BK - BK' = BK - \frac{DK \cdot BF}{AB}$ 。

〔37〕邪下术：前面两种方法（后高前下术、前高后下术）的表影都是取水平面上的值，而邪下术和邪上术的表影则取倾斜面上的值。如图35所示（改绘自刘钝《关于李淳风斜面重差术的几个问题》，《自然科学史研究》1993年第12卷2期第105页图4，图5；曲安京《〈周髀算经〉新议》图29，图30）太阳为 O ，前表为 CD ，后表为 AB ，两表的高度差为 DG ，前表斜面影长为 DE ，后表斜面影长为 BF ，邪下日远为 PF ，至日斜距为 OF 。

〔38〕高率：前后两表竿的高度差。

〔39〕勾影：两表竿在斜坡上的影长。

〔40〕合与地势隆杀相似：两表竿之间地面的斜率与测量点到太阳正下方

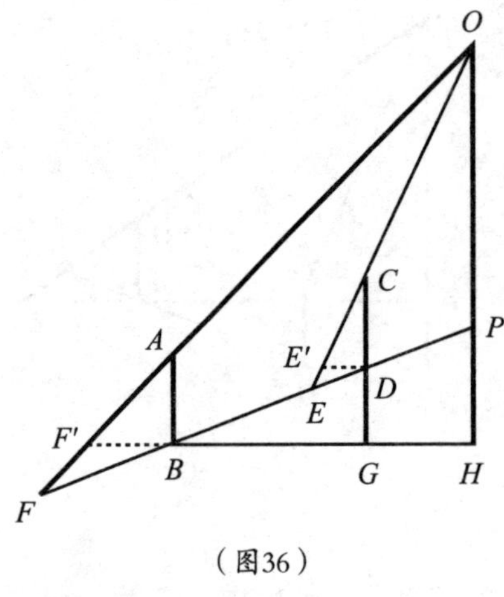

（图36）

大地的斜率相同。

〔41〕余同平法：其余数据的求法就和利用水平面表影的求法一样。因此可得

日高：$OP=\frac{AB\cdot BD}{BF-DE}+AB$

日远：$PF=\frac{BF\cdot BD}{BF-DE}+BF$

斜至日：$FO=\frac{AF\cdot BD}{BF-DE}+AF$

（参阅曲安京《〈周髀算经〉新议》第84页）

〔42〕弦短：指此弦短于用同样的勾、股构成的直角三角形的斜边。

〔43〕南里数：后面表竿到太阳下方的斜面距离。

〔44〕勾影南下之术：下文的邪上术。

〔45〕邪上术：如图36（改绘自曲安京《〈周髀算经〉新议》图24）所示，太阳为 O，前表为 CD，后表为 AB，两表的高度差为 DG，前表斜面影长为 DE，两表斜面间距为 BD，邪下日高为 OP，邪下日远为 PF，至日斜距为 OF。

〔46〕后下之率：两表竿的高度差。

〔47〕望去取差……亦与勾股不得相应：测望和取高度差，与向南测望一样。此方法中的弦边较长，也与用直角三角形所求数值不同。这里的弦，是指注〔45〕中钝角三角形长边 AF、CE，此弦长于用同样的勾、股构成的直角三角形的斜边。南望，向南测望，即使用邪下术。因此邪上术的算法由邪下术推广而来，二者算法相似。

〔48〕推步：推算历法。

〔49〕《尚书考灵曜》：《尚书纬·考灵曜》，汉代纬书之一。所谓“纬书”是相对于经书而言的，即非儒家经典，而是附会儒家经义之书。《考灵曜》中留下了西汉时期一些假想的天文数据，如天地距离，二十八宿之外空尺度，周天度数与周长，日月行度，日影长短与地面距离之关系，天空分野，天文仪器“璇玑”，以及“盖天说”等，足可称为古代宇宙论之作。尤其是该书提出了地动说，以“人在大舟中，闭牖而坐，舟行而人不觉”的生活经验阐明“地恒动不止，而人不知”的物理学相对性原理，早于伽利略《关于托勒密和哥白尼两大世界体系的对话》至少1500年。

〔50〕王蕃（228—266）：字永元，三国时期庐江人，天文数学家。王蕃一生仕吴，担任尚书郎、散骑中常侍等职。王蕃依据张衡学说，重制浑天仪，并用勾股定理求出圆周率3.1556，非常接近“祖率”（祖冲之圆周率）。

〔51〕姜岌：东晋时期天文学家。入仕于后秦，所造《三纪甲子元历》，于公元384年起在后秦颁行。其首创以月食冲法测太阳之所在，提高了测量精度。

〔52〕宋元嘉十九年岁在壬午：公元442年。

〔53〕交州：古地名。西汉时期，汉武帝派兵剿灭南越国后，设立交趾刺史部，东汉时期，汉献帝建安八年（203年）改为交州，辖今中国广东、广西及越南北部和中部，州治番禺。三国吴分交州为广、交二州，交州辖境减小，包括今越南北部和中部、广东雷州半岛和广西南部。

〔54〕《太康地志》：《宋书》称《晋太康地志》或《太康地志》，不著撰人。《旧唐书·经籍志》作《地记》五卷，太康三年（282年）撰。《新唐书·艺文志》作《晋太康土地记》十卷。已散佚。清·毕沅辑有《晋太康三年地志》。

〔55〕交趾：又名“交阯”，中国古郡名，位于今越南北部红河流域。公元前111年归汉，辖境相当于今越南北部。“交趾”一名来源于《礼记·王

制》：南方曰蛮，雕题交趾，雕题是纹脸，交趾注曰“足相向”。《后汉书·南蛮西南夷列传》的解释为：“《礼记》称‘南方曰蛮，雕题交阯’。其俗男女同川而浴，故曰交阯”。

〔56〕阳城：古县名，治所在今河南登封东南告成镇。

〔57〕影差尺有八寸二分：阳城的日影在表北，长1尺5寸，交趾的日影在表南，长3寸2分，影差为二者相加，即1尺8寸2分。

〔58〕何承天（370—447）：东海郡郯县（今山东省郯城县）人，南朝宋天文学家，著有《达性论》《与宗居士书》《答颜光禄》《报应问》等。东晋末年先后任辅国府参军、浔阳太守等职，南朝任尚书中丞。其首创的名为“调日法”的数学方法，对后世历法影响很大。何承天的主要成就是在宋文帝时参与改定新历。这部历法在元嘉时期制定，故称《元嘉历》，新历订正了旧历所订的冬至时刻和冬至时日所在位置，在我国天文律历史上占有重要地位。

〔59〕日永影一尺五寸，日短十三尺：夏至白天长，影长1尺5寸；冬至白天短，影长1丈3尺。日永，夏至。日短，冬至。

〔60〕《易纬通卦验》：案《易纬通卦验》，马端临《经籍考》及《宋史·艺文志》俱载其名。黄震《黄氏日抄》谓其书“大率为卦气发”。朱彝尊《经义考》则“以为久佚，今载于《说郛》者，皆从类书中凑合而成，不逮什之二三”。盖是书之失传久矣。

〔61〕刘向《洪范传》：刘向（前77—前6），原名刘更生，字子政，沛郡丰邑（今江苏省徐州市）人。汉朝宗室大臣、文学家、经学家，中国目录学鼻祖。 所撰《别录》，是我国最早的图书公类目录。《洪范传》即《洪范五行传》，书中以阴阳五行说讲灾异和占验，说明天人不相干，虽有灾异不足畏。

〔62〕《后汉·历志》：《后汉书》中的一卷，《后汉书》是南朝宋时期历史学家范晔编撰的史类文学作品，属“二十四史”之一，主要记述了上起东汉光武帝建武元年（25年），下至献帝建安二十五年（220年），共195年的

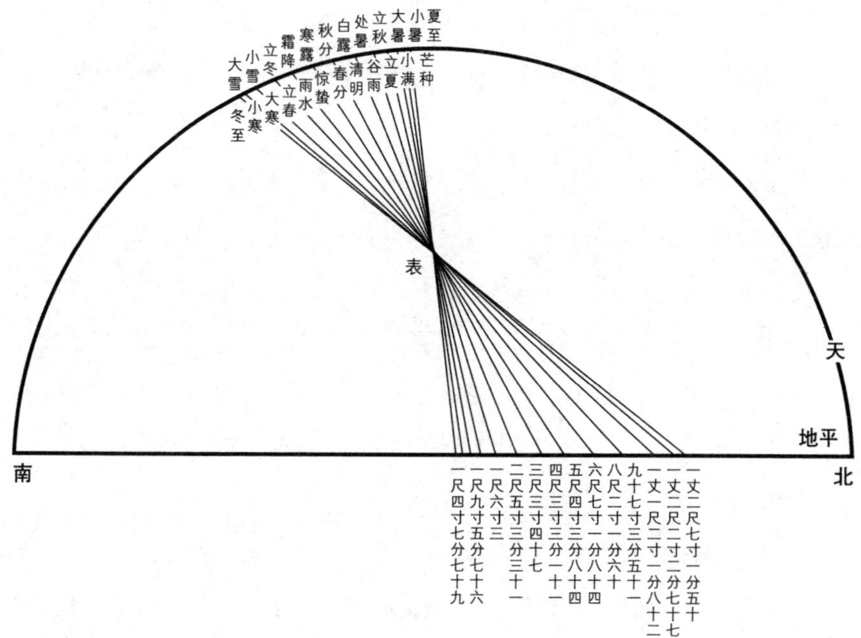

□ **阳城晷影图**

中国历朝历代都有测量日影、制作历法的习惯，图为明代崇天历中的阳城晷影图模型。关于揆日究微，中国古代算术书《数书九章》卷四亦有提及。

史事。《后汉书》大部分沿袭《史记》《汉书》的现成体例，但在成书过程中，范晔根据东汉时期历史的具体特点，则又有所创新，有所变动。

〔63〕梁天监：梁天监年间（502—519）。

〔64〕魏景初：魏景初年间（237—239）。

〔65〕宋大明祖冲之历：祖冲之（429—500），字文远，范阳郡遒县（今河北省涞水县）人，南北朝时期杰出的数学家、天文学家，一生钻研自然科学，其主要贡献在数学、天文历法和机械制造三方面。他在由刘徽开创的探索圆周率的精确方法的基础上，首次将“圆周率”精算到小数第七位，即在3.1415926和3.1415927之间，这一圆周率被称为“祖率”，对数学的研究有重

大贡献。直到16世纪，阿拉伯数学家阿尔·卡西才打破了这一纪录。“祖冲之历”，即由他撰写的《大明历》，是当时最科学最进步的历法，为后世的天文研究提供了正确的方法。

〔66〕秣陵：今江苏南京。秦始皇统一六国后置秣陵县，秦汉以后一直是江南政治、经济和文化中心。

〔67〕后魏·信都芳注《周髀四术》：信都芳，字玉琳，河间人，北齐数学家、天文学家。年轻时精通算术，受到州里人的称道。北魏时期，信都芳曾向祖冲之之子祖暅学习数学。著作有《器准》《乐书》《遁甲经》《四术周髀宗》《灵宪历》。所注《周髀四术》疑即《北史》所载《四术周髀宗》。

〔68〕永平元年：公元508年。

〔69〕梁武帝大同十年：公元544年。

〔70〕太史令虞广刂：南朝天文学家，梁武帝时任太史令，撰有梁《大同历》一卷。

〔71〕江左建康：今江苏南京市。江左，古时以东为左，所以江左也叫“江东”。唐朝开元年间，设江南东道于江东地区，此后江东又称“江南”。

〔72〕开皇元年：公元581年。

〔73〕王劭《皇隋灵感志》：王劭，生卒年不详，隋代并州晋阳（今太原南郊）人。史载他自幼酷爱读书，少年时代即以博闻强记闻名，著有《隋书》《齐志》《读书记》等。北齐尚书仆射魏收与祖孝徵、阳休之等成名学士、官吏，经常在一起论古道今，有所遗忘时，便向王劭询问出处，王劭每问必答。

〔74〕令其有九尺影：此句后面疑为遗漏，在译文中以“……”代替。

【译文】

臣李淳风等谨按：夏至日以王城为观测点观测太阳，竖两根表竿，南北相距2000里，表竿高8尺。前表竿的晷影长1尺5寸，后表竿的晷影长1尺7寸。老方法以前后表竿影长所差2寸为除数，以前表竿的影长乘两表竿间距为被除数，两数相除得15000里，这是太阳与南面表竿的水平距离。又以表竿高80寸乘两表竿间距为被除数，除以影差2寸得80000里，这是表竿与太阳的垂直距离。仍以表竿高80寸求太阳高度，以晷影长度求与太阳的水平距离。待太阳渐渐升高，直到日影长6尺，以它为勾，以表竿高度为股，则可求弦，得到表竿与太阳的斜线距离是100000里。取孔径1寸、长8尺的望筒观测太阳。当太阳恰好填满望筒的圆孔时，以筒长80寸与孔径1寸之比为比率。因为测量点与太阳的斜线距离为100000里，所以太阳直径为1250里。

以常理思考，算法说“天之处心高于外衡六万里者”，这种说法与计算方法不符。勾长6尺，股长8尺，弦长10尺，这反映了直角三角形自身的数学规律。根据水平和垂直的矩尺示数，再利用勾股定理计算。天体模型是恒定不变的，太阳运行却有高度差别，既然算法基于太阳的水平运动，哪里来的高度差别？说法与算法不符，这是大失误。

又有竖立于地上的南北两表竿，依水平法确定其高低。如果北面表竿地势较高，则以两表竿的高度差为勾，以两表竿的斜线距离为弦。取两表竿的高度差值，乘以北面表竿影长，除以表竿长度。所得数值加上股长为虚拟表竿间距。如果北面表竿地势较低，依然取两表竿的高度差，按照前面的方法计算。以股长减去所得数值等于虚拟表竿间距。又以两表竿的高度差与两表竿斜线距离相除，得两地高度差与斜线距离的比率。求水平距离的方法：前表竿影长乘以虚拟表竿间距，除以影长差，所得数值加上前表竿影长，等于测量点至太阳正下方的距离。求太阳高度的方法：以表竿长度乘虚拟表竿间距，除以影长差，所得数值加上表竿长度等于太阳高度。求测量点与太阳斜线距离的方法：以弦长乘以虚拟表竿间距，除以影差，所得数值加上弦长，等于测量点与太阳的斜线距离。这三个公式都预设了观测点与太阳在同一水平面上。在斜坡上求太阳高度方法：取观测点到太阳下方的水平距离，乘以两表竿高度差，除以两表竿的水平距离，得到太阳高度的校正数值。太阳下方地势的斜率与表竿间距相同，可以按照此比率求解。若太阳正下方与测量点地势的斜率不同，则以现在的水平无法求解。

用日径比例求太阳直径大小，只需将太阳与观测点的距离乘此比例，即乘以1除以80，就可得到太阳直径。此太阳直径可以马上获得，不需等待影长6尺之时。测太阳直径的时候，先要确保二表竿所在地面水平，使二表竿之影在同一南北经线上，立二圭等高4尺，两圭立表竿之处相距2丈。在圭表上牵两条弦线。每根表竿用两段瞄准线来观测日影。表竿在圭的上方，用弦线从圭的下面向上测望太阳。前一段线瞄准太阳上端，后一段线瞄准太阳下端，根据表竿影长的位置移动瞄准线，令它与表竿、太阳三点一线。冬至、夏至前后三四日内，影长变化不大，应在此时测定表竿影长。两人一起测望，每人测取一处影长也行，太阳直径两端分别与影子外端点、表竿顶点连成三点一线。

然而地势有高低起伏，立表竿测量结果不同，以下六种方法囊括了各种实际情形：

第一，后高前下术。以两表竿的高度差为勾，以两表竿的斜线距离为弦。以后面表竿影长乘以两表竿高度差，除以表竿长度，所得加上股长等于虚拟表竿间距。

第二，前高后下术。以两表竿的高度差为勾，以两表竿的斜线距离为弦。取两表竿的高度差，乘以后面表竿影长，除以表竿长，用股长减去所得，余数等于虚拟表竿间距。

第三，邪下术。根据两表竿的高度差，向上作两表竿在倾斜地面上的影长，两表竿之间地面的斜率与测量点到太阳正下方大地的斜率相同，其余数据的求法就和利用水平面晷影的求法一样。如果二表竿底端向南倾斜，与大地的倾斜一致，就不必另行测量。但弦边较短，与用直角三角形所求数值不同。后面表竿到太阳下方的斜面距离，亦随地势而定，不能取水平面的数值，如用水平面的数值就偏小了。若用此方法，只能应用于向南测望。如果向北测望，针对北方高地，就要用勾影南下之术（邪上术）。

第四，邪上术。根据两表竿的水平高度差，向下作两表竿在倾斜地面上的影长，这叫作回望高远的北极。测望和取高度差，也同向南测望一样。此方法的弦边较长，也与用直角三角形所求数值不同。邪上术只能用于向北测望，不能用于向南测望。如果向南测望，就要用勾影北高之术。

第五，平术。不论地势高低，《周髀算经》测量太阳高度都用平术这一方法。所以向东、向西、向南、向北四个方向测望都可以，无论远近都用一种方法，不必用别的方法。

第六种方法，是冬至时太阳运行轨道的算法。《周髀算经》说："（直径）476000里。"它的一半，是238000里，这是冬至太阳轨道至天穹中心的距离。以天穹中心比冬至太阳轨道高60000里来推算，向南行238000里，下降60000里。按比例得到，向南行119里，下降30里；向南行119步，下降30步；向南行（约）$39\frac{2}{3}$步，下降10步。以此为准，就不会有平面的地。将地面看作水平面来计算，尤其不符合实际情况。

自古以来谈到晷影差的变化，常有不同，如今取其推算的要点，概述如下。

《尚书考灵曜》说："夏至白天长，影长1尺5寸；冬至白天短，影长1丈3尺；沿正南方向每相距1000里，日影减1寸。"张衡《灵宪》说："望天之晷，测地之仪，都是移动1000里而影差1寸。"郑玄注《周礼》说："凡是地上的晷影，相隔1000里就要差1寸。"王蕃、姜岌也这样说。按前文诸种说法，影长差数值都一样，这种言论频频出现，好像一定是这个数值。但以事实考量，恐怕并非如此。

谨案：宋元嘉十九年农历壬午年（442年），遣使往交州测量日影，夏至的日影在表竿南面长3寸2分。《太康地志》：交趾离洛阳11000里，阳城离洛阳180里。交趾在西南，接近阳城、洛阳，在它们的东北方向。比较而言，今阳城离交趾近于洛阳离交趾180里，则交趾距离阳城10820里，而影长差1尺8寸2分，折合每600里而影长差就是1寸。况且人行道路迂回曲折，与鸟飞行的直线相比，有很多误差。以事实检验，又是不到500里而影差1寸，这是很明显的。“千里差一寸”的说法，显然不符合实际。何承天又说：“诏令用土圭测影，检验夏至、冬至的时间，结果差了三天多。从历年经交州所呈上的数据，检验其增减，也是相符的。”这就是影长差的验证。

《周礼·大司徒》所说的“夏至的晷影，1尺5寸”，马融认为是在洛阳测的，郑玄认为是在阳城测的。《尚书考灵曜》说：“夏至白天长，影长1尺5寸；冬至白天短，影长1丈3尺。”《易纬通卦验》：“夏至，影长1尺4寸8分；冬至，影长1丈3尺。”刘向《洪范传》：“夏至，影长1尺5寸8分。”当时汉的都城在长安，而刘向没说测量影长的地点。如果在长安，那就不是晷影的常规数值。夏至，影长1尺5寸8分；冬至，影长1丈3尺1寸4分。刘向又说：“春、秋分，影长7尺3寸6分。”这些都是虚妄之言。

《后汉·历志》：“夏至影长1尺5寸。”后汉洛阳冬至的影长1丈3尺。在梁天监以前都是这个数据。魏景初年间，夏至影长1尺5寸。最初魏建都许昌，与颍川毗邻；后来建都洛阳，又在地中之数。但《易纬》因遵循了汉历影长数据，似乎没另外测影长，冬至影长1丈3尺。晋·姜岌说影长1尺5寸。晋建都于江东建康，远取阳城的数据验证影长，冬至影长1丈3尺。宋大明的“祖冲之历”，夏至影长1尺5寸。宋建都秣陵，像前朝一样远取影长数据，冬至1丈3尺。后魏·信都芳注《周髀四术》说：“按永平元年戊子是梁天监七年（508年），见洛阳测影长，又见公孙崇召集诸朝士在秘书省一起观测日影，同是夏至之日，以8尺的表竿测正午影长，都是长1尺5寸8分。”虽然不到6寸，但是接近6寸。梁武帝大同十年（544年），太史令虞门在江东建康用9尺表竿测夏至正午影长，为1尺3寸2分；用8尺表竿测量，影长1尺1寸7分有余。在冬至用9尺表竿测量，影长1丈3尺7分；用8尺表竿测量，影长不到1丈1尺6寸2分。隋开皇元年（581年），冬至的影长1丈2尺7寸2分。开皇二年，夏至的影长1尺4寸8分。冬至在长安测，夏至在洛阳测。王劭《皇隋灵感志》中冬至的影长1丈2尺7寸2分，是在长安测的。开皇四年，夏至的影长1尺4寸8分，是在洛阳测的。冬至的影长1丈2尺8寸8分，是在洛阳测的。大唐贞观三年（629年）五月二十三日癸亥夏至，正午影长1尺4寸6分，是在长安测的。十一月二十九日丙寅冬至，正午影长1丈2尺6寸3分，是在长安测的。根据汉、魏及隋所记载的夏至正午日影或长或短，平均误差，那么夏至的影长1尺5寸比较符合实际。以《周官》推理，洛阳为测量点，那么冬至的影长1丈2尺5寸也接近事实。梁武帝建都金陵，离洛阳南北大约1000里，用不同尺表测量影长，如果用9尺表竿测量……大同十年江东8尺表竿夏至正午影长1尺1寸7分。这些用8尺表竿在夏至测量的数据表明，相距1000里而影长差不足4寸。

以上推理验证表明，夏至影长差增减不同，南北远近不同数据亦有差异。如果总是套用一式，恐怕就会与实际情况不符。

赵爽附录（二）：日高图〔1〕

【原文】

黄甲与黄乙其实正等。〔2〕以表高乘两表相去〔3〕为黄甲之实，以影差为黄乙之广〔4〕，而一〔5〕所得，则变得黄乙之袤〔6〕，上与日齐。按图〔7〕当加表高。今言八万里者，从表以上复加之。

青丙与青己其实亦等〔8〕；黄甲与青丙相连，黄乙与青己相连，其实亦等〔9〕。皆以影差为广。〔10〕

【注释】

〔1〕日高图：此标题是赵爽注陈子日高图的标题。陈子求太阳高度的两种

图解刻本分别是图37a，37b。

〔2〕黄甲与黄乙其实正等：黄甲与黄乙的面积正好相等。如图38（根据顾观光、吴文俊复原图改绘），得

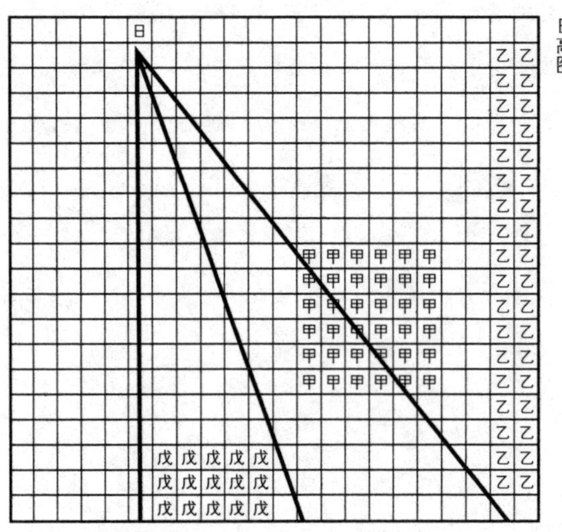

（图37a，南宋本陈子日高图，补正）

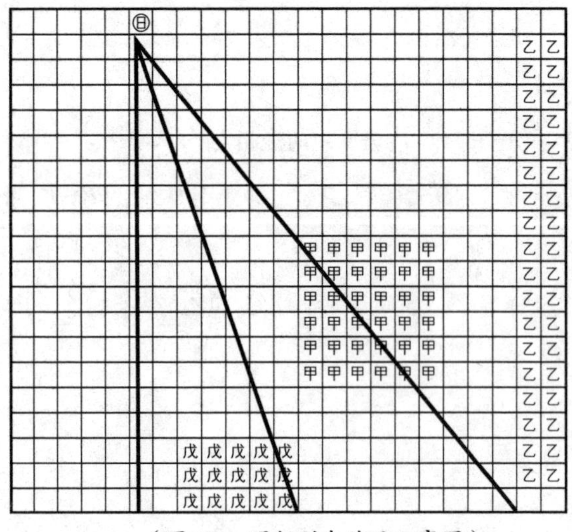

（图37b，明胡刻本陈子日高图）

$\square PEAG = \square YQKZ$

〔3〕两表相去：两表的间距。

〔4〕以影差为黄乙之广：以两表日影长度之差作为黄乙的宽度。影差：两表日影之差。

〔5〕而一："实如法而一"，除法运算。即用黄乙的面积除以黄乙的宽等于黄乙的长。如图38

$\square PEAG = AG \cdot (OE - OA)$

$\square YQKZ = KZ \cdot QK = KZ \cdot (PQ - PK)$

因为$\square PEAG = \square YQKZ$，所以

$$KZ = \frac{\square YQKZ}{QK} = \frac{\square PEAG}{QK} = AG \cdot \frac{(OE - QA)}{(PQ - PK)}$$

〔6〕黄乙之袤：黄乙的长度。

〔7〕图：日高图。

〔8〕青丙与青己其实亦等：青丙与青己的面积也相等。赵爽利用了$\square TBOS$和其对角线BS两侧的三对直角三角形，来证明青丙与青己的面积相等。因为对角线两侧的三对直角三角形面积两两相等，且

$\square GAOX = \triangle BOS - \triangle BAG - \triangle GXS$

$\square TLGR = \triangle BTS - \triangle BLG - \triangle GRS$

所以

$\square GAOX = \square TLGR$

〔9〕黄甲与青丙相连……其实亦等：黄甲与青丙连成一个矩形，

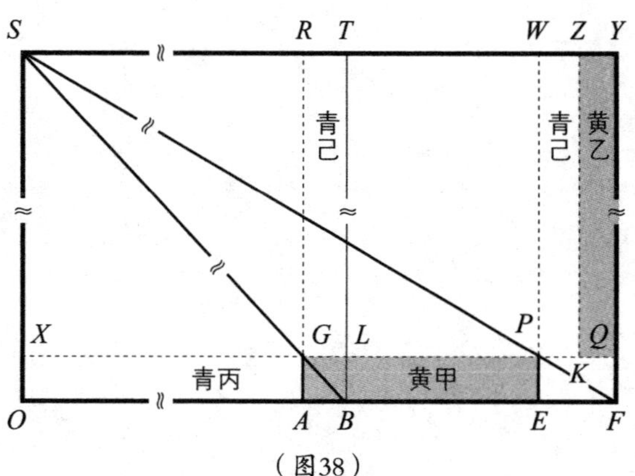

（图38）

黄乙与青己连成另一个矩形，两者的面积也相等。即

□$PEAG$ + □$GAOX$ = □$YQKZ$ + □$ZKPW$

〔10〕皆以影差为广：黄甲与黄乙两面积都可用以影差为宽的式子来表达。

【译文】

假设黄甲与黄乙的面积正好相等。以表高乘两表的间距得到黄甲的面积，以两表日影长度之差作为黄乙的宽度，黄乙的面积除以宽度，即可求得黄乙的长度，它的上端与太阳的高度相齐。按日高图所示，太阳高度应为黄乙长度加表的高度。如今称太阳高度8万里，已包含表高在内。

青丙与青己的面积也相等。黄甲与青丙连成一个矩形，黄乙与青己连成另一个矩形，两个连成的矩形的面积也相等。黄甲与黄乙两面积皆可用以影差为宽的式子来表达。

七衡图

七衡图亦称七衡六间图。本章在陈子模型的基础上，建立了七衡六间的宇宙模型，并给出了每日太阳运行轨道的计算方法，使七衡图成为一个可以操作的真正的活动式星盘。在此基础上给出了地理五带的划分、寒暑的成因、日出日落的方位等相关解释，并附赵爽所绘的七衡图，介绍了“青图画”与“黄图画”。

七衡图[1]

【原文】

凡为此图，以丈为尺，以尺为寸，以寸为分。分一千里[2]，凡用缯方八尺一寸[3]。今用缯方四尺五分，分为二千里[4]。方为四极之图，尽七衡之意。

【注释】

〔1〕七衡图：七衡图亦称七衡六间图，是中国古代表达季节与日月视运动之间关系的示意图。如图39所示，七衡图有七个同心圆，每一个圆为一衡，衡与衡之间称为一间，衡间的距离是19833里又100步，每一衡表示太阳在不同季节的运行轨道。每年冬至，太阳沿最外一个圆（外衡）运行，太阳从东南升起，西南落下，日中时距地平高度为一年之内最低（北半球）；夏至，太阳沿最内一圆（内衡）运行，太阳从东北升起，西北落下，日中时距地平高度为一年之内最高（北半球）；春分、秋分时，太阳沿当中一个

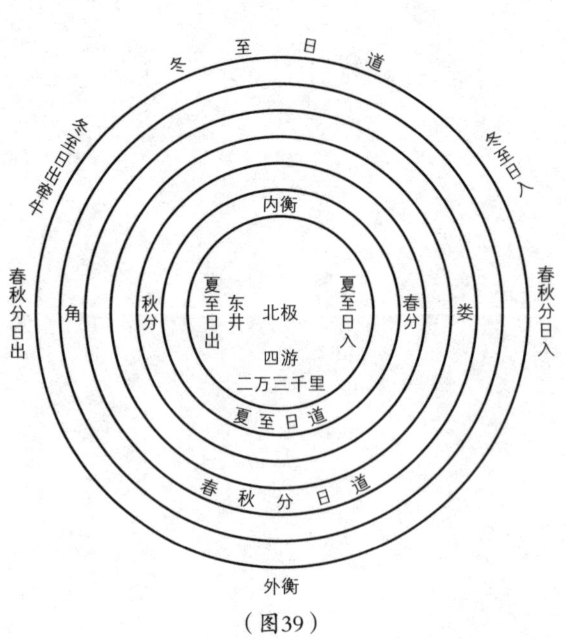

（图39）

圆（中衡）运行，太阳从正东升起，正西落下，日中时距地平度适中。由图可见，太阳在各个不同节令都沿不同的衡运动。各版本《周髀算经》所用七衡图不尽一致，本书采用的底本是南宋本中的图。

〔2〕分一千里：1分代表1000里。现代比例尺为1：180000000。

〔3〕缯（zēng）方八尺一寸：缯，古代对丝织品的总称。《说文》："缯，帛也。"《三苍》："杂帛曰缯。"方8尺1寸，8尺1寸见方。由于比例尺中1分相当于1000里，8尺1寸见方正好容纳"日照四极"的直径810000里。

〔4〕分为二千里：1分代表2000里。现代比例尺为1：360000000。

【译文】

凡是制作此图的，以丈为尺，以尺为寸，以寸为分（即按照比例作图）。若1分代表1000里，则用边长是8尺1寸的方形丝帛。今用边长是4尺5分的方形丝帛，则1分代表2000里。用方形丝帛作四极之图，包括七衡的内容。

【原文】

《吕氏》〔1〕曰："凡四海之内，东西二万八千里，南北二万六千里。"吕氏，秦相吕不韦，作《吕氏春秋》。此之义在《有始第一》篇，非《周髀》本文。《尔雅》云："九夷、八狄、七戎、六蛮，谓之四海。"言东西南北之数者，将以明车辙马迹之所至。《河图括地象》〔2〕云：而有君长之州九，阻中国之文德及而不治。又云：八极之广，东西二亿二万三千五百里，南北二亿三万三千五百里。《淮南子·地形训》〔3〕云：禹使大章〔4〕步自东极至于西极，孺亥〔5〕步自北极至于南极，而数皆然。或其广阔将焉可步矣，亦后学之徒未之或知也。夫言亿者，十万曰亿也。

凡为日月运行之圆周，春、秋分，冬、夏至，璇玑之运〔6〕也。**七衡周而六间〔7〕，以当六月节〔8〕。六月为百八十二日八分日之五。**节六月者，

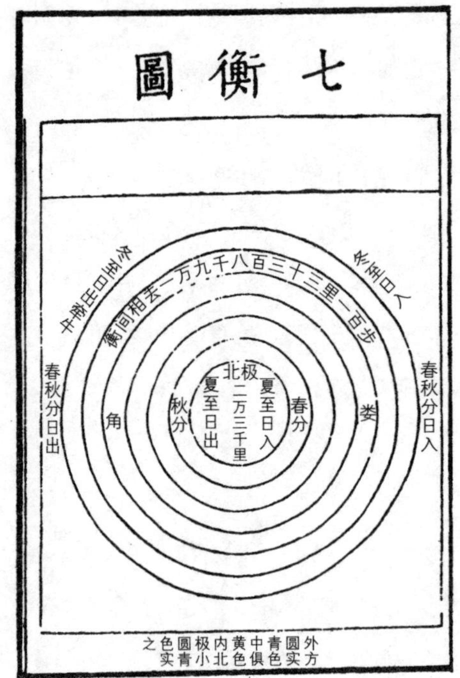

□ **七衡图　胡震亨**

中国古代很早就利用群星组（宿）追踪日月视运动以辨认季节时辰，古代天文学家逐渐作出七衡图示意日月视运动轨道迁移与季节之间的关系。七衡图所蕴含的季节与日月视运动的理论，是周髀说继承上古天文知识，以日影分析日月视运动的理论为指导而制成的。流传下来的《周髀算经》的七衡图不尽一致，这是明代胡震亨刻本，图中方框外有十九字着色说明："外方圆实青色，中俱黄色。内北极小圆青色实之。"

从冬至至夏至日，百八十二日八分日之五为半岁。六月节者，谓中气[9]也。不尽其日也。此日周天通四分之一，倍法四以除之，即得也。

故日夏至在东井[10]，极内衡[11]。日冬至在牵牛[12]，极外衡[13]也。东井、牵牛为长短之限，内外之极也。衡复更终冬至[14]。冬至日从外衡还黄道，一周年复于故衡，终于冬至。**故曰，一岁三百六十五日四分日之一，岁一内极，一外极。**从冬至一内极及一外极，度终于星[15]，月穷于次，是为一岁。**三十日十六分日之七，月一外极，一内极。**欲分一岁为十二月，一衡间当一月，此举中相去之日数。以此言之，月行二十九日九百四十分日之四百九十九，则过一周天而日与月合宿[16]。论其入内、外之极，大归粗通，未必得也。日光言内极，月光言外极。日阳从冬至起，月阴从夏至起，往来之始。《易》曰："日往则月来，月往则日来。"[17]此之谓也。此数置一百八十二日八分日之五，通分，内子五，以六间乘分母以除之，得三十，以三约法得十六，约余得七。**是故一衡之间[18]，万九千八百三十三里三分里之一，即为百步。**此数，夏至、冬至相去十一万九千里，以六间除之得矣。法与余分皆半之。**欲知次衡**〔19〕**径，倍而增内衡之径，**倍一衡间数，以增内衡即次二衡径。**二之以增内衡径得三衡径，**二乘所倍一衡之间数，以增内衡径，即得三衡径。**次衡放此。**次至皆如数。

内一衡〔20〕**，径二十三万八千里，周七十一万四千里，分为三百六十五度四分度之一，度得一千九百五十四里二百四十七步千四百六十一分步之九百三十三。**通周天〔21〕四分之一为法，又以四乘衡周为实，实如法得一百步；不满法者十之，如法得十步，不满法者十之，如法得一步；不满者以法命之。至七衡皆如此。

次二衡〔22〕**，径二十七万七千六百六十六里二百步，周八十三万三千里。分里为度，度得二千二百八十里百八十八步千四百六十一分步之千三百三十二。**通周天四分之一为法，四乘衡周为实，实如法得里数，不满者求步数，不尽者命分。

次三衡〔23〕**，径三十一万七千三百三十三里一百步，周九十五万二千里。分为度，度得二千六百六里百三十步千四百六十一分步之二百七十。**通周天四分之一为法，四乘衡周为实，实如法得里数，不满法者求步数，不尽者命分。

次四衡〔24〕**，径三十五万七千里，周一百七万一千里。分为度，度得二千九百三十二里七十一步千四百六十一分步之六百六十九。**通周天四分之一为法，四乘衡周为实，实如法得里数，不满法者求步数，不尽者命分。

次五衡〔25〕**，径三十九万六千六百六十六里二百步，周百一十九万里。分为度，度得三千二百五十八里十二步千四百六十一分步之千六十八。**通周天四分之一为法，四乘衡周为实，实如法得里数，不满法者求步数，不尽者命分。

次六衡〔26〕**，径四十三万六千三百三十三里一百步，周一百三十万九**

千里。分为度，度得三千五百八十三里二百五十四步千四百六十一分步之六。通周天四分之一为法，四乘衡周为实，实如法得一里，不满法者求步，不尽者命分。

次七衡〔27〕**，径四十七万六千里，周百四十二万八千里。分为度，度得三千九百九里一百九十五步千四百六十一分步之四百五。**通周天四分之一为法，四乘衡周为实，实如法得里数，不满法者求步数，不尽者命分。**其次日冬至所北照，过北衡**〔28〕**十六万七千里，**冬至十一月，日在牵牛，径在北方。因其在北，故言“照过北衡”。**为径八十一万里，**倍所照，增七衡径。**周二百四十三万里。**三乘倍，增七衡周。**分为三百六十五度四分度之一，度得六千六百五十二里二百九十三步千四百六十一分步之三百二十七。过此而往者，未之或知。**〔29〕过八十一万里之外。**或知者，或疑其可知，或疑其难知**〔30〕**，此言上圣**〔31〕**不学而知之**〔32〕。上圣者智无不至，明无不见。《考灵曜》曰：“式敬出冥，唯审其形。”此之谓也。

故冬至日晷丈三尺五寸，夏至日晷尺六寸，冬至日晷长，夏至日晷短。日晷损益，寸差千里。故冬至、夏至之日南北游十一万九千里。四极径八十一万里，周二百四十三万里。分为度，度得六千六百五十二里二百九十三步千四百六十一分步之三百二十七。此度之相去也。其南北游，日六百五十一里一百八十二步一千四百六十一分步之七百九十八。

术曰：置十一万九千里为实〔33〕**，以半岁一百八十二日八分日之五为法**〔34〕**，**半岁者，从外衡去内衡以为法，除相去之数，得一日所行也。**而通之**〔35〕。通之者，数不合齐，常以法等，得相通入，以八乘也。**得九十五万二千为实，**通十一万九千里。**所得一千四百六十一为法，除之。**通百八十二日八分日之五也。**实如法得一里**〔36〕。**不满法者**〔37〕**，三之，如法得百步。**一里三百步，当以三百乘；而言之三之者，不欲转法，便以一位为百实，故从一位，命为百。**不满法者十之，如法得十步。**上不用三百乘，故此十之，便以一位为十实，故从一位，命为十。**不满法者十之，如法得一步**。复十之者，但以一位为实，故从一位，命为一。**不满法者，以法命之**〔38〕。位尽于一步，故以法命，其余分为残步。

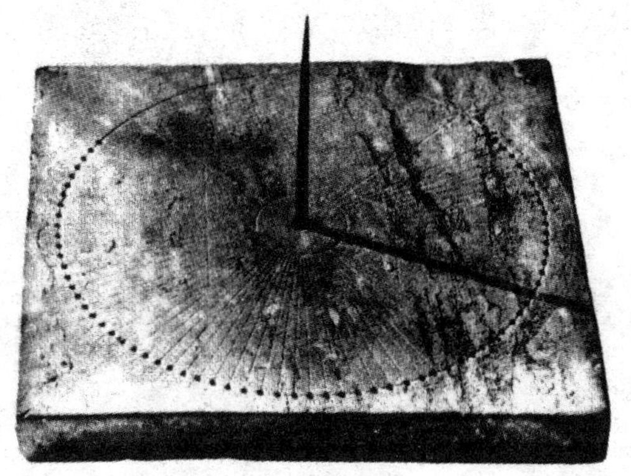

□ **西汉日晷**

这件西汉石质日晷出土于河南洛阳金村（为古金墉城），长27.7厘米，宽27.0厘米，厚2.5厘米。中心有孔，可在其中立表。孔外有一小圆，小圆外有方框，框外为一大圆，圆周上刻小圆孔69个，可立游仪。晷上共刻线68条，外周边上刻有数字。通向四边的还有定方向的十字线。

【注释】

〔1〕《吕氏》：《吕氏春秋》，又称《吕览》，由秦相吕不韦组织其门客编撰，成书于战国末期秦始皇统一中国前夕。《吕氏春秋》以道家思想为主体，兼采阴阳、儒墨、名法、兵农诸家学说，全书分为十二纪、八览、六论，注重博采众长，所以《汉书·艺文志》等将其列入杂家。高诱说《吕氏春秋》：“此书所尚，以道德为标的，以无为为纲纪。”

〔2〕《河图括地象》：又称《河图括地象图》，汉代谶纬之书《河图》中的一种，内容以地理为主，除此之外还包含很多神话传说。原书已佚，明清以来不少学者做了辑佚工作，目前比较完备的是日本学者安居香山、中村璋八辑《重修纬书集成》中的辑本，此书于1994年由河北人民出版社出版时定名《纬书集成》。

〔3〕《淮南子·地形训》：《淮南子》（又名《淮南鸿烈》《刘安子》）是由西汉淮南王刘安主持并与其门客集体编写而成的一部哲学著作。该书在继承先秦道家思想的基础上，糅合了阴阳、墨、法、儒等各家思想，原书中有内

篇二十一卷，中篇八卷，外篇三十三卷，存世的只有内篇，现今出版版本，大多对内篇进行删减后再出版。《地形训》是其中的一篇。

〔4〕大章：太章。相传为禹臣，善走。《淮南子·地形训》："禹乃使太章步自东极至于西极，二亿三万三千五百里七十五步；使竖亥步自北极至于南极，二亿三万三千五百里七十五步。凡鸿水渊薮自三百仞以上二亿三万三千五百五十里有九渊，禹乃以息土填洪水以为名山。"晋·葛洪《抱朴子·论仙》："虽有大章、竖亥之足，而所常履者，未若所不履之多。"

〔5〕孺亥：又称竖亥，中国上古神之一，传说中大禹的部下，善走，步子极大。竖亥奉命丈量国土疆域，（见上注）并发明了测量土地的步尺和量度的基本单位尺、丈、里等，当为华夏量度制作鼻祖。

〔6〕璇玑之运：北极星在璇玑上的运行轨道。

〔7〕七衡周而六间：七个称作"衡"的同心圆周，中间有六个相等的间隔。

〔8〕以当六月节：用以代表六个月的节气。节气，是干支历中表示自然节律变化的特定节令。农耕生产与大自然的节律息息相关，上古先民观察天体运行，总结一年之中时候、气候、物候等方面变化规律，形成了一套科学的知识体系，以顺应农时。

〔9〕中气：中和之气。中国古代天文学家以太阳历二十四气，配阴历十二月，阴历每月二气，在月中以前的称为节气，在月中以后的称为中气。全年一共十二个中气和十二个节气，总称为二十四节气。如立春为正月节气，雨水为正月中气。《逸周书·周月》："闰无中气，斗指两辰之间。"南朝宋·鲍照《征北世子诞育上表》："伏承王子，以中气正月，钟灵纳和。"

〔10〕东井：井宿，二十八宿之一，与牛宿相对，为南方第一宿。共八颗星，其状如网，因在玉井之东，由此而得名"东井"。《礼记·月令》："仲夏之月，日在东井。"《史记·张耳陈馀列传》："汉王之入关，五星聚东

井。东井者，秦分也，先至必霸。”唐・杨炯《浑天赋》：“周三径一，远近乖于辰极；东井南箕，曲直殊于河汉。”清・顾炎武《长安》诗：“东井应天文，西京自炎汉。”《史记・孝武本纪》：“其秋，有星茀于东井。”

〔11〕极内衡：内衡的最里面。极，最。

〔12〕牵牛：牛宿，二十八宿之一，与井宿相对。《晋书・天文志》：“牵牛六星，天之关梁，主牺牲事。”

〔13〕极外衡：外衡的最外面。

〔14〕衡复更终冬至：一周年的往复，从外衡的冬至出发，最后又回到冬至。

〔15〕度终于星：运行的位置以星宿标度。

〔16〕则过一周天而日与月合宿：经过一周天，太阳和月亮在二十八宿坐标系统中交会于同一位置。

〔17〕日往则月来，月往则日来：引文出自《周易・系辞下》，指每日的日落月升、月落日升。亦指一年内阴、阳的消长变化。

〔18〕一衡之间：衡间距。

〔19〕次衡：相邻外侧的一衡。

〔20〕内一衡：内衡，第一衡，夏至太阳轨道。

〔21〕周天：观测者肉眼所见天球上的大圆周。一周天划分为三百六十五又四分之一古度。中国古度与西方圆周等分360°之间的换算关系为：1中国古度= $\frac{360°}{365.25}=0.9856°$ 。《逸周书・周月》：“日月俱起于牵牛之初，右回而行，月周天起一次而与日合宿。”《汉书・律历志下》：“周天五十六万二千一百二十。以章月乘月法，得周天。”《礼记・月令》唐・孔颖达疏：“星既左转，日则右行，亦三百六十五日四分日之一至旧星之处。即以一日之行而为一度计，二十八宿一周天，凡三百六十五度四分度之一，是天之一周之数也。”明・谢肇淛《五杂组・天部一》：“日一岁而一周天，月

二十九日有奇而一周天，非谓月行速于日也。周天度数，每日日行一度，月行十三度有奇。”《清史稿·时宪志一》：“若望之法，以天聪戊辰为元，分周天为三百六十度。”

〔22〕次二衡：第二衡，小满、大暑太阳轨道。

〔23〕次三衡：第三衡，谷雨、处暑太阳轨道。

〔24〕次四衡：第四衡，春分、秋分太阳轨道。

〔25〕次五衡：第五衡，雨水、霜降太阳轨道。

〔26〕次六衡：第六衡，大寒、小雪太阳轨道。

〔27〕次七衡：外衡，第七衡，冬至太阳轨道。

〔28〕冬至所北照，过北衡：冬至时太阳向北照射，超过外衡。

〔29〕过此而往者，未之或知：超过这范围的地方，是无法抵达或无法知晓的未知世界。或，通“惑”。这句话说明了古代的周髀家已经考虑到了未知的世界，为无限宇宙观的出现奠定了基础。

〔30〕或知者……或疑其难知：对这个未知的世界，有的人怀疑它可知，有的人怀疑它难知。

〔31〕上圣：指德智超群、天赋异禀的人。《墨子·公孟》：“昔者，圣王之列也：上圣立为天子，其次立为卿大夫。”

〔32〕不学而知之：凭天生的直觉而知晓。语出孔子，他把人的智慧分为四等：“生而知之者，上也；学而知之者，次也；困而学之，又其次也；困而不学，民斯为下矣。”（《论语·季氏篇》）

〔33〕实：被除数。

〔34〕法：除数。

〔35〕通之：通分。

〔36〕实如法得一里：除法运算中，结果的整数部分是里数。

〔37〕不满法者：余数部分。

□ **河南南阳牵牛织女图**

这是一幅汉代天文画像石天像图。画像石右侧是牛郎牵牛，上有三星，应为河鼓三星或牛宿上部三星；左下方织女跽坐，周围四星，似表女宿或织女星旁渐台四星；中间虎背上的三星应当是参宿中央三星；另有左上方玉兔周围一圈星及若干零散星。

〔38〕以法命之：以除数为分母的分数。

【译文】

《吕氏》说：“凡四海之内，东西长28000里，南北长26000里。”吕氏，秦相吕不韦，作《吕氏春秋》。此引文在《吕氏春秋·有始》篇，不是《周髀》原文。《尔雅》说：“九夷、八狄、七戎、六蛮，叫作四海。”讲东西、南北的里程数，是用来说明车马所能到达的范围。《河图括地象》说：有首领的州有九个，中国的礼乐教化难以普及而难以治理。又说：四面八方的广大，东西200023500里，南北200033500里。《淮南子·地形训》说：大禹命令大章从东极走到西极，孺亥从北极走到南极，而里数都一样。虽广阔无边却仍然可以到达，然而对后世之人却是未知或无法抵达的。亿的定义，十万叫一亿。

要画日月运行的圆周轨道，春秋分、冬夏至以及北极星的运行。**作七个称作“衡”的同心圆周，中间有六个相等的间隔，用以代表六个月的节气。六个月为$182\frac{5}{8}$日。**六个月的节气，从冬至到夏至，$182\frac{5}{8}$日为半年。所谓六月节，是指中气。不是整日数。此日求法：将一周年$365\frac{1}{4}$日变换成以4为分母的分数，乘以2，即分数除以2，就得到了。

所以夏至时太阳在东井，在内衡的最里面。冬至时太阳在牵牛，在外衡的最外边。东井、牵牛为轨道短长、内外的极限。**经过一周年的往复，从冬至出发最后又回到冬至。**冬至太阳从外衡返回黄道，一周年间复经原来的轨道，最终回到冬至。**所以说，一年$365\frac{1}{4}$日，太阳到达最内圈和最外圈各1次。**从冬至起太阳到达最内圈和最外圈各一次，运行的度数以星宿表示，十二个月完成更替，就是一年。**一个月$30\frac{7}{16}$日，月亮到达最内圈和最外圈各1次。**要把一年分为十二个月，一衡间隔应为一个月，这是举出相隔的日数。以此来说，月行$29\frac{499}{940}$日，则经过一周天而太阳与月亮会合于一宿。它进入最内圈和最外圈的相关数据，都是粗略的数值，未必精确。日光在最内圈最强，月光在最外圈最盛。太阳之阳从冬至起，月亮之阴从夏至起，是循环往复的开始。《周易·系辞下》说："日往则月来，月往则日来。"说的就是这个意思。求此数的方法是：取182日，变换成以8为分母的分数，乘以六间的6，即分数除以6，得整数部分为30，又以3约除数得16，以3约余数得7。**因此相邻两衡的间距为$19833\frac{1}{3}$里，$\frac{1}{3}$里即100步。**这个数，以夏至、冬至的间距119000里，除以六间的6就可以得到。除数6与余数2里相约得$\frac{1}{3}$里。**要想知道相邻外侧衡的直径，只要把内侧衡的直径加上衡间距的2倍即可，**将衡间距加倍，加在内衡直径上，得到相邻的二衡直径。**将加倍的衡间距乘以2，加上内衡之径得三衡直径，**将加倍的衡间距再乘以2，加在内衡直径上，即得三衡直径。**其余衡周均可照此类推。**其余衡周均可如此计算。

内衡的直径是238000里，周长是714000里，划分为$365\frac{1}{4}$度，每度等于1954里$247\frac{933}{1461}$步。将一周天$365\frac{1}{4}$度通分，以其分子为除数，又以4乘以衡周长，作为被除数，相除最终得100步；余数分子乘以10，相除得10步；余数分子乘以10，相除得1步，余数用以除数作分母的真分数表示。一直到第七衡都如此求法。

第二衡的直径是277666里200步，周长是833000里。划分为365$\frac{1}{4}$度求每度的里数，等于2280里188$\frac{1332}{1461}$步。将一周天365$\frac{1}{4}$度通分，以其分子为除数，又以4乘以衡周长为被除数，相除得里数；余数用步数表示，最后余数用真分数表示。

第三衡的直径是317333里100步。周长是92000里。划分为365$\frac{1}{4}$度求每度的里数，等于2606里130$\frac{270}{1461}$步。将一周天365$\frac{1}{4}$度通分，以其分子为除数，又以4乘以衡周长为被除数，相除得里数；余数用步数表示，最后余数用真分数表示。

第四衡的直径是357000里，周长是1071000里。划分为365$\frac{1}{4}$度求每度的里数，等于2932里71$\frac{669}{1461}$步。将一周天365$\frac{1}{4}$度通分，以其分子为除数，又以4乘以衡周长为被除数，相除得里数；余数用步数表示，最后余数用真分数表示。

第五衡的直径是396666里200步，周长是1190000里。划分为365$\frac{1}{4}$度求每度的里数，等于3258里12$\frac{1068}{1461}$步。将一周天365$\frac{1}{4}$度通分，以其分子为除数，又以4乘以衡周长为被除数，相除得里数；余数用步数表示，最后余数用真分数表示。

第六衡的直径是436333里100步，周长是1309000里。划分为365$\frac{1}{4}$度求每度的里数，等于3583里254$\frac{6}{1461}$步。将一周天365$\frac{1}{4}$度通分，以其分子为除数，又以4乘以衡周长为被除数，相除得里数；余数用步数表示，最后余数用

□ 僧一行

僧一行（683—727），唐代天文学家、数学家。他最重要的成就是组织了一次大规模的天文大地测量，测量的内容是南北十二个北极点的高度，他用测量后的数据纠正了前人“南北地隔千里，影长差一寸”的说法，同时也为《大衍历》的编订奠定了基础，为后世历法研究提供了重要的依据。

真分数表示。

第七衡的直径是476000里，周长是1428000里。划分为365$\frac{1}{4}$度求每度的里数，等于3909里195$\frac{405}{1461}$步。将一周天365$\frac{1}{4}$度通分，以其分子为除数，又以4乘以衡周长为被除数，相除得里数；余数用步数表示，最后余数用真分数表示。**其次，冬至时太阳向北照射，超过外衡167000里，**十一月冬至，太阳在牵牛，运行在北方。因为在北方，所以说“超过北衡”。**直径是810000里，**日照范围加倍，与七衡直径相加。**周长是2430000里。**日照范围加倍再乘以3，与七衡周长相加。**划分为365$\frac{1}{4}$度，每度得6652里293$\frac{327}{1461}$步。超过此范围的地方，是未知世界。**超过810000里之外。**对此未知世界，有的人怀疑它可知，有的人怀疑它难知，唯有圣人可以凭先天的直觉知晓。**圣人的智慧无所不包，洞明而无所不见。《考灵曜》说“不靠占卜而揭示幽冥之数，明察事物”就是这个意思。

所以冬至表竿影长1丈3尺5寸，夏至表竿影长1尺6寸，冬至表竿影长，夏至表竿影短。表影变化，影差一寸地差千里。所以冬至与夏至之间太阳在南北方向的轨道上移动了119000里。光照四极的直径为810000里，周长为2430000里。求每度里数，等于6652里293$\frac{327}{1461}$步。这是每度的间隔。太阳在南北方向的轨道上移动，每天移动651里182$\frac{798}{1461}$步。

推算方法是：取半年太阳轨道的半径变化119000里为被除数，以半年

天数182 $\frac{5}{8}$ 为除数，也就是以从外衡到内衡的日数作为除数，以半年太阳轨道的半径为被除数，相除得一日运行的里程数。**化简通分**。所谓化简通分，就是将它变成以8为分母的假分数，原整数部分要乘以8。**得952000为被除数，**119000里乘以8。**所得1461为除数，作除法运算**。182乘以8再加5。**商的整数部分为里数。商的余数部分，乘以3，除以除数得100步**。一里300步，本该乘以300，而说乘以3，是因为不想改变除数，便以被除数的个位为百步，所以将商的个位称为百步。**商的余数乘以10，除以除数得10步**。上文中商的余数又不乘以300，所以这里乘以10，便以被除数的个位为十步，故而将商的个位称为十步。**商的余数乘以10，除以除数得步数**。又乘以10，只是以被除数的个位为一步，所以将商的个位称为一步。**商的余数部分，表示为以除数为分母的分数**。个位到一步为止，所以表示以除数为分母的分数，其余数不足一步。

赵爽附录（三）：七衡图

【原文】

青图画[1]者，天地合际，人目所远者也。天至高，地至卑，非合也，人目极观而天地合也。日入青图画内，谓之日出；出青图画外，谓之日入。青图画之内外皆天地也，北辰[2]正居天之中央。人所谓东西南北者，非有常处，各以日出之处为东，日中为南，日入为西，日没为北。北辰之下，六月见日，六月不见日。从春分至秋分，六月常见日；从秋分至春分，六月常不见日。见日为昼，不见日为夜。所谓一岁者，即北辰之下一昼一夜。

黄图画[3]者，黄道[4]也，二十八宿列焉，日月星辰躔[5]焉。使青图在上不动，贯其极而转之，即交矣。[6]我之所在，北辰之南，非天地之中也。我之

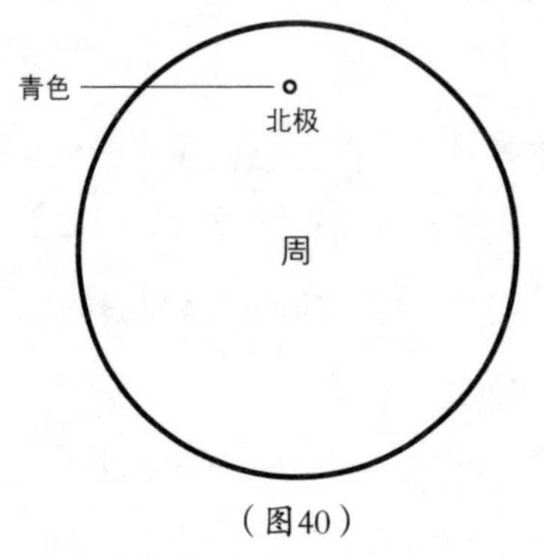

（图40）

卯酉[7]，非天地之卯酉。内第一，夏至日道也。中第四，春秋分日道也。外第七，冬至日道也。皆随黄道。日冬至在牵牛，春分在娄，夏至在东井，秋分在角。冬至从南而北，夏至从北而南，终而复始也。

【注释】

〔1〕青图画：七衡图由青图画和黄图画两幅图组成。青图画着青色，是一个圆，圆心为观测者，半径为光照半径167000里。参见图40（根据底本七衡图改绘）。

〔2〕北辰：北极。

〔3〕黄图画：黄图画以北天极为圆心，画有七条等间距的圆，称为七衡，分别表示太阳在12个中气日的运行轨道。参见图41（根据底本七衡图改绘）。

〔4〕黄道：人在地球上看到太阳周年视运动的轨迹。黄道与七衡的交点就是各中气日太阳在黄图画中的位置。《汉书·天文志》：“日有中道，月有九行。中道者，黄道，一曰光道。”宋·沈括《梦溪笔谈·象数二》：“日之所由，谓之黄道。”

〔5〕躔（chán）：日月星辰在黄道上运行的位次和度数。

〔6〕使青图在上不动……即交矣：将青图画置于黄图画之上，以同一个轴贯穿青图画的北天极和黄图画圆心，青图画不动，按顺时针方向转动黄图画。黄道上的太阳与青图画中以观测者为圆心的圆圈相交。

〔7〕卯酉：指东西方向。

【译文】

青图画，就是天与地相合之际，也就是人的肉眼所能看到最远的地方。天非常高，地非常低，实际上是不能相合的，而人们看到尽头就以为天地相合。太阳进入青图画内，叫作日出；太阳出于青图画外，叫作日入。青图画的内外都是天地的一部分，北极正好位于天的中央。人们所说的东西南北，并不是固定不变的，而是各以日出之处为东，日中为南，日入为西，日落为北。北极之下，六个月能看见太阳，六个月看不见太阳。从春分到秋分，六个月一直可以看见太阳；从秋分至春分，六个月一直看不见太阳。看见太阳为昼，看不见太阳为夜。我们所说的“一年”，指的就是北极之下一昼一夜。

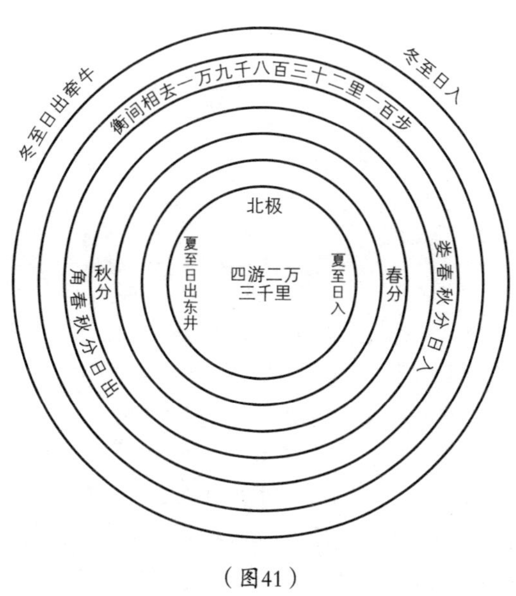

（图41）

黄图画就是黄道的图画，上面分布着二十八宿和日月星辰。使用时，让青图画在上面不动，黄图画在下面，让一根轴线贯穿北极并旋转，就得到各种交会以揭示天象。我们所在的地方，在北极之南，不是天地的中央。我们的东西方向，也不是天地的东西方向。图内的第一衡是夏至太阳轨道，中间的第四衡是春秋分太阳轨道，外面的第七衡是冬至太阳轨道，都从黄道而来。冬至时太阳在牵牛，春分时在娄，夏至时在东井，秋分时在角。冬至起太阳从南向北运动，夏至起太阳从北向南运动，就这样周而复始。

Juan　Xia
卷　下

盖天模型

本章分为“盖天天地模型”和“北极璇玑结构”两节。

盖天说作为中国古代著名的宇宙学说，存在几种对宇宙模型不同的解释，本章介绍了其中一种。第一节提出了“天象盖笠，地法覆槃”的概念，第二节则主要围绕“璇玑”进行论述。《周髀算经》中盖天天地模型为何种形状？要回答这个问题，“璇玑”的概念是关键。“璇玑”是北极星运转而形成的天地之间的实体，它高达6万里，直径2.3万里，圆周范围内“阳绝阴彰，不生万物”。因此，《周髀算经》中所述的盖天宇宙模型应是：天与地平行，在北极下方大地有一上尖下粗的“璇玑”。

盖天天地模型[1]

【原文】

凡日月运行，四极[2]**之道。**运，周也。极，至也，谓外衡也。日月周行四方，至外衡而还[3]，故曰四极也。**极下者，其地高人所居六万里**[4]**，滂沲四隤而下**[5]。游北极，从外衡至极下，乃高六万里，而言人所居，盖复尽外衡。滂沲四隤而下，如覆槃也。**天之中央亦高四旁六万里。**四旁犹四极也，随地穹隆而高，如盖笠。**故日光外所照径八十一万里，周二百四十三万里。**日至外衡而还，出其光十六万七千里，故云照。**故日运行处极北，北方日中，南方夜半；日在极东，东方日中，西方夜半；日在极南，南方日中，北方夜半；日在极西，西方日中，东方夜半。凡此四方者，天地四极四和**[6]。四和者，谓之极。子午卯酉得，东西南北之中，天地之所合，四时之所交，风雨之所会，阴阳之所和；然则百物阜安，草木蕃庶，故曰四和。**昼夜易处，**南方为昼，北方为夜。**加时相反**[7]**，**南方日中，北方夜半。**然其阴阳所终，冬夏所极，皆若一也。**阴阳之数齐，冬夏之节同，寒暑之气均，长

□ 盖天说示意图

盖天说是中国古代的一种宇宙学说。起初主张天圆像张开的伞，地方像棋盘；后来改为天像一个斗笠，地像覆着的盘。天在上，地在下；日月星辰随天盖而运动，其东升西没是由于远近所致，不是没入地下。

短之晷等。周回无差，运变不二。[8]

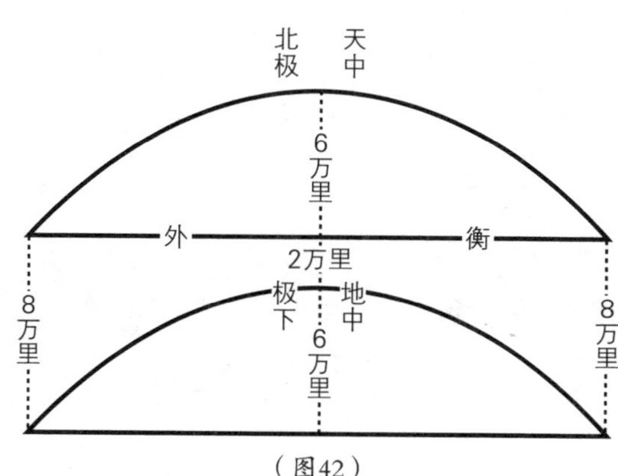

（图42）

【注释】

〔1〕盖天天地模型：盖天说的天地模型经历了从“天圆如张盖，地方如棋局”到“天象盖笠，地法覆槃”的演变过程，本节主要叙述盖天学派的天地模型。

〔2〕四极：古代天文名词，其含义应结合上下文含义来理解，此处指太阳周行四方（视）所达的最远点，即日道上东南西北四个极点。

〔3〕日月周行四方，至外衡而还：据七衡图模型，太阳和月亮在圆形轨道上由内而外地环行，越向外迁移，轨道半径就越大，运行到最大极限外衡折返，轨道半径就越来越小。

〔4〕极下者，其地高人所居六万里：北极下方地势很高，比人居住的地方高出六万里。可参见图42（根据恰特莱提出的同心曲面天地模型示意图改绘）。

〔5〕滂沲四隤而下：形容有大水倾泻而下。沲，同“沱”，雨下得很大的样子。晋·左思《蜀都赋》：“虽星毕之滂沲，尚未齐其膏液。”唐·欧阳行周《益昌行》：“期当作说霖，天下同滂沲。”

〔6〕四极四和：东南西北四方的极限之处。

〔7〕加时相反：正午与夜半南、北相反。加时，时刻。

〔8〕阴阳之数齐……运变不二：阴阳之数的变化齐同，冬夏的时节长短相同，寒暑的节气均衡，晷影的长短变化相当。如此循环往复，运转不息。阴

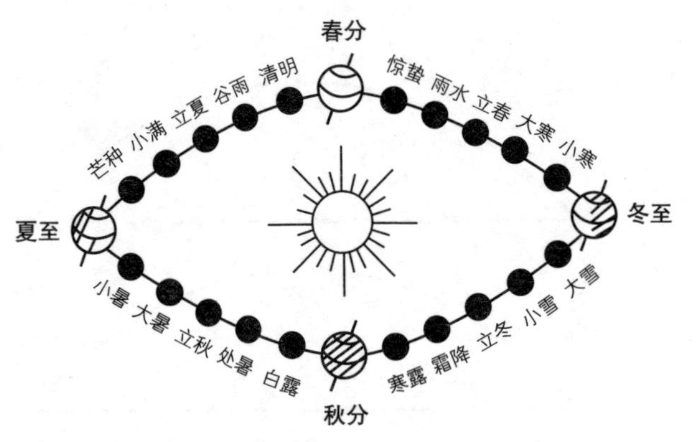

□ **节气黄道图**

从一个节气，经过中气，到下一个节气，被视为一个“节月”。由于地球不是按正圆而是按椭圆形轨道绕太阳运行，所以运行的速度有快有慢。在小寒附近速度快，“节月”就短；而小暑前后速度最慢，故“节月”最长。

阳之数是根据四时、节气、方位、星象来讲人事吉凶的数术。阴数，偶数。阳数，奇数。

【译文】

太阳和月亮在四方所能达到的极限之内运行。运，圆周运动。极，尽头，也就是指外衡。太阳和月亮在四方极限之内做圆周运动，到外衡而折返，所以叫四极。**北极下方地势很高，比人居住的地方高出6万里，四周有大水急流而下。**北极天中运行时对应的极下，比从外衡到极下人所居住的地方高出6万里，从北极下方直到外衡为止。大水向四周倾泻而下，像覆盖的盘子。**天的中央亦高出四周6万里。**四旁就是四极，天地之间中间隆起，四周下垂，如盖着的斗笠。**所以阳光向外照射的最大直径是81万里，周长是243万里。太阳运行到外衡然后折返，光照范围达16.7万里，光照直径就是由此得到的。所以太阳运行到极北时，北方正当中午，南方正当半夜；太阳运行到极东时，东方正当中午，西方正当半夜；太阳运行到极南时，南方正当中午，北方正当半夜；太阳运行到极西时，西方正当中午，东方正当半夜。太阳运行到四方所发生的现象，表明天地间东西南北，四方和谐。**四和就是极致的意思。也就是子、午、卯、酉之时，东、西、南、北各方，天地相合，四时更替，风雨交会，阴阳和谐；如此则万物富足，草木繁茂，所以叫四和。**昼夜太阳出现在相反的**

地方，南方是白天的时候，北方是黑夜。正午与夜半时分，南、北相反，南方是正午的时候，北方是半夜。**然而阴阳之数互补、变化的程度，冬夏之日月运行，也都遵循同一规律。**阴阳之数的变化齐同，冬夏的时节长短相同，寒暑的节气均衡，晷影的长短变化相当。如此循环往复，运转不息。

【原文】

天象盖笠，地法覆槃。〔1〕见乃谓之象，形乃谓之法。〔2〕在上故准盖，在下故拟槃。象法义同，盖槃形等。互文异器，以别尊卑；仰象俯法，名号殊矣。**天离地八万里，**然其隆高相从，其相去八万里。**冬至之日虽在外衡，常出极下地上二万里。**〔3〕天地隆高，高于外衡六万里。冬至之日虽在外衡，其想望为平地〔4〕，直常出于北极下地上二万里。言日月不相障蔽，故能扬光于昼，纳明于夜。**故：日兆月**〔5〕**，**日者阳之精，譬犹火光；月者阴之精，譬犹水光。月含影，故月光生于日之所照，魄〔6〕生千日之所蔽。当日即光盈，就日即明尽。月禀日光而成形兆，故云日兆月也。**月光乃出，故成明月，**待日然后能舒其光，以成其明。**星辰乃得行列**〔7〕。《灵宪》曰："众星被曜，因水转光〔8〕。"**故能成其行列。是故秋分以往到冬至，三光**〔9〕**之精微，以成其道远**〔10〕**，**日从中衡往至外衡，其径日远。以其相远，故光微。不言从冬至到春分者，俱在中衡之外，其同可知。**此天地阴阳之性，自然也。**自然如此，故曰性也。

【注释】

〔1〕天象盖笠，地法覆槃：天空好像盖着的斗笠，大地好像倒扣的盘子。象：假借为"像"，类似。《周易·系辞》："又，象也者，像此者也。"《周易略例》："象者，各辨一爻之义者也。"《左传·僖公十五年》："物生而后有象。"法，效法。《孟子·公孙丑上》："则文王不足法与。"《韩非子·五蠹》："不期修古，不法常可。"《吕氏春秋·察今》："法其所以为

法。”唐·韩愈《答李翊书》：“垂诸文而为后世法。”

〔2〕见乃谓之象，形乃谓之法：仰观天空可观天象，俯视地形可察地法。形，使之现形，显露，显示。《广雅》：“形，见也。”

〔3〕天离地八万里……常出极下地上二万里：天距离地面八万里，冬至时太阳虽然在外衡上运动，依然比北极下方之地高出二万里。离：距离，相距。

〔4〕冬至之日虽在外衡，其想望为平地：冬至之时太阳虽远在外衡，但可想象它在平面上运行。

〔5〕日兆月：太阳照耀月亮，使月亮显现。兆：显现。从这句话可以看出，古人已经意识到月光变化的根源在太阳。

〔6〕魄：月光始生或将灭时微弱的光。

〔7〕星辰乃得行列：星辰因反射太阳光而显示其坐标位置。行列，纵横排列，引申为空间坐标位置。

〔8〕因水转光：靠水反射太阳光。转，掉转，转向，这里指使光线反射。

〔9〕三光：日、月、星的总称。

〔10〕以成其道远：“以其道远成”，因太阳的运行轨道远离而形成。

【译文】

天空好像盖着的斗笠，大地好像倒扣的盘子。仰观天空可观天象，俯视地形可察地法。天在上所以用盖比喻，地在下所以用盘比拟。象与法的意思相同，盖与盘形状类似。用互文表示不同器物，以区别天高地低；向上仰观天象，向下俯察地法，说法不同而已。**天距离地面8万里，**然而它们隆起的高度相同，其间距8万里。**即使冬至时太阳在外衡上运行，依然比北极下方之地高出2万里。**天地高高隆起，北极高于外衡6万里。冬至之时太阳虽远在外衡，但可想象它在平面上运行，太阳依然高于北极下方之地2万里。说日月不相互遮蔽，意思是白天阳光普照，夜晚月亮反射阳光而明亮。**所以说太阳照耀月亮，**太阳是阳气的精华，譬如火光；月亮是阴气的精华，譬如水光。月亮含有光影，所以月光来源于日光的照耀，日光被遮蔽之处月亮呈现微光。迎着太阳时月光就充盈，背着太阳时月光就黯淡。月亮承载日光而成月明之象，所以说太阳照耀月亮。**映出月光，才成了明月的形象，**等太阳照耀后舒展其光华，形成明月之象。星辰因映射日光才显示其位置。《灵宪》说："众星被照耀，如水般反射光。"所以（众星的）坐标位置得以确认。**因此秋分以后到冬至，日、月、星辰的光芒逐渐衰微，这是太阳轨道半径越来越大、距离越来越远的缘故。**太阳从中衡往外衡运动，其距离随轨道半径的增大而日益遥远。因为相距变远，所以光线越来越微弱。不提从冬至到春分的过程，因为都在中衡与外衡之间，其情形相同可以推知。**这是天地阴阳的本性，自然就是这样。**如其固有的样子，所以称为本性。

北极璇玑〔1〕结构

【原文】

欲知北极枢〔2〕璇周四极〔3〕，极中不动，璇，玑也。言北极璇玑周旋四至。极，至也。**常以夏至夜半时北极南游所极，**游在枢南之所至。**冬至夜半时北游所极，**游在枢北之所至。**冬至日加酉之时西游所极，**游在枢西之所至。**日加卯之时东游所极，**游在枢东之所至。**此北极璇玑四游。**北极游常近冬至，而言夏至夜半者，极见，冬至夜半极不见也。**正北极枢璇玑之中，正北天之中，正极之所游。**极处璇玑之中，天心之正，故曰璇玑也。

【注释】

〔1〕璇玑：在盖天模型中北极星围绕北天极中心视运动所形成的轨道。

〔2〕北极枢：北极星视圆周移动的假想轴，轴位于北极天中。枢，泛指转轴。

〔3〕璇周四极：北极星绕北极枢旋转周游四方所达到的边界范围。

【译文】

欲知北极星绕北极中心做圆周运动所至四个方向的极限范围， 北极枢作为北极的中心是不动的。璇，璇玑，指北极星在天穹所做圆周运动的四方边界。极，边界。**通常以夏至夜半时分北极星运行的最南端，** 运行到北极中心的南方边界。**冬至夜半时分北极星运行的最北端，** 运行到北极中心的北方边界。**冬至酉时北极星运行的最西端，** 运行到北极中心的西方边界。**冬至卯时北极星运行的最东端，** 运行到北极中心的东方边界。**来确定北极星绕北极中心运行的四方边界。** 北极星运转的边界通常在临近冬至时测量，因为夏至夜半时，北极星可见，冬至夜半时，北极星不可见。**一旦北极星的旋转中心确定下来，北天的中心位置就确定了，北极运行的边界范围也就确定了。** 北天极位于北极星运转的中心，正当天心之处，所以称为璇玑。

【原文】

冬至日加酉之时，立八尺表，以绳系表颠〔1〕**，希望**〔2〕**北极中大星**〔3〕**，引绳致地而识之**〔4〕。颠，首。希，仰。致，至也。识之者，所望大星、表首及绳至地，参相直而识之也。**又到旦明，日加卯之时，复引绳希望之，首及绳致地而识。其两端相去二尺三寸，** 日加卯、酉之时，望至地之相去也。**故东西极二万三千里。**〔5〕影寸千里，故为东西所致之里数也。**其两端相去正东西，** 以绳至地所识两端相直，为东西之正也。**中折之**〔6〕**以指表，正南北。** 所识两端之中与表，为南北之正。**加此时者**〔7〕**，皆以漏**〔8〕**揆度**〔9〕**之。此东西之时。** 冬至日加卯、酉者，北极之正东、西，日不见矣。以漏度之者，一日一夜百刻。从夜半至日中，从日中至夜半，无冬夏，常各五十刻。中分之得二十五刻，加极卯酉之时。揆亦度也。**其绳致地，所识去表丈三寸，故天之中去周十万三千里。**北极东西之时，与天中齐，故以所望表勾为天中去周之里数。**何以知其南北极之时？以冬至夜半北游所极也，北过天中万一千五百里；以夏至南游所极，不及天中万一千五百里。此皆以绳系表颠而希望之。北极至地所识丈一尺四寸半，故去周十一万四千五百里，过天中万一千五百里，其南极至地所识九尺一寸半，故去周九万一千五百里，不及天中万一千五百里。**[10]**此璇玑四极南北过不及之法。东西南北之正勾。**以表为股，以影为勾。影言正勾者，四方之影皆正而定也。[11]

其术曰：立正勾定之[12]。正四方之法也。**以日始出，立表而识其晷。日入复识其晷。晷之两端相直者，正东西也。中折之指表者，正南北也。**

周去极十万三千里，日去人十六万七千里，夏至去周一万六千里。夏至日道径二十三万八千里，周七十一万四千里。春秋分日道径三十五万七千里，周百七万一千里。冬至日道径四十七万六千里，周百四十二万八千里。日光四极八十一万里，周二百四十三万里，从周南三十万二千里[13]。

【注释】

〔1〕表颠：表竿顶端。颠，泛指物体的顶部。

〔2〕希望：仰望。希，仰。

〔3〕北极中大星：北极星。

〔4〕引绳致地而识之：从表竿顶端引绳子到地面，使北极星、表竿顶端以及绳子着地点三点成一线，在绳子着地点作出标记。这本是陈子测北极到周的水平距离的方法，在此用来测算北极星绕北极枢环行的范围。

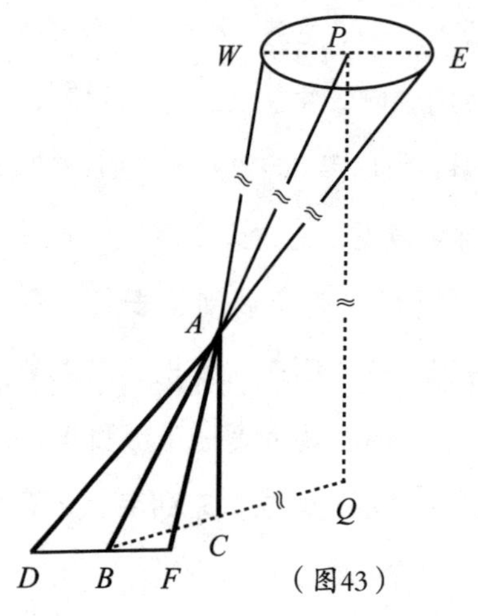

（图43）

〔5〕冬至日加酉之时……故东西极二万三千里：如图43，西游所极为点W，东游所极为点E，八尺之表为AC，其两端相去为DF（2尺3寸），其绳致地所识去表为BC（1丈3寸），天球北极为点P，北极正下处为点Q。

由“一寸千里”的比例，则可从$BC=10.3$丈推知 $BQ=103000$里。即周地到北极下地的距离。又因为$\triangle ADF \backsim \triangle AEW$，所以$WE$与$DF$是对应边，仍用“一寸千里”的比例，则有

$$\frac{EW}{DF}=\frac{1000\text{里}}{1\text{寸}}$$

所以

$$WE=\frac{1000\text{里}}{1\text{寸}}\times 23\text{寸}=23000\text{里}$$

〔6〕中折之：取中点。

〔7〕加此时者：这里指酉时和卯时。

〔8〕漏：漏壶，刻漏。古代滴水计时的仪器。《说文》：“漏，以铜受水，刻节。”《〈华严经音义〉下引文字集略》：“漏刻，谓以筒受水，刻节，昼夜百刻也。”

〔9〕揆（kuí）度：揣度，估量。汉・东方朔《非有先生论》：“图画安危，揆度得失。”

〔10〕何以知其南北极之时……不及天中万一千五百里：如图44，冬至夜半北游所极为点N，夏至夜半南游所极为点S，北天极至地所识为GC（1丈1尺4寸半），其南天极至地所识为HC（9尺1寸半）。

〔11〕影言正勾者，四方之影皆正而定也：称表影为正勾，是因为测定北极星在四方运行的表竿影长都是从正四方的位置得来。正，决定，考定。五代后晋·刘昫等《旧唐书》："以土圭正日景。"

〔12〕立正勾定之：竖立表竿以正勾之法测定日影。

〔13〕从周南三十万二千里：从周地向南到太阳光照极南点的距离是302000里。

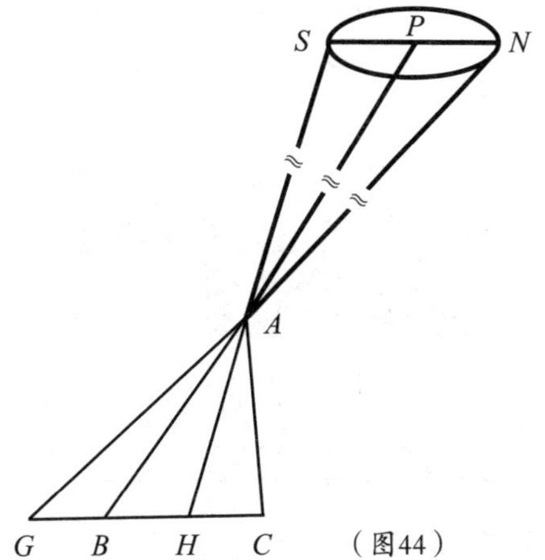

（图44）

【译文】

冬至日的酉时，立高8尺的表竿，用绳子系住表竿顶端，仰望观测北极星，从表竿顶端将绳子拉至地面，过程中保持北极星与表竿顶端成一直线，然后标记绳子着地点的位置。颠，顶端。希，仰视。致，到达。标记的方法是，将北极星与表竿顶端的连线通过绳子延伸至地面，相互参照准直以标记绳子着地点。**等到第二天早晨卯时，又牵引绳子仰望观测，将北极星与表竿顶端的连线通过绳子延伸至地面，并进行标记。两次测得的着地点相距2尺3寸，**在卯、酉之时，测出着地点之间的距离。**所以北极星运行到极东与极西点相距23000里。**影差一寸，距离差千里，所以这是极东、极西点之间的里程数。**两着地点的连线在正东西方向，**所标记的两个绳子着地点相连成的直线，是正东西方向的。**平分此连线，中点与表竿的连线在正南北方向。**所标记的东西连线两端的中点与表的连线，为正南北方向。**这里提到的卯时和酉时，都是用刻漏测量的。这些时刻处于北极星在东西方运行的时间段内，**冬至日的卯

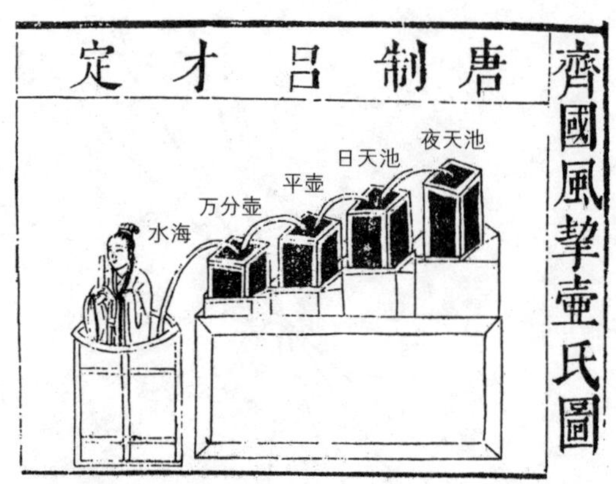

□ 四级浮箭漏

中国古代常用漏壶计时。西汉漏壶一般都是单壶泄水型沉箭漏，但已渐向二级浮箭漏发展。4世纪时出现了三级浮箭漏，到唐代就很快发展为四级浮箭漏。宋·杨甲的《六经图》初次给人们留下了四级浮箭漏的构造图。它由唐代初年任太常博士的吕才所创。

时、酉时，北极星在正东、正西方向，看不见太阳。以刻漏度量，一日一夜共一百刻。从夜半到正午，从正午到夜半，无论冬夏，总是各五十刻。平分得二十五刻，由此测得北极星在东西方向运行的时刻。揆，就是度量。**测绳子着地点的标记，距离表竿1丈3寸，所以天的中心距离周地103000里。**北极星在东西方向运行的时候，到天中心的距离是相同的，因此根据测得的表竿影长得到天中心距离周地的里数。**怎么知道北极星在南北方向运行时的情形呢？北极星从冬至半夜向北运行所至的极限，向北超过天中心11500里；从夏至向南运行所至的极限，向南超过天中心11500里。这些数据都可以用绳子系在表竿顶端而后仰望观测得到。北极星运行至极北点时，绳子着地点距表竿1丈1尺4.5寸，所以北极星运行至极北点时距离周地的水平距离为114500里，超过天中心的水平距离11500里；北极星运行至极南点时绳子着地点距表竿9尺1寸半，所以北极星距离周地的水平距离为91500里，它在天中心以南，距离天中心11500里。这是北极星在四方运行时距离天中心的测算法。上述测定北极星在四方运转的方法都涉及到测定正勾。**以表竿高度为股，以影长为勾。称表影为正勾，是因为测定北极星在四方运行的表竿影长都是从正四方的位置得来。

测定东西南北的方法：立表竿得正勾来测定。测定正东、正西、正南、正北四方的方法。在日出时，竖立表竿，标记其晷影。在日落时，再标记其晷影。连接此晷影两端的直线，代表正东西方向。平分此连线，从中点到表竿的连线，代表正南北方向。

周地距离北极下方103000里，太阳光距离人至多167000里，夏至时太阳距离周地的水平距离16000里。夏至太阳轨道的直径为238000里，周长为714000里。春、秋分太阳轨道的直径为357000里，周长为1071000里。冬至太阳轨道的直径为476000里，周长为1428000里。太阳光照四方的直径为810000里，周长为2430000里，从周地向南到太阳光照的极南点是302000里。

【原文】

璇玑径二万三千里，周六万九千里。此阳绝阴彰〔1〕**，故不生万物。**春、秋分谓之阴阳之中，而日光所照适至璇玑之径，为阳绝阴彰，故万物不复生也。**极下不生万物，何以知之？**以何法知之也。**冬至之日去夏至十一万九千里，万物尽死。夏至之日去北极十一万九千里，是以知极下不生万物。北极左右，夏有不释**〔2〕**之冰。**水冻不解，是以推之，夏至之日外衡之下为冬矣，万物当死。此日远近为冬夏，非阴阳之气。爽或疑焉。**春分、秋分，日在中衡。春分以往日益北，五万九千五百里而夏至；秋分以往日益南，五万九千五百里而冬至。**并冬至、夏至相去十一万九千里。冬至以往日益北近中衡，夏至以往日益南近中衡。**中衡去周七万五千五百里，影七尺五寸五分。中衡左右，冬有不死之草，夏长之类**〔3〕。此欲以内衡之外，外衡之内，常为夏也。然其修广，爽未之前闻。〔4〕**此阳彰阴微，故万物不死，五谷一岁再熟。**近日阳多，农再熟。**凡北极之左右，物有朝生暮获**〔5〕**冬生之类**〔6〕。獲疑作穫。〔7〕谓葶苈荠麦，冬生之类。北极之下，从春分至秋分为昼，从秋分至春分为夜。物有朝生暮获者，亦有春刍而秋熟。然其所育，皆是周地冬生之类，荏麦之属。言左右者，不在璇玑二万三千里之内也。此阳微阴彰，故无夏长之类。

【注释】

〔1〕阳绝阴彰：阳气断绝，阴气昭彰。绝：引申为断绝。彰：明显，彰盛。

〔2〕释：融化。《老子》：“涣兮其若冰之将释。”

〔3〕夏长之类：适宜夏天生长的类型。

〔4〕然其修广，爽未之前闻：然而其大小范围，我赵爽以前从未听说过。

〔5〕朝生暮获：农作物在一天的早晨开始生长，到傍晚就可收获。因为北极附近的地区有极昼极夜现象，一年中只有一次昼夜交替，因此说农作物“朝生暮获”。

〔6〕冬生之类：适宜寒冬生长的类型。

〔7〕獲疑作穫：赵爽认为原文中“獲”可能是“穫”，现简体字均为“获”。

【译文】

璇玑的直径是23000里，周长是69000里。此处阳气断绝，阴气昭彰，所以万物不能生长。春、秋分是阴阳适中之时，太阳光照范围只能到璇玑轨道，此处阳气断绝，阴气昭彰，所以万物不能生长。**怎么知道北极下方之地万物不能生长呢？**用什么方法知道的。**冬至的太阳距离夏至的太阳119000里，冬至时万物都衰亡了。夏至的太阳距离北极119000里，由此推知北极下方之地万物不能生长。北极附近，夏天有未融化的冰。**冰冻而不融，由此得出，夏至的时候外衡下方之地为冬天，万物应当死亡。这是根据太阳的远近定冬夏，而不是用阴阳之气解释。对此，赵爽我表示怀疑。**春分、秋分的时候，**

太阳在中衡。春分以后太阳轨道日益北移，历经59500里而到夏至轨道；秋分以后太阳轨道日益南移，历经59500里而到冬至轨道。冬至、夏至轨道相隔119000里。冬至以后太阳日益向北靠近中衡，夏至以后太阳日益向南靠近中衡。**中衡下方距离周地75500里，**影长差为7尺5寸5分。**中衡下方附近，冬天有不死之草，这是适宜夏天生长的品类。**这需要在内衡之外，外衡之内，存在长年处于夏季的地方。然而其大小范围，我以前从未听闻。**此地区阳气繁盛而阴气衰微，所以万物不死，五谷在一年中可以成熟两次。**靠近太阳的地方阳气多，农作物一年成熟两次。**北极周边的地区，农作物“早晨”开始生长，“傍晚”就可收获，这是适宜寒冬生长的品类。**“獲”字貌似应写作“穫”。葶苈、荠麦是适宜寒冬生长的品类。北极下方，从春分到秋分为白昼，从秋分到春分为黑夜。农作物“早晨”开始生长，“傍晚”就可收获，亦有春天耕耘而秋天成熟。然而那里所生长培育的，都是周地适宜寒冬生长的品种，如荠麦之类。这里说到的北极左右的地区，不包括璇玑23000里之内的部分。这里阳气衰微，阴气昭彰，所以没有适宜夏天生长的品类。

天体测量

本章分为“二十八宿”、“二十四节气”、“赵爽附录（四）”以及“李淳风附注（二）”四节。

第一节介绍了如何用周天历度之法，并结合表竿和绳子测量相关数据确定二十八宿的度数。第二节记录了二十四节气中每一节气的晷影长度。第三节提出旧晷影算法的不合理之处以及赵爽使用新术的原因。第四节中，李淳风指出了前文及赵爽的注在求二十四节气晷影长度时，所用方法的不通之处。

二十八宿

【原文】

立[1]**二十八宿**[2]**，以周天历度之法**[3]。以，用也。列二十八宿之度用周天。术曰：倍正南方[4]，倍犹背也。正南方者，二极之正南北也。**以正勾定之**[5]。正勾之法，日出入识其晷，晷两端相直者正东西，中折之以指表正南北。**即平地径二十一步**[6]**，周六十三步。令其平矩以水正**[7]**，**如定水之平，故曰平矩以水正也。**则位径一百二十一尺七寸五分，因而三之，为三百六十五尺四分尺之一，**径一百二十一尺七寸五分，周三百六十五尺二寸五分者，四分之一。而或言一百二十尺，举其全数。**以应周天三百六十五度四分度之一。审定分之，无令有纤微**。所分平地，周一尺为一度，二寸五分为四分度之一。其令审定，不欲使有细小之差也。纤微，细分也。**分度以定则正督经纬**[8]**，而四分之一，合各九十一度十六分度之五，**南北为经，东西为纬。督亦通正。周天四分之一，又以四乘分母以法除之。**于是圆定而正**。分所圆为天度，又四分之，皆定而正。**则立表**[9]**正南北之中央，以绳系颠，希望牵牛**[10]**中央星**[11]**之中**[12]。引绳至经纬之交以望之，星与表绳参相直也。**则复候须女之星**[13]**先至**[14]**者，**复候须女中，则当以绳望之。**如复以表绳希望须女先至。定中**[15]，须女之先至者，又复如上引绳至经纬之交以望之。**即以一游仪**[16]**，希望牵牛中央星出中正表西几何度**。游仪，亦表也。游仪移望星为正，知星出中正之表西几何度，故曰游仪。**各如游仪所至之尺为度数，**所游分圆周一尺应天一度，故以游仪所至尺数为度。**游在于八尺之上，故知牵牛八度**[17]。须女中而望牵牛，游在八尺之上，故牵牛为八度。**其次星放此，以尽二十八宿，度则定矣**。皆如此上法定。

【注释】

□ 二十八宿衣箱

春秋战国时代，以“天命观”为核心的天文思想发生动摇，人们突破了仅注重人事天神的范畴，开始关心宇宙万物，探究自然，形成了朴素自然观，天文学体系由此初步建立。图为1978年在曾侯乙墓出土的二十八宿衣箱，它是迄今发现年代最早的绘有北斗、二十八宿全部名称以及四象的天文研究实物资料，证实了至少在战国初期，中国已经建立了完整的二十八宿体系。

〔1〕立：设置、设立。贾谊《过秦论》：“商君佐之，内立法度。”

〔2〕二十八宿：二十八宿是黄道附近二十八组星象的总称。上古时代人们根据日月星辰的运行轨迹和位置，把黄道附近的星象划分为二十八组，俗称“二十八宿”。古人选择黄道赤道附近的二十八个组星象作为坐标，以此作为观测天象的参照物。因为它们环列在日、月、五星的四方，很像日、月、五星栖宿的场所，所以称作“宿”。二十八宿分为东南西北四方各分为七宿，即为“四象”：东方苍龙，南方朱雀，西方白虎，北方玄武。东方苍龙七宿：角、亢、氐、房、心、尾、箕。西方白虎七宿：奎、娄、胃、昴、毕、觜、参。南方朱雀七宿：井、鬼、柳、星、张、翼、轸。北方玄武七宿：斗、牛、女、虚、危、室、壁。二十八宿是中国古代天文家的重要创作。距星：又作“距度星”，用以推算其他星宿度数的当度星辰。宋·沈括《梦溪笔谈·象数一》：“天事本无度，推历者无以寓其数，乃以日所行分天为三百六十五度有奇。既分之，必有物记之，然后可窥而数。于是以当度之星记之，循黄道日之所行一期（jī），当者止二十八宿星而已。今所谓距度星者是也。”下表是二十八宿示意图及与之对应的西方星座，根据竺可桢《二十八宿起源之时代与地点》改制。

二十八宿示意图及与之对应的西方星座名

	宿名	星组示意图（空心圆为距星）	对应的西方星座名（括号内为星等）
1	角		α 室女座（1.2）
2	亢		κ 室女座（4.3）
3	氐	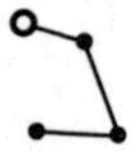	$α^2$ 天秤座（2.9）
4	房		π 天蝎座（3.0）
5	心		σ 天蝎座（3.1）
6	尾		$μ^1$ 天蝎座（3.1）
7	箕		γ 人马座（3.1）
8	斗		φ 人马座（3.3）
9	牛		β 摩羯座（3.3）
10	女		ε 宝瓶座（3.6）
11	虚		β 宝瓶座（3.1）

二十八宿示意图及与之对应的西方星座名

（续表）

	宿名	星组示意图（空心圆为距星）	对应的西方星座名（括号内为星等）
12	危		α 宝瓶座（3.2）
13	室		α 飞马座（2.6）
14	壁		γ 飞马座（2.9）
15	奎		η 仙女座（4.2）
16	娄		β 白羊座（2.7）
17	胃		41 β 白羊座（3.7）
18	昴		η 金牛座（3.0）
19	毕		ε 金牛座（3.6）
20	觜		γ^1 猎户座（3.4）
21	参	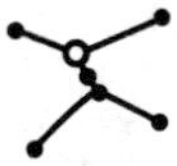	ς 猎户座（1.9）
22	井		μ 双子座（3.2）

二十八宿示意图及与之对应的西方星座名

（续表）

	宿名	星组示意图（空心圆为距星）	对应的西方星座名（括号内为星等）
23	鬼		θ 巨蟹座（5.8）
24	柳		δ 长蛇座（4.2）
25	星		α 长蛇座（2.1）
26	张		μ 长蛇座（3.9）
27	翼		α 巨爵座（4.2）
28	轸		γ 乌鸦座（2.4）

〔3〕以周天历度之法：根据一周天365 $\frac{1}{4}$ 度确定二十八宿的度数的方法。

〔4〕倍正南方：背向正南方，即正北方。《说文》：“倍，反也。”《史记·淮阴侯列传》：“兵法右倍山陵，前左水泽。”

〔5〕以正勾定之：用正勾之法确定。前文中已经介绍了这个方法：“以日始出，立表而识其晷。日入复识其晷。晷之两端相直者，正东西也。中折之指表者，正南北也。”

〔6〕步：长度单位，秦代以六尺为一步。《史记·秦始皇本纪》：“舆六尺，六尺为步。”《荀子·劝学》：“骐骥一跃，不能十步。”

〔7〕平矩以水正：利用平矩法确定地面水平。

〔8〕正督经纬：确认东西、南北方向的纬线、经线是否恰好将大圆四等分。经纬，经线、纬线或经度、纬度的合称，在这里指东西、南北方向的纵横十字线。督，督查。

〔9〕表：晷表。立在地面大圆圆心的表竿，也称“中正表”。

〔10〕牵牛：牛宿，二十八宿之一，北方玄武第二宿，属金，有星六颗，因其星群组合如牛角而得名。古代中国天文星相家观天象，以紫微垣星象测帝王家事，以斗、牛两宿星象察民间事。《宋史·天文志三》：“牛宿六星，天之关梁，主牺牲事。”郑文光、席泽宗《中国历史上的宇宙理论》第四章：“牵牛即牛宿……每年八九月黄昏时经过中天，而毕宿和昴宿要到二月才于黄昏时经过中天。两组恒星恰好处于遥遥相对的位置。”

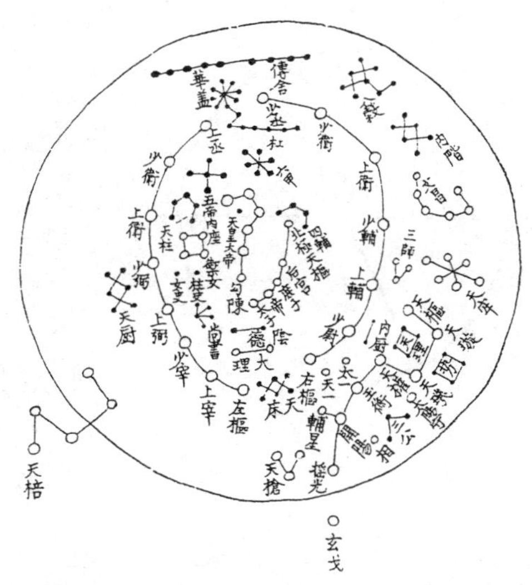

□ **紫微垣星图　明　顾锡畴**

紫微垣是传说中天帝的居所。图为明代顾锡畴所作《天文图》中的紫微垣星图，两段圆弧形的宫墙将紫微垣分为内、外两个区域。垣墙的主体由枢、宰、尉、辅、弼、卫，衣等“官吏”构成，负责保卫禁宫安全及处理皇家事务。垣墙内陪伴天帝左右的是他的“子嗣”和“皇后”，勾陈六星象征后宫嫔妃，“御女”在近旁服侍，华盖、天床等供天帝使用，“女史”、“柱史”各司其职，“尚书”、“大理”随时听候调遣。垣墙外三师、三公等待传唤，“天棓”、“天枪”、“玄戈”护卫皇家安全，内厨、内阶、传舍等设施散布于垣墙之外。图中几乎包括了以北极为中心，北纬60°以北的所有星座。

〔11〕中央星：牛宿的距星，即今西方星座系统中的摩羯座β星。距星，是二十八宿每宿中的一颗用于测量天体赤经位置的标志星。

〔12〕中：上中天，星的轨迹与经线在正南方的天空中相交处。天体过天

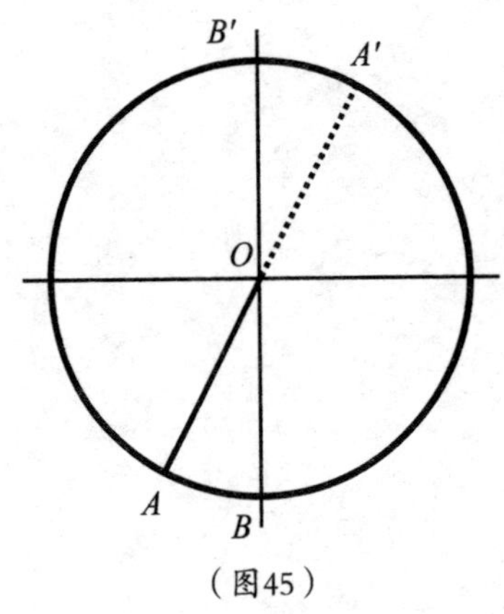

（图45）

子午圈叫“中天”，天体周日视运动中，每天两次经过中天。位置最高（地平高度）叫上中天；位置最低叫下中天。中天时天顶、天极、天体都在天子午圈上。一般当天体上中天都是观测该天体的最好时机，因为此时天体位于观测者的头顶，受到地面光线和大气层折射干扰最小。

〔13〕须女之星：女宿，二十八宿之一，北方玄武第三宿，属土，有星四颗因其星群组合如“女”字而得名。《礼记·月令》中云：“孟夏之月……旦婺女中。”婺女即女宿，这句话是说若黎明时看到女宿在南方中天的位置，便知初夏将至。

〔14〕先至：女宿的先至星，即女宿西南星，该星是女宿的距星，即今西方星座系统中的宝瓶座 ε 星。

〔15〕定中：女宿的距星到达上中天。

〔16〕游仪：古代测量星象的仪表，可以在地面大圆的圆周上移动测量的表竿。

〔17〕故知牵牛八度：这里介绍的测算牵牛中央星与须女先至星相距度数的方法简述如下：如图45所示，中正表立于圆心 O 点，南北方向连线与地面大圆相交于 BB' 。在表顶系一中正表绳子，观测者站在 B' 点，等待牵牛宿中央星上中天。当牵牛宿中央星上中天时，拉直绳子，使该星、表顶、人目三点成一线，此线所在的垂直平面与地面大圆相交于 BB' 。随后牵牛中央星继续西移，观测者仍在 B' 点等待须女先至星的出现。当须女先至星上中天时，拉直绳子，使该星、表顶、人目三点成一线，此线所在的垂直平面与地面大圆相交于 BB' 。此时牵牛中央星已西移至 A 点，立即去观测牵牛中央星，拉直绳子，使

该星、表顶、人目三点成一线，此线所在的垂直平面与地面大圆相交于 AA'。在 A' 点立一游仪作为须女先至星的标记，$A'B'$ 之间的弧长度数，等于 AB 之间的弧长度数，代表牵牛中央星与须女先至星相距的度数（引自闻人军、程贞一《〈周髀算经〉译注》，上海古籍出版社）。

【译文】

确定二十八宿，用周天历度之法。以，用。用周天历度之法测算二十八宿的度数。方法是：确定正南方的背面正北方，倍，背面。正南方，正南、正北方向中的一极。**用测定表竿日影的方法来确定。**正勾之法：日出、日落时分别标记其晷影，晷影的两端连线为正东西方向，连线中点与表竿的连线为正南北方向。**准备一块直径21步，周长63步的平整地面。利用平矩法使地面成水平面，**如定水平法，所以叫平矩水正法。**在这个水平面上作直径121尺7寸5分的圆，周长是直径的3倍，为365 $\frac{1}{4}$ 尺，**直径121尺7寸5分，周长365尺2寸5分，2寸5分是 $\frac{1}{4}$ 尺。或者就说120尺，取个整数。**以对应一周天365 $\frac{1}{4}$ 度。仔细度量将其划分为365 $\frac{1}{4}$ 份，不要有误差。**被划分的水平地面，周长上的1尺对应1度，2寸5分为 $\frac{1}{4}$ 度。这几项数据务必审核确定，避免任何细小的误差。纤微，指细微的长度。**分度划定之后，再确认东西、南北方向的纬线、经线是否恰好将大圆四等分，各部分为91 $\frac{5}{16}$ 度，**南北方向为经线，东西方向为纬线。督，与正通。一周天的 $\frac{1}{4}$，分母乘4得16作为除数相除。**于是得到了一个完备的刻度圆。**划分的圆周作为周天的量度，又分为四部分，都确定好刻度和方向。**接着在正南北方向的中央（圆心）竖立表竿，在表竿的顶端系绳，拉住绳子观察，直至观察到牵牛宿中央星到达正南方的上中天。**拉住经纬之交表竿顶端的绳子进行测望，星、表竿顶端与绳子成一直线。**然后等候须女宿的先至星出**

□ **汉墓四象二十八宿星图**

汉代是我国天文学的成熟时期，不仅有《淮南子》《史记》等文献对二十八宿及日、月、五星等有详细的观测记录，而且在墓葬壁画、画像石等艺术中也有许多天文图象的记载。如这幅四象二十八宿星图，发现于陕西西安一西汉晚期墓中，它位于墓的主室砖砌券顶，绘有二十八宿星座及相关的图像，并在四方夹绘四象。此图为至今所见年代最早的二十八宿星图。星图色彩绚丽，但星数未全，约88星。从图像与汉末以前二十八宿名字的变迁来看，可证明二十八宿的体系起源于中国本土。

现，再等候须女宿的先至星，应当用绳子测望。**用表竿引绳测望须女宿先至星，当它到达上中天时**，须女宿的先至星，依然用上述方法从经纬之交的表竿顶端引绳测望。**立即拉直绳子，使该星、表竿顶端、人目三点一线，观测牵牛宿中央星，跟随中央星的移动以确定此时它已向西偏离中央表竿正南方向多少度**。游仪，也是一种标尺。移动这一标尺可以测望星的正确方位，得到星向西偏离中央表竿的度数，所以叫游仪。**每次测量游标在圆周上跨越的尺数就是度数**，所移动的距离分圆周一尺相应于周天一度，因此以游标标记的尺数为度数。**因为游标插在8尺的刻度上，所以可以知道牵牛宿的跨度为8度**。须女宿抵达上中天时测望牵牛宿，游标移动到8尺的位置，所以牵牛宿为8度。**其他星宿均可按同样方法测量，直到测完二十八宿，各星宿度数就都确定了**。全部星宿都如上述方法测定。

【原文】

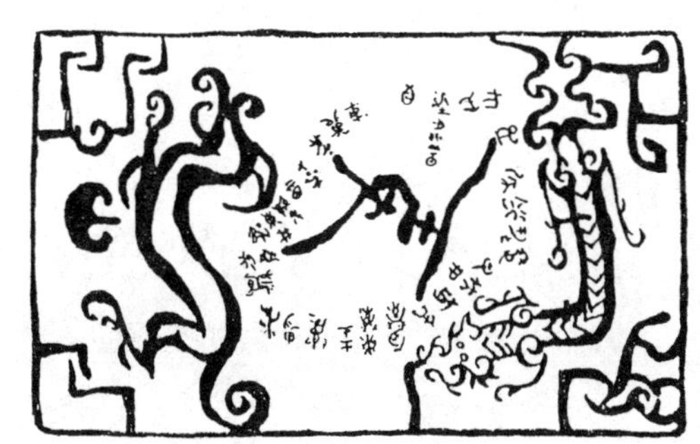

□ 曾侯乙二十八宿天文图

曾侯乙二十八宿天文图于1978年出土于湖北随县。画面中，二十八宿的名称以椭圆形围绕着北斗星名，两旁绘有青龙和白虎。曾侯乙卒于公元前433年，由此可推知，二十八宿完成年代不晚于公元前5世纪。

立周度[1]**者，**周天之度。**各以其所先至**[2]**游仪度上，**二十八宿不以一星为体，皆以先至之星为正之度。**车辐引绳**[3]**，就中央之正**[4]**以为毂**[5]**，则正矣。**以经纬之交为毂，以圆度为辐，知一宿得几何度，则引绳如辐，凑毂为正。望星定度皆以方为正南，知二十八宿为几何度，然后环分而布之也。**日所出入，亦以周定之。**亦同望星之周。**欲知日之出入，**出入二十八宿，东西南北面之宿，列置各应其方。立表望之，知日出入何宿，从出入径几何度。**即以三百六十五度四分度之一，而各置二十八宿。**以二十八宿列置地所圆周之度，使四面之宿各应其方。**以东井**[6]**夜半中**[7]**，牵牛之初**[8]**临子之中**[9]。东井、牵牛，相对之宿也。东井临午，则牵牛临于子也。**东井出中正表西三十度十六分度之七而临未之中，牵牛初亦当临丑之中。**分周天之度为十二位，而十二辰各当其一，所应十二月。从午至未三十度十六分度之七。未与丑相对，而东井、牵牛之所居分之法已陈于上矣。**于是天与地协**[10]，协，合也。置东井、牵牛使居丑、未相对，则天之列宿与地所为圆周相应合，得之矣。**乃以置周二十八宿。**从东井、牵牛所居，以置十二位焉。**置以定，乃复置周度之中央立正表。**置周度之中央者，经纬之交也。**以冬至、夏至之日，以望日始出也。立一游仪于度上，以望中央表之晷，**从日所出度上，立一游仪，皆望中表之晷。所以然者，当曜不复当日，得以视之也。**晷参正**[11]**，则日所出之宿度。**游仪与中央表及晷参相直，游仪之下即所出合宿度[12]。**日入放此。**此日出法求之。

【注释】

〔1〕周度：周天的度数，以二十八宿为度量的地平坐标系统。

〔2〕先至：先至星，即各宿的距星。

〔3〕车辐引绳：引绳时如车轮辐条一般，由轮圈指向中心的车毂。辐，连接车辋和车毂的条状部件。

〔4〕正：中心。

〔5〕毂（gǔ），车轮中心的圆木部件。周围与车辐的一端相接，中有圆孔，可以插轴。

〔6〕东井：井宿，二十八宿之一。其距星即今西方星座系统中的双子座μ星。

〔7〕夜半中：夜半时在中天。

〔8〕牵牛之初：牵牛宿的中星。

〔9〕子之中：北方的子位中天。

〔10〕天与地协：划分后的周天与地平方位的对应关系。

〔11〕晷参正：游仪、中央表竿和晷影在垂直于地面的同一平面内。

〔12〕合宿度：入宿度，中国古代表示天体位置的术语。入宿度是天体在天赤道或黄道上的投影与其所在星宿距星投影之间的夹角。如某行星在黄道附近运动，用入宿度表示其位置时，即可以说“该星在黄道上入某宿多少度”。唐·瞿昙悉达编撰的《开元占经》中用“石氏曰”字样列出92颗（原文缺失6颗，实有86颗）恒星的入宿度数据，表明在战国时期天文家石申已经用此名称表示恒星的位置，此后的史籍中一直沿用，直到明末西方天文知识传入中国，“入宿度”才被“赤道经度”（或赤经）和“黄道经度”（即黄经）所取代。

【译文】

要确立二十八宿的周天度数，周天的度数。**根据上文所说的方法，观察各星宿的距星位于上中天时游标所示的度数，**二十八宿每宿不止一颗星，都以先至星作为标志度数。**就像车轮的辐条趋于车毂一般，由中央表竿引绳测望，这就说明做对了。**以经线、纬线之交为车毂，以圆周分度为辐条，知道一宿得多少度，就沿辐条引绳，趋向中心的毂。测望星辰的方位和度数都从南方算起，得到二十八宿的度数，然后沿圆周环行分布。**太阳的出入角度，也可以用周天度数来测定。**与测望星辰的圆周相同。**要想知道太阳出入星宿的角度，**从二十八宿出入，东、西、南、北之星宿分别排列，与其方位相应。竖立表竿测望，得到太阳出入的星宿，以及出入的角度。**需将圆周划分为365 $\frac{1}{4}$ 度，把二十八宿分别排布上去。**参照二十八宿分布于圆周的度数，使四面之星宿各与其方位相应。**如果东井宿于夜半时在（南方午位）中天，那么牵牛宿的中星就在北方子位的中天。**东井、牵牛是相对的星宿。东井到达午位，则牵牛到达子位。**如果东井宿的距星从正南向西移动30 $\frac{7}{16}$ 度到达未位的中天，那么牵牛宿的先至星就在丑位的中天。**划分周天度数有十二个方位，而十二辰各居其一，对应十二个月。从午位到未位为30 $\frac{7}{16}$ 度。未位与丑位相对，而东井、牵牛的定位分度方法在上文已经陈述过了。**于是星辰在天空的方位与地平方位之间形成对应关系。**协，应合。放置东井、牵牛，在丑、未位时它们相对，那么天上各星宿就会与地上所绘圆周分度相对应。**据此继续在圆周上依次设置其余各宿。**从东井、牵牛开始，分列十二个位置。**都设置完后，再在圆心竖立中央表竿。**周天分度系统中央表竿的位置，在圆周的经纬之交。**在冬至、夏至的那一天，在太阳初升时观测。在有分度的圆周上放一游标，观察中央表竿的晷影，**在日出所对应的分度上，立一游标，持续观察中央表竿的晷影。之所以这样做，是因为观察影子相比直接观察太阳，可以直视。**当游标、中央表竿和晷影**

居于同一垂直地面的平面时，游标位置就是太阳升起时的方位度数。游标与中央表竿及晷影居于同一垂直地面的平面时，游标位置即日出的入宿度。**日落时的方位度数可按同样的方法得到。**用求日出度数的方法来求。

【原文】

牵牛去北极[1]百一十五度千六百九十五里[2]二十一步千四百六十一分步之八百一十九。牵牛，冬至日所在之宿于外衡者，与极相去之度数。**术曰：置外衡去北极枢[3]二十三万八千里，除璇玑[4]万一千五百里，**北极常近牵牛为枢。过极万一千五百里。此求去极，故以除之。**其不除者二十二万六千五百里以为实，**以三百乘之，里为步。以周天分一千四百六十一乘步为分。内衡之度以周天分为法，法有分，故以周天乘实，齐同[5]之，得九百九十二亿七千四百九十五万。**以内衡一度数千九百五十四里二百四十七步千四百六十一分步之九百三十三以为法，**如上，乘里为步，步为分，通分内子[6]得八亿五千六百八十万。**实如法得一度。**以八亿五千六百八十万为一度法。**不满法，求里、步。**上求度，故以此次求里，次求步。**约之，合三百得一，以为实。**上以三百乘里为步。而求里，故以三百约余分为里之实。**以千四百六十一分为法，得一里。**里、步皆以周天之分为母，求度当齐同法实等，故乘以散之。度以定，当次求里，故还为法。**不满法者，三之，如法得百步。**上以三百约之[7]，为里之实。此当以三乘之，为百步之实。而言三之者不欲转法，便以一位为百实，故从一位命为百也。**不满法者，上十之，如法得十步。**上不用三百乘，故此十之。便以一位为十实，故从一位命为十。**不满法者，又上十之，如法得一步。**又复上十之者，便以一位为一实，故从一实为一。**不满法者，以法命之。**位尽于一步，故以法命余为残分。次放此。次娄与角及东井皆如此也。

娄与角去北极[8]九十一度六百一十里二百六十四步千四百六十一分

步之千二百九十六。娄，春分日所在之宿也。角，秋分日所在之宿也。为中衡也。**术曰：置中衡去北极枢十七万八千五百里以为实，不言加、除者，娄与角准北极在枢两旁，正与枢齐。以娄角无差，故便以去枢之数为实。如上，乘里为步，步为分，得七百八十二亿三千六百五十五万。以内衡一度数为法，实如法得一度。不满法者，求里、步。不满法者，以法命之。**

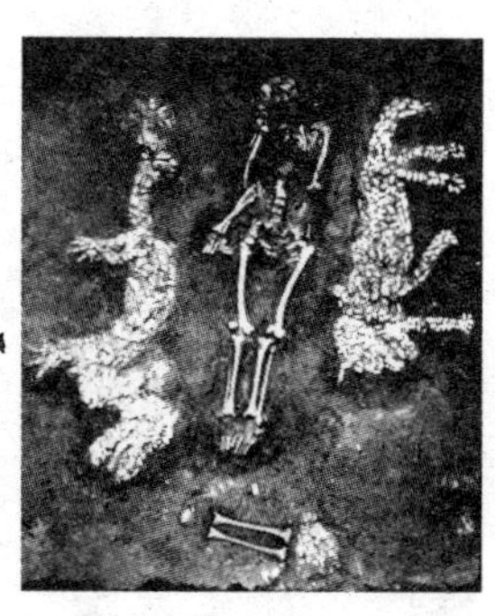

□ **河南濮阳贝塑龙虎图**

在河南濮阳西水坡的一座仰韶文化墓葬中，有用蚌壳堆塑的龙虎图。中国古代有所谓四象（或称“四神”）：苍龙、白虎、朱鸟和玄武。四象与古代天文及氏族图腾有着极为密切的关系。濮阳的龙虎图是至今所见最早的两象图，距今约有6000年。将此图龙虎宫的方位与曾侯乙二十八宿龙虎宫天文图对比，二者显然同出一源，说明四象二十八宿的起源可能早于帝尧时代。

东井去北极六十六度千四百八十一里一百五十五步千四百六十一分步之千二百四十五。东井，夏至日所在之宿。为内衡。**术曰：置内衡去北极枢十一万九千里，加璇玑万一千五百里，**北极游常近东井为枢，不及极万一千五百里。此求去极，故加之。**得十三万五百里以为实，**如上，乘里为步，步为分，得五百七十一亿九千八百一十五万分。**以内衡一度数为法，实如法得一度。不满法者求里、步。不满法者，以法命之。**

【注释】

〔1〕牵牛去北极：牵牛宿距星与北极的距度数。由于《周髀算经》认为太阳在冬至日时在牛宿，因此这句话实际上指的是冬至日道与北极的距度数。

〔2〕里：1里等于300步。

Chinese "Siu"		Indian "Nakshatra"		Arabian "Manzil"	
1	角	XII	chitrâ	(14)	as-ṣimâk
2	亢	XIII	svâti	(15)	al-ghafr
3	氐	XIV	viśâkhâ	(16)	az-zubânay
4	房	XV	anurâdhâ	(17)	al-iklîl
5	心	XVI	jyeshṭhâ (?)	(18)	al-ḳalb
6	尾	XVII	mûlam	(19)	as-shaula
7	箕	XVIII	pûrva-shâdhâs	(20)	an-na'âjim
8	斗	XIX	uttara-shâdhâs	(21)	al-baldâh
9	牛	XX	abhijit	(22)	sa'd ad-dâbih
10	女	XXI	śravaṇa	(23)	sa'd bula'
11	虚	XXII	śravishṭhâ	(24)	sa'd as-su'ûd
12	危	XXIII	śatabhishaj (?)	(25)	sa'd al-aḫbija
13	室	XXIV	pûrva-bhâdra-padâs	(26)	al-fargh al-awwal
14	壁	XXV	uttara-bhâdra-padâs	(27)	al-fargh-altânî
15	奎	XXVI	revati	(28)	baṭn al-ḥût
16	娄	XXVII	áśvini	(1)	aš-šaraṭâni
17	胃	XXVIII	bharaṇî	(2)	al-buṭain
18	昴	I	kṛittikâ	(3)	at-turaijâ
19	毕	II	rohinî	(4)	al-dabarân
20	觜	III	mṛigaśiras	(5)	al-haḳ'a
21	参	IV	ârdrâ	(6)	al-han'a
22	井	V	punarvasu	(7)	al-dirâ'u
23	鬼	VI	pushya	(8)	an-naṭra
24	柳	VII	áśleshâ	(9)	aṭ-ṭarf
25	星	VIII	maghâ	(10)	al-gabha
26	张	IX	pûrva-phâlguni	(11)	az-zubra
27	翼	X	uttra-phâlguni	(12)	aṣ-ṣarfa
28	轸	XI	hastâ	(13)	al'awwâ

NOMS CHINOIS des 28 Domiciles.		NOMS SANSCRITS des 28 Nakschatrons.	NOMS PARSES des 28 Kordehs d'après Anquetil.	NOMS ARABES des 28 Maisons lunaires d'après Ideler.	NOMS COPTE des 28 Nimonei d'après Kirke
Orientaux.		Orientaux.	Orientaux.	Orientaux.	Orientaux
1. Kio	Virgo.	15. Tchitra.	15. Maschahé.	15. El-simâkh.	15. Choristo-ti.
2. Kang		15. Souati.	16. Sapuer.	16. El-gafr.	16. Chambalia-
3. Ti	Libra.	17. Visâkhâ.	17. Hosro.	17. El-zubênâ.	17. Prītithi-ti.
4. Fang	Scorpio.	18. Anourâdha, anc. Equinoxe.	18. Srôb.	18. El-iklil.	18. Steiphani-t
5. Sin		19. Djyechthâ.	19. Nor.	19. El-kalb.	19. Chartian-ti
6. Wi		20. Moûla.	20. Gu'el.	20. El-schaula.	20. Aggia-ti.
7. Ki	Sagitt.	21. Pourvachadda.	21. Grefsché.	21. El-naâjim.	21. Nimamrek
Boréaux.		Boréaux.	Boréaux.	Boréaux.	Boréaux.
8. Teou	Sagitt.	22. Outtarâchdâ.	22. Vareand.	22. El-belda.	22. Pclis-ti.
9. Niou	Capric.	23. Abhidjit.	23. Gaď.	23. Sa'd-el-d'sabih.	23. Oupeoutos-
10. Niu	Aquarius.	34. Sravanâ.	24. Goi.	24. Sa'd-bula.	24. Oupeiourit
11. Hiu		25. D'hanichta, Solstice.	25. Moro.	25. Sa'd-el-saoud.	25. Oupeiouine tes-ti:
12. Wei		26. Satabischâ.	26. Bondé.	26. Sa'd-el-achbija.	26. Oupeiouthe rian-ti
13. Chí	Pegasus.	27. Pourva-Bhadrapada.	27. Kehtser.	27. El-ferg-el-mukdin.	27. Artou-Los-
14. Pí		28. Outtara-Bhadrapada.	28. Veht.	28. El-forg-el-muccher.	28. Artou-Losi
Occidentaux.		Occidentaux.	Occidentaux.	Occidentaux.	Occidenta
15. Koui	Androm.	1. Revaty.	1. Mêiân.	1. Betn-el-hôut.	1. Kouton.
16. Leou	Aries.	2. Asouini.	2. Keht.	2. El-scheratain.	2. Pi-kout-ori
17. Weï	Musca.	3. Bharany.	3. Pesch.	3. El-botein.	3. Koulion.
18. Mao	Pleïades.	4. Criticâ, equinoxe antique.	4. Perviz.	4. El-thoreya.	4. Ori-as-ti.
19. Py	Hyades.	5. Rohini.	5. Perouez.	5. El-dabarân.	5. Pi-orion-ti
20. Tsoui	Orion.	6. Mrigasiras.	6. Pehé.	6. El-hek'a.	6. Klusos-ti.
21. Tsan		7. Ardra.	7. Aveser.	7. El-hen'a.	7. Klaria-ti.
Australs.		Australs.	Australs.	Australs.	Australs
22. Tsing	Gemini.	8. Pounarvasou.	8. Beschem.	8. El-dsirâ.	8. Ni-makhi-
23. Koui	Cancer.	9. Pouchya.	9. Rekhad.	9. El-nethra.	9. Oueir-mel
24. Lieou	Hydra.	10. Aslêchâ.	10. Tarché.	10. El-terf.	10. Piaoutos-t
25. Sing		11. Mâghâ, ancien Solstice.	11. Avré.	11. El-Dschebba.	11. Toueikhni
26. Tchang		12. Poûrva Phalgouny.	12. Nehn.	12. El-zoubra.	12. Pi-chouric
27. Yi	Crater.	13. Outtara Phalgouny.	13. Meïan.	13. El-serfa.	13. Asphulia-
28. Tchin	Corvus.	14. Hastâ.	14. Avdém.	14. El-aouwâ.	14. Aboukia-t

□ **《星辰考原》书影**

荷兰汉学家施古德在其《星辰考原》下册内，在详论二十八宿起源后，列出一份五种宿名对照表。这是他从骑士巴拉维那里借来的一本名为《古代难解天文学中的星辰》的小册子中摘录下来的。这是一份罕见的文献，特别是给出了古波斯迦勒底人所用的与古埃及文中的二十八宿的对比材料。

〔3〕北极枢：北极中心，北天极。

〔4〕璇玑：在盖天模型中北极星围绕北天极中心视运动所形成的轨道空间。

〔5〕齐同：齐同术是中国古代数学一种处理分数和比率问题的方法。最早的文字记载见刘徽注《九章算术》“方田”章“合分术”，它用于解决分数的通分问题，“齐同”指的是分母齐同。刘徽注称：“凡母互乘子谓之齐，群母相乘谓之同。同者，相与通同，共一母也；齐者，子与母齐，势不可失本数

也。方以类聚，物以群分，数同类者无远，数异类者无近。远而通体者，虽异位而相从也；近而殊形者，虽同列而相违也。然则齐同之术要矣……乘以散之，约以聚之，齐同以通之，此其算之纲纪乎。”即，将若干个分数的公分母称之为“同”，只有“同”才能进行分数的加减运算，借助于分数的基本性质，使各个分数的分子发生相应的变化称之为“齐”；只有“齐”才能保证与原来的分数相等。齐同术不仅适用于通分和连比例运算，也是盈不足术和方程术的理论基础。

〔6〕通分内子：化带分数为假分数。

〔7〕约之：化简运算。

〔8〕娄与角去北极：娄宿距星与角宿距星距离北极的距度数。由于《周髀算经》认为太阳在春分、秋分日时分别在娄、角宿，因此这句话实际上指的是春分、秋分日道与北极的距度数。娄宿，二十八宿之一，西方白虎第二宿，属金。“娄”有聚合的含义，因此古代的天文典籍中把娄宿视为牧养牲畜或兴兵聚众的福地。角宿，二十八宿之一，东方青龙第一宿，属木。角宿内两颗主要亮星，即角宿一与角宿二，分别为青龙的右角和左角。

【译文】

牵牛宿距离北极115度1695里21 $\frac{819}{1461}$ 步。牵牛，冬至太阳在外衡所处的星宿，（求）外衡与北极的距度数。**计算方法是：以外衡到北极中心的距离238000里，减去北极璇玑的半径11500里，**北极中心靠近牵牛宿。它超过北极11500里。要求距离北极的距度，所以相减。**将所得的数226500里作为被除数。**乘以300，化里数为步数。以周天分度的分母1461乘以步数。内衡的度数与弧长之比是以周天分度为除数，除数将化为分母，因此用周天分度的分母乘以被除数，使被除数与除数的分母相同，得992亿7495万。**以内衡圆周1度所对应的**

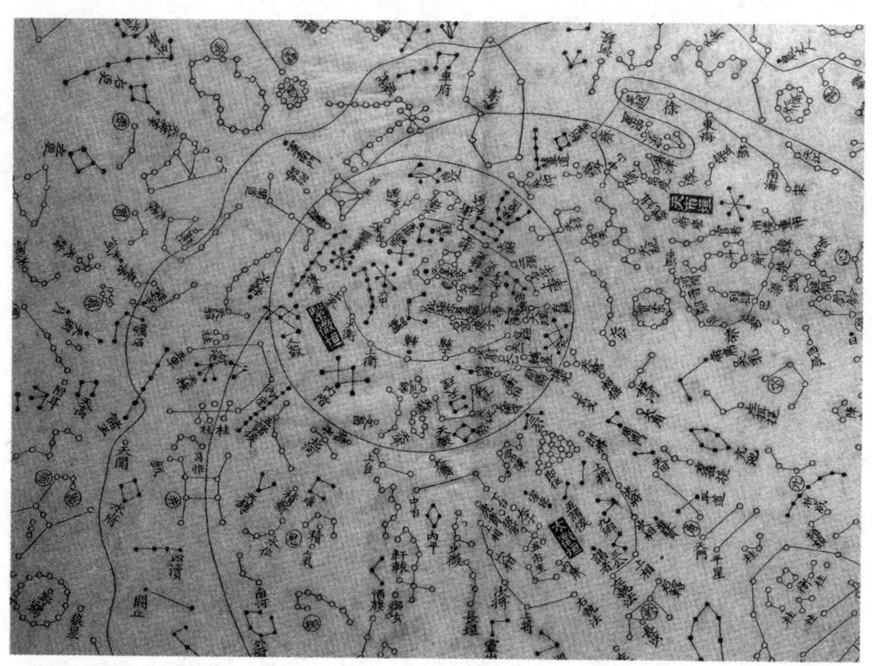

□ **三垣星官图**

三垣包括上垣之太微垣、中垣之紫微垣及下垣之天市垣。此图绘于1819年，尽管它是一个更早期图表的副本。

弧长1954里247$\frac{933}{1461}$步作为除数，如上，乘以300化里数为步数，步数乘以分母，通分得分子为8亿5680万。**所得商为度数，**将8亿5680万作为除数来求度数。**余数部分化为里数、步数。**上文先求度数，然后依次求里数，求步数。**通分运算之后，分子除以300作为被除数。**上文用300乘里数化为步数。若求里数，则用分子除以300作为以里为单位的被除数。**以分母1461为除数，相除后所得商为里数；**里数、步数都用周天分度中的1461作为分母，求度数时被除数与除数要用相同的分母，所以乘以分母1461消掉。度数确定后，接下来求里数，所以反过来用分母1461作除数。**余数部分的分子乘以3，以分母1461为除数，相除后**

所得商为百步数；上文以300相约，得以里为单位的被除数。乘以3，得到以百步为单位的被除数。而说乘以3，是不想改变除数，便以被除数个位为百步，据此个位称为百步。**余数部分的分子乘以10，除以1461，所得商为十步数；**上文不用300乘，所以此处乘以十。便以被除数个位为十步，据此个位称为十步。**余数部分的分子乘以10，除以1461，所得商为步数；**又乘以10，便以被除数个位为1步，据此个位称为步。**以不足一步的余数部分作为分子，以1461作为分母的分数表示最后的数值。**当个位到一步时，由此表示为以除数为分母、余数为分子的分数。**以下数值也按此方法求得。**下文娄宿、角宿以及东井宿的距度都是如此求法。

娄宿与角宿距离北极91度610里264 $\frac{1296}{1461}$ 步。娄宿，春分时太阳所在的星宿；角宿，秋分时太阳所在的星宿：都在中衡。**计算方法是：取中衡到北极中心的距离178500里作为被除数，**不需要加、减的原因是，娄宿与角宿在北极中心的两旁，恰好与北极中心相齐。所以娄宿与角宿不需要调整，由此便以到北极中心的距离作为被除数。如上文，乘以300化里数为步数，再乘以1461，由步数得到分子，为782亿3655万。**以内衡圆周1度所对应的弧长为除数，所得商为度数，余数部分化为里数、步数。化至最后不足一步的剩余部分，以分母为1461的分数表示。**

东井宿距离北极66度1481里155 $\frac{1245}{1461}$ 步。东井宿，夏至太阳所在的星宿，在内衡。**计算方法是：取内衡到北极中心的距离119000里，加上北极璇玑的半径11500里，**北极星运行轨道的轴线靠近东井宿，与北极中心相差11500里。此处求距离北极的度数，所以相加。**其和为130500里，以此为被除数。**如上文，乘以300化里数为步数，再乘以1461，由步数得到分子，为571亿9815万。**以内衡圆周一度所对应的弧长为除数，所得商为度数，余数部分化为里数、步数。化至最后不足一步的剩余部分，以分母为1461的分数表示。**

二十四节气

【原文】

凡八节[1]**二十四气，气损益**[2]**九寸九分六分分之一**[3]**；冬至晷长一丈三尺五寸，夏至晷长一尺六寸。问次节**[4]**损益寸数长短各几何？**

冬至晷长丈三尺五寸。

小寒丈二尺五寸，小分五[5]。

大寒丈一尺五寸一分，小分四。

立春丈五寸二分，小分三。

雨水九尺五寸三分，小分二。

启蛰[6]**八尺五寸四分，**小分一。

春分七尺五寸五分。

清明六尺五寸五分，小分五。

谷雨五尺五寸六分，小分四。

立夏四尺五寸七分，小分三。

小满三尺五寸八分，小分二。

芒种二尺五寸九分，小分一。

夏至一尺六寸。

小暑二尺五寸九分，小分一。

大暑三尺五寸八分，小分二。

立秋四尺五寸七分，小分三。

处暑五尺五寸六分，小分四。

白露六尺五寸五分，小分五。

秋分七尺五寸五分。

寒露八尺五寸四分，小分一。

霜降九尺五寸三分，小分二。

立冬丈五寸二分，小分三。

小雪丈一尺五寸一分，小分四。

大雪丈二尺五寸，小分五。

凡为八节二十四气，二至者，寒暑之极；二分者，阴阳之和；四立者，生长收藏之始，是为八节。节三气[7]，三而八之，故为二十四。**气损益九寸九分六分分之一。**损者，减也。破一分为六分，然后减之。益者，加也。以小分满六得一，从分。**冬至、夏至为损益之始。**冬至晷长极，当反短，故为损之始；夏至晷短极，当反长，故为益之始。此爽之新术。**术曰：置冬至晷，以夏至晷减之，余为实。以十二为法，**十二者，半岁十二气也。为法者，一节损益之法。**实如法得一寸。不满法者，十之，以法除之，得一分。**求分，故十之也。**不满法者，以法命之。**法与余分皆半之也。

【注释】

〔1〕八节：夏至、冬至、春分、秋分、立春、立夏、立秋、立冬。

〔2〕气损益：节气之间晷影长度的差值。

〔3〕六分分之一：六分之一分，又称小分，$\frac{1}{6}$分。

〔4〕次节：依次各节气。

〔5〕小分五：六分之五分。

〔6〕启蛰：惊蛰，《淮南子 · 天文训》中的二十四节气为避汉景帝名讳将“启”改为了“惊”，后世沿用。

〔7〕节三气：全年一共二十四气，分为八节，每节三气。

【译文】

全年共八节二十四气，每气的晷影长度差值是9寸9$\frac{1}{6}$分；冬至晷影长1丈3尺5寸，夏至晷影长1尺6寸。问各节气晷影长度变化后各有多少？

冬至晷影长1丈3尺5寸。

小寒晷影长1丈2尺5寸$\frac{5}{6}$分。

大寒晷影长1丈1尺5寸1$\frac{2}{3}$分。

立春晷影长1丈5寸2$\frac{1}{2}$分。

雨水晷影长9尺5寸3$\frac{1}{3}$分。

启蛰晷影长8尺5寸4$\frac{1}{6}$分。

春分晷影长7尺5寸5分。

清明晷影长6尺5寸5$\frac{5}{6}$分。

谷雨晷影长5尺5寸6$\frac{2}{3}$分。

立夏晷影长4尺5寸7$\frac{1}{2}$分。

小满晷影长3尺5寸8$\frac{1}{3}$分。

芒种晷影长2尺5寸9$\frac{1}{6}$分。

夏至晷影长1尺6寸。

小暑晷影长2尺5寸9$\frac{1}{6}$分。

大暑晷影长3尺5寸8$\frac{1}{3}$分。

立秋晷影长4尺5寸7$\frac{1}{2}$分。

处暑晷影长5尺5寸6$\frac{2}{3}$分。

白露晷影长6尺5寸5 $\frac{5}{6}$ 分。

秋分晷影长7尺5寸5分。

寒露晷影长8尺5寸4 $\frac{1}{6}$ 分。

霜降晷影长9尺5寸3 $\frac{1}{3}$ 分。

立冬晷影长1丈5寸2 $\frac{1}{2}$ 分。

小雪晷影长1丈1尺5寸1 $\frac{2}{3}$ 分。

大雪晷影长1丈2尺5寸 $\frac{5}{6}$ 分。

全年一共有八节二十四气，冬至、夏至，是寒、暑的极点；春分、秋分，是阴阳和谐之时；立春，立夏、立秋、立冬是生、长、收、藏的开始，这就是八节。每节三气，三乘以八，所以得二十四。**每一节气晷影的长度差值是9寸9 $\frac{1}{6}$ 分**。损，减损。破开一分为六小分，然后相减。益，增加。小分满六得一分。**冬至是晷影减损的开始，夏至是晷影增益的开始**。冬至晷影长度达到极大值，应当自此变短，所以是减损的开始；夏至晷影长度达到极小值，应当自此变长，所以是增益的开始。这是我赵爽的新方法。**这个方法是：以冬至晷影长度减去夏至晷影长度作被除数，以12（半年的节气差数）为除数**，十二，半年的十二气。二者相除，得数为一节气的影长变化。**所得商是寸数。余数部分先乘以10，再除以12，商是分数**。求分，所以乘以10。**余数部分，以分母为6的分数来表示**。分母与分子都取一半。

赵爽附录（四）：新晷之术

【原文】

旧晷之术，于理未当。谓春、秋分者，阴阳晷等，各七尺五寸五分。故中衡去周七万五千五百里。按春分之影七尺五寸七百二十二分，秋分之影七尺四寸二百六十二分，差一寸四百六十分。以此准之，是为不等。冬至至小寒，多半日之影。夏至至小暑，少半日之影。芒种至夏至，多二日之影。大雪至冬至，多三日之影。又半岁一百八十二日八分日之五，而此用四分日之二率〔1〕，故一日得七百三十分寸之四百七十六，非也。节候不正十五日，有三十二分日之七，以一日之率十五日为一节，至令差错，不通尤甚。《易》曰："旧井无禽，时舍也。"〔2〕言法三十日，实当改而舍之〔3〕。于是爽更为新术，以一气率之，使言约法易，上下相通，周而复始，除其纰缪。〔4〕

【注释】

〔1〕四分日之二率：以 $\frac{2}{4}$ 日，即半日为计算单位。

〔2〕旧井无禽，时舍也：在市井热闹的地方，野禽就会远离。旧井，长久使用的水井，引申为市井，人们已长久居住、生活的地方。《象传》亦释曰："旧井无禽，时舍也。"舍，筑舍定居。《说文》："舍，市居曰舍。"赵爽似乎把此句的含义误解为"旧井荒废，连禽鸟也不屑一顾"，以此类比旧的方法若不加修改完善，也会被抛弃。

〔3〕改而舍之：舍弃旧的方法，改用新的方法。

〔4〕于是爽更为新术……除其纰缪：在《周髀算经》原文中以每日晷影之差为公差来计算每个节气晷影的长度，赵爽在注中改成了以各节气晷影之差为

公差来计算。

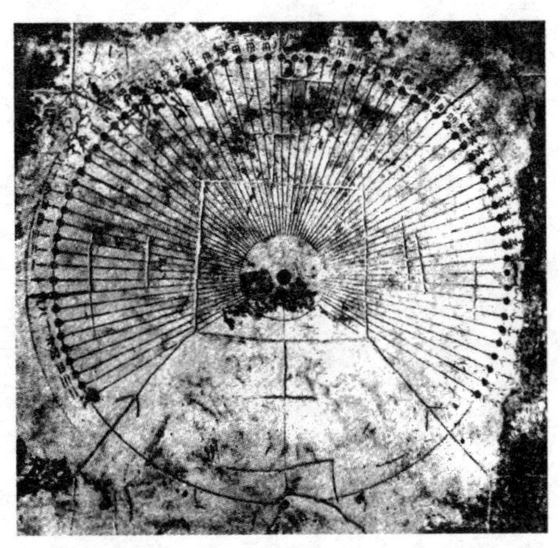

□ 日晷刻线图

日晷是古代一种测时仪器，由晷盘和晷针组成。晷盘是一个有刻度的盘，中央装有一根与盘面垂直的晷针，针影随太阳运转而移动，刻度盘上的不同位置表示不同的时刻。图为出土于内蒙古（今呼和浩特之南托克托）的日晷的刻线图，晷盘石质似玉，刻度清晰可见，据研究，此日晷既可测定时间，也可测定方向。现藏中国国家博物馆。

【译文】

旧的晷影算法，并不合理。所谓春分、秋分，白天和黑夜各半，晷影相等，各长7尺5寸5分。所以中衡距离周地75500里。按春分的晷影长度7尺5寸722分，秋分的晷影长度7尺4寸262分，两者差1寸460分。由此比较，二者显然不相等。从冬至到小寒，多了半天的影长差。从夏至到小暑，少了半天的影长差。从芒种到夏至，多了两天的影长差。从大雪到冬至，多了三天的影长差。又因为半年是182$\frac{5}{8}$天，这是以半天作计算单位，所以得一日的影长差是$\frac{476}{730}$寸，这是错误的。节候并不正好等于15天，应是15$\frac{7}{32}$天。以天数的整数15天为一节，导致误差、不合理的情况尤为严重。《周易》曰：“旧井无禽，时舍也。”旧方法以30天为二节，实在应该舍弃旧方法而改用新方法。于是我改用新方法，以一气为单位来计算，使叙述简洁，方法简单，上下相通，周而复始，消除其纰漏错误。

李淳风附注（二）：二十四节气

【原文】

臣淳风等谨按：此术本文及赵君卿注，求二十四气影，例损益九寸九分六分分之一，以为定率[1]。检勘术注，有所未通。又按《宋书·历志》[2]所载何承天“元嘉历[3]”影，冬至一丈三尺，小寒一丈二尺四寸八分，大寒一丈一尺三寸四分，立春九尺九寸一分，雨水八尺二寸八分，启蛰六尺七寸二分，春分五尺三寸九分，清明四尺二寸五分，谷雨三尺二寸五分，立夏二尺五寸，小满一尺九寸七分，芒种一尺六寸九分，夏至一尺五寸，小暑一尺六寸九分，大暑一尺九寸七分，立秋二尺五寸，处暑三尺二寸五分，白露四尺二寸五分，秋分五尺三寸九分，寒露六尺七寸二分，霜降八尺二寸八分，立冬九尺九寸一分，小雪一丈一尺三寸四分，大雪一丈二尺四寸八分。司马彪《续汉志》所载“四分历”影[4]，亦与此相近。至如祖冲之历宋“大明历”影[5]，与何承天虽有小差，皆是量天实数。雠校三历，足验君卿所立率虚诞。且《周髀》本文外衡下于天中六万里，而二十四气率乃是平迁。[6]所以知者，按望影之法。日近影短，日远影长。又以高下言之，日高影短，日卑影长。夏至之日，最近北，又最高，其影尺有五寸。自此以后，日行渐远向南，天体又渐向下，以及冬至。冬至之日最近南，居于外衡，日最近下，故日影一丈三尺。此当每气差降有别，不可均为一概设其升降之理。今此文，自冬至毕芒种，自夏至毕大雪，均差每气损九寸有奇，是为天体正平，无高卑之异。而日但南北均行，又无升降之殊，即无内衡高千外衡六万里，自相矛盾。

又按《尚书考灵曜》所陈格[7]上格下里数，及郑注升降远近，虽有成规，亦未臻理实。欲求至当，皆依天体高下远近修规，以定差数。自霜降毕于立春，升

降差多，南北差少。自雨水毕于寒露，南北差多，升降差少。依此推步，乃得其实。既事涉浑仪，与盖天相反。〔8〕

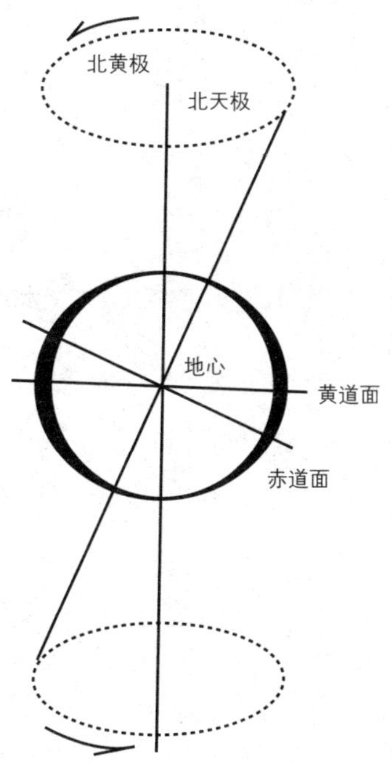

□ 岁差成因图

公元330年，东晋的虞喜将其观测到的黄昏时某恒星过南中天的时刻与古代记载进行了比较。他发现春秋分点、冬夏至点都已经向西移动了，因此得出了一个很重要的结论：太阳在恒星背景中的某一位置运行一圈再回到原来的位置所用的时间，并不等于从一个冬至到下一个冬至的时间间隔。于是，他提出了“天自为天，岁自为岁”的观点，这就是岁差的概念；同时他还给出了冬至点每经50年沿赤道西移1度的资料，这成为中国古代对测定岁差值日趋准确的开始。

【注释】

〔1〕定率：固定不变的差值。

〔2〕《宋书·历志》：《宋书》，南朝梁·沈约（441—513）撰，是一部记述南朝刘宋一代历史的纪传体史书，含本纪十卷、志三十卷、列传六十卷，共一百卷。今本少数残缺列传是后人用唐·高峻《小史》、唐·李延寿《南史》所补。《宋书》收录了当时大量的诏令奏议、书札、文章等各种文献，其中《历志》保存了“景初”、“元嘉”、“大明”三历全文，有利于后世历法学的研究。

〔3〕元嘉历：《元嘉历》是南北朝时期天文家何承天所撰的历法，其中包含了来自长期观测的日影数据，并计算出“岁差数值百年一度”，提高了天文数据的精确度。《元嘉历》颁行于元嘉二十二年（445年），直到南朝梁武帝天监八年（509年），被《大明历》取代。

〔4〕司马彪《续汉志》所载“四分历”影：司马彪（？—306），字绍统，河内郡温县（今河南省温县）人。西晋史学家，一生仕晋。《续汉书》是司马彪所著的纪传体断代史。范晔的《后汉书》问世后，司马彪的《续汉书》

□ 郭守敬

郭守敬（1231—1316），元代天文学家、水利学家、数学家和仪表制造家。他和王恂、许衡等人一起编制了中国古代最先进、施行最久的历法《授时历》。他创制和改进了简仪、高表、候极仪、浑天象、仰仪等十几件天文仪器仪表，并在全国设立了观测站，进行了大规模测量，他所测的回归年长度为365.2425日，与现行公历值完全一致。

逐渐废弛，只有“八志”因为补入范书而被保留下来，即《续汉志》。其中载有“四分历”八尺表的影长数据。“四分历”，是战国至汉初普遍实行的历法，以365$\frac{1}{4}$日为回归年长度调整年、月、日的周期。冬至起于牵牛初度，则$\frac{1}{4}$日记在斗宿末，为斗分，$\frac{1}{4}$是回归年长度的小数，正好把一日四分，所以古称“四分历”。

〔5〕祖冲之历宋“大明历”影：《大明历》，是由南北朝数学家祖冲之创制的一部历法。此历法记载了祖冲之的晷影实测数据，并首次引入了“岁差”的概念，大大提高了历法计算的精度。（冬至点是制定历法的起算点，因此制定历法首先须要测定它在天空中的位置。而在祖冲之之前，历算家们一直认为冬至点的位置是固定不变的，这就使得历法制定从一开始就产生了误差。）

〔6〕且《周髀》本文外衡下于天中六万里，而二十四气率乃是平迁：这句话表明，李淳风认为《周髀算经》作者和赵爽都忽略了“外衡下于天中六万里”的前提，在讨论二十四气率时，只考虑了太阳在平面上的运动，而没有考虑到太阳的南北斜行运动。平迁，平移。

〔7〕格：通“洛”，来到，到达。

〔8〕既事涉浑仪，与盖天相反：这些解释与浑天模型有关，所以与盖天说的主张相反。浑仪，中国古代的一种天文观测仪器，以浑天说为理论基础制

造，由相应天球坐标系各基本圈的环规及瞄准器构成。浑仪的制造始于汉代天文家落下闳，唐代李淳风设计了一架比较精密完善的浑天黄道仪，后经元代的天文家郭守敬将其简化，创制了简仪。中国现存最早的浑天仪制造于明朝，陈列在南京紫金山天文台。

【译文】

臣李淳风等谨按：这个方法的原文及赵君卿注在求二十四节气晷影长度时，将每个节气依次变化9寸9$\frac{1}{6}$分作为固定不变的差值。检验查勘此方法原文及其注释，有不通之处。又根据《宋书·历志》所载，何承天《元嘉历》里记载的晷影，冬至是1丈3尺，小寒是1丈2尺4寸8分，大寒是1丈1尺3寸4分，立春是9尺9寸1分，雨水是8尺2寸8分，启蛰是6尺7寸2分，春分是5尺3寸9分，清明是4尺2寸5分，谷雨是3尺2寸5分，立夏是2尺5寸，小满是1尺9寸7分，芒种是1尺6寸9分，夏至是1尺5寸，小暑是1尺6寸9分，大暑是1尺9寸7分，立秋是2尺5寸，处暑是3尺2寸5分，白露是4尺2寸5分，秋分是5尺3寸9分，寒露是6尺7寸2分，霜降是8尺2寸8分，立冬是9尺9寸1分，小雪是1丈1尺3寸4分，大雪是1丈2尺4寸8分。司马彪《续汉书·律历志》所载后汉“四分历”晷影，也与此相近。至于祖冲之的刘宋《大明历》晷影，与何承天《元嘉历》晷影虽有微小差别，但都是测望天体运行的实际数据。校对三种历法，足以证明赵君卿所定的差值不对。而且《周髀算经》原文说，外衡低于天中60000里，二十四气是根据平面移动而确定的。之所以知道这些，是根据观测晷影的方法，太阳近时晷影短，太阳远时晷影长；又在高度方面，太阳高时晷影短，太阳低时晷影长。夏至时的太阳，运行至最北，又最高，其晷影是1尺5寸。自此以后，太阳运行逐渐向南远去，天体又逐渐下降，直到冬至。冬至时的太阳，运行至最南端，位于外衡，其运行至最低处，所以日影长1丈3尺。因此每一节气时，影长和高度变化不同，不可一概而论其升降的规律。如今《周髀算经》这段文章，从冬至到芒种，从夏至到大雪，以每气减少9

寸多一点为固定的差值，这是认为天体运行端正平直，没有高低差别。而假使大阳总是在南北方向匀速运行，没有高度差别，就不可能有内衡高于外衡60000里之说，这是自相矛盾。

又根据《尚书考灵曜》所记载的上下高度的里数，以及郑（玄）注释的高低远近的数据，虽有既定的规律，也与实际不符。想要求最合理的方法，应该遵循天体高低远近修订成规，以确定差值。从霜降到立春，上下高度变化大，在南北方向运行的差值小。从雨水到寒露，南北运行的差值大，上下高度变化小。据此推算历法，才能合乎实际。不过这些解释已经涉及浑天模型，所以与盖天说的主张相反。

日月历法

本章介绍了当时所流行的“四分历”中的章、蔀、遂、首、级的概念，以及周天度数、日月运行度数的算法。

【原文】

月后天[1]**十三度十九分度之七。**月后天者，月东行也。此见日月与天俱西南游，一日一夜天一周，而月在昨宿之东，故曰后天。又曰，章岁[2]除章月加日周一日作率。以一日所行为一度，周天之日为天度。**术曰：置章月**[3]**二百三十五，以章岁十九除之**[4]**，加日行一度，得十三度十九分度之七。此月一日行之数，即后天之度及分。**

小岁[5]**，月不及故舍**[6]**三百五十四度万七千八百六十分度之六千六百一十二。**小岁者，十二月为一岁。一岁之月，十二月则有余。十三月复不足，而言大、小岁，通闰月焉。不及故舍，亦犹后天也。假令十一月朔旦冬至，日月俱起牵牛之初，而月十二与日会。此数，月发牵牛所行之度也。**术曰：置小岁三百五十四日九百四十分日之三百四十八，**小岁者，除经岁十九分月之七。以七乘周天分千四百六十一，得万二百二十七，以减经岁之积分余三十三万三千一百八，则小岁之积分[7]也。以九百四十分除之，即得小岁之积日及分。**以月后天十三度十九分度之七乘之，为实。**通分内子为二百五十四。乘之者，乘小岁积分也。**又以度分母乘日分母为法**[8]**，实如法，得积后天**[9]**四千七百三十七度万七千八百六十分度之六千六百一十二。**以月后天分乘小岁积分，得八千四百六十万九千四百三十二，则积后天分也。以度分母十九乘日分母九百四十，得万七千八百六十，除之，即得。**以周天三百六十五度万七千八百六十分度之四千四百六十五除之，**此犹四分之一也，约之即得。当于齐同，故细言之。通分内子为六百五十二万三千三百六十五，除积后天分得十二周天，即去之。**其不足除者，**不足除者，不及故舍之六百三十二万九千五十二是也。**三百五十四度万七千八百六十分度之六千六百一十二，**以万七千八百六十除不及故舍之分，得此分矣。**此月不及故舍之分度数，佗**[10]**皆放此。**次至经月，皆如此。

大岁[11]**，月不及故舍十八度万七千八百六十分度之万一千六百二十八。**大岁者，十三月为一岁。**术曰：置大岁三百八十三日九百四十分日之八百四十七，**大岁者，加经岁[12]十九分月之十二。以十二乘之周天分千四百六十一，得万七千五百三十二；以加经岁积分，得三十六万八百六十七，则大岁之积分也。以九百四十除之，即得。**以月后天十三度十九分度之七乘之，为实。又以度分母乘日分母为法。实如法，得积后天五千一百三十二度万七千八百六十分度之二千六百九十八。**此月后天分乘大岁积分，得九千一百六十六万二百一十八，则积后天分也。**以周天除之，**除积后天分，得十四周天，即去之。**其不足除者，**不足除者，三十三万三千一百八是也。**此月不及故舍之分度数。**

经岁，月不及故舍百三十四度万七千八百六十分度之万一百五。经，常也，即十二月十九分月之七也。**术曰：置经岁三百六十五日九百四十分日之二百三十五，**经岁者，通十二月十九分月之七，为二百三十五，乘周天千四百六十一，得三十四万三千三百三十五，则经岁之积分；又以周天分母四乘二百三十五，得九百四十为法，除之即得。**以月后天十三度十九分度之七乘之，为实。又以度分母乘日分母为法，实如法，得积后天四千八百八十二度万七千八百六十分度之万四千五百七十。**以月后天分乘经岁积分，得八千七百二十万七千九十，则积后天之分。**以周天除之，**除积后天分，得十三周天即去之。**其不足除者，**不足除者，二百四十万三千三百四十五是也。**此月不及故舍之分度数。**

小月[13]**不及故舍二十二度万七千八百六十分度之七千七百五十五。**小月者，二十九日为一月。一月之二十九日则有余，三十日复不足。而言大小者，通其余分。**术曰：置小月二十九日，**小月者，减经月之积分四百九十九，余二万七千二百六十，则小月之积也。以九百四十除之，即得。**以月后天十三度十九分度之七乘之，为实。又以度分母乘日分母为法，实如法，得积后**

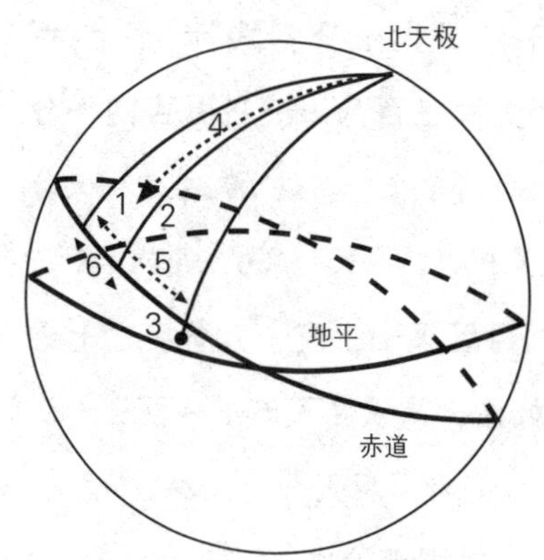

□ 中国古代赤道坐标示意图

古人利用入宿度和去极度来确定天体的位置。此图是古代天文学中广泛使用的赤道坐标系。入宿度是测量天体和距星之间的赤经差的一个量。去极度是古人给天体定位的另一个量，测量的是天体距离北极的距离，它相当于现代天文学中赤纬的余角。如织女星入斗五度，意为织女星在斗宿中，距离斗宿距星的赤经为五度。

天三百八十七度万七千八百六十分度之万二千二百二十。以月后天乘小月积分，得六百九十二万四千四十，则积后天之分也。**以周天分除之，**除积后天分，得一周天，即去之。**其不足除者，**不足除者，四十万六百七十五。**此月不及故舍之分度数。**

大月不及故舍三十五度万七千八百六十分度之万四千三百三十五。大月者，三十日为一月。**术曰：置大月三十日，**大月，加经积分四百四十一，得二万八千二百，则大月之积分也，以九百四十除之，即得。**以月后天十三度十九分度之七乘之，为实。又以度分母乘日分母为法，实如法，得积后天四百一度万七千八百六十分度之九百四十。**以月后天分乘大月积分，七百一十六万二千八百，则积后天之分也。以周天除之，除积后天分，得一周天，即去之。**其不足除者，**不足除者，六十三万九千四百三十五是也。**此月不及故舍之分度数。**

经月〔14〕**不及故舍二十九度万七千八百六十分度之九千四百八十一。**经，常也。常月者，一月日，月与日合数。**术曰：置经月二十九日九百四十分日之四百九十九，**经月者，以十九乘周天分一千四百六十一，得二万七千七百五十九，则经月之积，以九百四十除之即得。**以月后天十三度十九分度之七乘之为实，又以度分母乘日分母为法，实如法，得积后天三百九十四度万七千八百六十分度之万三千九百四十六。**以月后天分乘经月积分，得七百五万七百八十六，则积后天之分。**以周天除之，**除积后天分，得一周天，即去之。**其不足除者，**不足除者，五十二万七千四百二十一是也。**此月不及故舍之分度数。**

【注释】

〔1〕月后天：月亮向东运行一天的度数。后文的“月后天”同义。

〔2〕章岁：古代历法名词。古人发现太阳每周天19次，月亮每周天235次，日月才相会于原点，因而将19回归年称为1章岁。

〔3〕章月：古代历法名词。古人以章岁中的朔望月为章月，1章岁有235章月。《汉书·律历志上》：“以五位乘会数，而朔旦冬至，是为章月。”朔望月，又称“太阴月”“常月”，是指月相盈亏的一个周期。完全见不到月亮的一日称为朔（阴历的每月初一），月亮最圆的一日称为望（阴历的每月十五或十六）。朔日到下一次朔日或望日到下一次望日的时间间隔平均为29.53059天。

〔4〕以章岁十九除之：这里说的方法即“十九年七闰法”。中国古代最早的置闰月记载见于《尧典》：“期三百有六旬有六日，以闰月定四时成岁。”农历规定每一个月必定要有一个中气，没有中气的月份，便成为前一个月的闰月，有闰月的年份称为闰年，1平年12个月，1闰年13个月。“十九年七闰法”指的是：为了协调阴历年与回归年每年的时间误差，每19年要多加7个月。多加的月份称为闰月，闰月所在的年称为闰年。19个回归年中，有12个平年，有7个闰年（即7个月没有中气），共有12×19 = 228个中气，228+7 = 235个朔望月。

〔5〕小岁：12个朔望月。

〔6〕不及故舍：不及，不及西行。故舍，昨天所处的星宿。不及故舍指的是向东运行。下文“月不及故舍”同义。

〔7〕积分：通分之后的分子的积。

〔8〕以度分母乘日分母为法：度数分母19乘以日数分母940，即通分运算。19是前文中“月后天”度数的分母，940是前文中小岁日数的分母。

〔9〕积后天：一年天数与月亮向东运行一天度数的乘积。

〔10〕佗（tuō）：代词，指代下文的大岁、经岁、小月、大月、经月中月球向东运行的度数。

〔11〕大岁：有13个朔望月的年份。

〔12〕经岁：回归年，又称“太阳年”，指太阳中心沿黄道运行相继两次经过冬至点的时间间隔，1回归年≈ $365\frac{1}{4}$ 日。

〔13〕小月：以29日为小月，以30日为大月。朔望月的标准时长是29日12小时44分3秒，而日历须用整数，所以规定大月30天，小月29天，目的是使大月和小月的平均时长接近朔望月。

〔14〕经月：朔望月。

【译文】

月亮每天向东运行 $13\frac{7}{19}$ 度。“月后天”，指月亮向东运行。这是看到日、月都在天上向西南运行，一日一夜在天空运行一周，而月亮在昨天所处的星宿之东，所以叫后天。又讲到，用章月除以章岁，再加上太阳每天向东运行的1度，求比率。以太阳一天的运转角度为1度，太阳一周天运行天数为天度数。**计算方法是：（由于19年有7闰，）取章月数235为被除数，用章岁数19来除，再加上太阳在每天向东运行的1度，得到 $13\frac{7}{19}$ 度。这是月亮每天向东运行的度数，即“月后天”的度数。**

一小岁，月亮向东运行 $354\frac{6612}{17860}$ 度。小岁，十二个月为一岁。一岁的月数，比12个月多一点，比13个月少一点，而说到大、小岁，差别在闰月。不及故舍，也就是“后天”。假设十一月初一冬至早晨，太阳和月亮都从牵牛宿出发，而十二月初一早晨月亮与太阳会合。这个数，是月亮从牵牛宿出发所运行的度数。**计算方法是：取小岁天数354 $\frac{348}{940}$ 天，**小岁，即经岁减去 $\frac{7}{19}$ 个朔望月。7乘以周天分1461，得10227，用经岁的积分减去它，余数是333108，这是小岁的积分。除以940，得到小岁的天数。**乘以“月后天”13 $\frac{7}{19}$ 度，作为被除数。**通分后分子为254。所乘之数，是小岁的积分。**将度数的分母940乘以天数的分母19，得数作除数，分子除以分母，得“积后天”4737 $\frac{6612}{17860}$ 度。**以“月后天”分乘以小岁积分，得84609432，即“积后天”分。以度数分母19乘以天数分母940，得17860。两者相除，即得“积后天”度数。**再以周天度数365 $\frac{4465}{17860}$ 度相除，**分子分母相约即可得到。应当通分，以体现分子分母的细节。通分后分子为6523365，从“积后天”分相除，得整数12周天，舍掉不用。**所得余数，**余数，就是“不及故舍”的6329052度。**为354 $\frac{6612}{17860}$ 度，**以“不及故舍”度数除以17860，得此分数。**这就是“月后天”的度数，以下各值均可以此类推。**以下直至经月的数值，都可以此求得。

一大岁，月亮向东运行18 $\frac{11628}{17860}$ 度。大岁，13个朔望月为一大岁。**计算方法是：取大岁天数383 $\frac{847}{940}$ 天，**大岁，是经岁加上 $\frac{12}{19}$ 个朔望月。十二乘以周天分1461，得17523；与经岁的积分相加，得360867，得到大岁的积分，除以940，得到大岁。**乘“月后天”13 $\frac{7}{19}$ 度，得数作被除数。将度数的分母940乘以天数的分母19，得数作除数，分子除以分母，得“积后天”5132 $\frac{2698}{17860}$ 度。**“月后天”分乘以大岁的积分，得91660218，这是“积后天”分。**再以周天度数相除，**从“积后天”分相除，得14周天，舍掉不用。**所得余数，**余数是333108。**就是一大岁中月亮向东运行的度数。**

一经岁，月亮向东运行134 $\frac{10105}{17860}$ 度。经，常的意思，一经岁即12 $\frac{7}{19}$ 个朔望月。计算方法是：取一回归年天数365 $\frac{235}{940}$ 天，要求经岁，将12 $\frac{7}{19}$ 通分，分子是235，乘以周天分1461，得343335，这是经岁积分；又以周天分母4乘以235，得940为除数，相除即得。乘以“月后天”13 $\frac{7}{19}$ 度，得数作为被除数。将度数的分母940乘以天数的分母19，得数作除数，分子除以分母，得“积后天”4882 $\frac{14570}{17860}$ 度。以“月后天”分乘以经岁积分，得87207090，就是“积后天”分。再以周天度数相除，从“积后天”分相除，得整数13周天，舍掉。所得余数，余数是2403345。就是一回归年中月亮向东运行的度数。

月亮在一小月中向东运行22 $\frac{7755}{17860}$ 度。小月，是以29天为一个月。实际上比29天要多，又不到30天。所谓大、小月，是把余数算进大月中。计算方法是：取小月天数29天，要求小月，用经月积分减去499，余数27260，是小月积分。小月积分除以940，得29天。乘以“月后天”的13 $\frac{7}{19}$ 度，得数作为被除数。将度数的分母17860乘以天数的分母19，得数作除数，分子除以分母，得“积后天”387 $\frac{12220}{17860}$ 度。以“月后天”分254乘以小月积分27260，得6924040，就是“积后天”分。再以周天度数相除，“积后天”分子与周天度数分子相除，得一周天，舍掉不用。所得余数，余数是400675。就是一小月中月亮向东运行的度数。

月亮在一大月中向东运行35 $\frac{14335}{17860}$ 度。大月，以30天为一月。计算方法是：取大月天数30天，要求大月，用经月积分加上441，得28200，即大月积分。除以940，即得结果。乘以“月后天”的13 $\frac{7}{19}$ 度，得数作为被除数。将度数的分母17860乘以天数的分母19，得数作除数，分子除以分母，得“积后天”401 $\frac{940}{17860}$ 度。以“月后天”分254乘以大月积分28200，得7162800，就是“积后天”分。再以周天度数相除，“积后天”分子与周天度数分子相除，得一周天，舍掉不用。所得余数，余数是639435。就是一大月中月亮向东运行的度数。

一经月中，月亮向东运行29 $\frac{9481}{17860}$ 度。经，就是常。常月的天数，是日月运行处于同宫同度的天数。计算方法是：取经月天数29 $\frac{499}{940}$ 天，要求经月，以19乘以周天分1461，得27759，是经月积分，除以940即得结果。乘以“月后天”的13 $\frac{7}{19}$ 度，得数作为被除数。将度数的分母940乘以天数的分母19，得数作除数，分子除以分母，得“积后天”394 $\frac{13946}{17860}$ 度。以“月后天”分254乘以经月积分27759，得7050786，就是“积后天”分。再以周天度数相除，“积后天”分子周天度数分子相除，得一周天，舍掉。所得余数，余数是527421。就是一经月中月亮向东运行的度数。

【原文】

冬至昼极短，日出辰[1]**而入申**[2]。如上日之分入何宿法，分十二辰于地所圆之周，舍相去三十度十六分度之七。子、午居南、北，卯、酉居东、西。日出入时立一游仪以望中央表之晷，游仪之下即日出入。**阳照**[3]**三，不覆九**[4]。阳，日也。覆，犹遍也。照三者，南三辰巳、午、未。**东西相当**[5]**正南方**。日出入相当，阳照三[6]辰为正南方。**夏至昼极长，日出寅**[7]**而入戌**[8]。**阳照九，不覆三。**[9]不覆三者，北方三辰亥、子、丑。冬至日出入之三辰属昼，昼夜互见。是出入三辰分为昼、夜各半明矣。《考灵曜》曰：“分周天为三十六顷[10]，顷有十度九十六分度之十四。长日分千寅，行二十四顷，入于戌，行十二顷。短日分于辰，行十二顷，入于申，行二十四顷。”此之谓也。**东西相当正北方。**出入相当，不覆三辰为北方。**日出左而入右**〔11〕**，南北行**〔12〕。圣人南面而治天下，故以东为左，西为右。日冬至从南而北，夏至从北而南，故曰南北行。**故冬至从坎，阳在子，日出巽而入坤**〔13〕**，见日光少，故曰：寒。**冬至十一月斗建〔14〕子，位在北方，故曰从坎；坎亦北也。阳气所始起，故曰在子。巽，东南。坤，西南。日见少晷，阳照三，不覆九也。**夏至从离，阴在午，日出艮而入乾**〔15〕**，见日光多，故曰：暑。**夏至五月斗建午，位南方，故曰从离，离亦南也。阴气始生，故曰在午。艮，东北。乾，西北。日见多晷，阳照九，不覆三也。**日月失度而寒暑相奸**〔16〕。《考灵曜》曰："在璇玑玉衡〔17〕，以齐七政〔18〕。璇玑中而星未中〔19〕是急〔20〕，急则日过其度，月不及其宿；璇玑未中而星中是舒〔21〕，舒则日不及其度，月过其宿；璇玑中而星中是调，调则风雨时，风雨时则草木蕃庶而百谷熟。"故《书》曰：急，常寒若；舒，常燠〔22〕若。急舒不调是失度，寒暑不时即相奸。**往者诎**〔23〕**，来者信**〔24〕**也，故屈信相感**〔25〕。从夏至南往，日益短，故曰拙；从冬至北来，日益长，故曰信。言来往相推，拙信相感，更衰代盛，此天之常道。《易》曰："日往则月来，月往则日来，日月相推而明生焉。寒往则暑来，暑往则寒来，寒暑相推而岁成焉。往者屈也，来者信也，屈信相感而利生焉。"此之谓也。**故冬至之后，日右行；夏至之后，日左行。左者，往；右者，来。**冬至日出从辰来北，故曰右行；夏至日出从寅往南，故曰左行。**故月与日合**〔26〕**为一月**〔27〕；从合至合则为一月。**日复日**〔28〕**，为一日**；从旦至旦为一日也。**日复星**〔29〕**，为一岁**〔30〕。冬至日出在牵牛，从牵牛周牵牛，则为一岁也。**外衡冬至，**日在牵牛。**内衡夏至，**日在东井。**六气复返，皆谓中气。**〔31〕中气月中也。言日月往来，中气各六。《传》曰："先王之正时，履端于始，举正于中，归余于终。"〔32〕谓中气也。**阴阳之数，日月之法。**谓阴阳之度数，日月之法。

【注释】

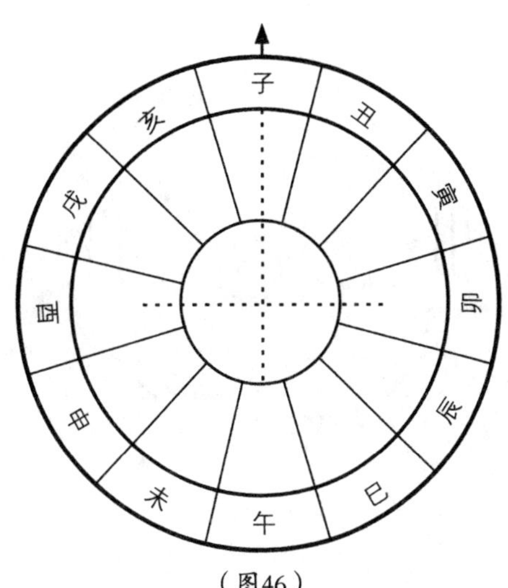

（图46）

〔1〕辰：辰是十二支的一个方位。以王城的观测者为中心，用十二地支将大地划分为十二个方位。如图46所示，正北为子位，正南为午位，正东为卯位，正西为酉位。辰位于东方偏南。

〔2〕申：位于西南方向。

〔3〕照：日光所照范围。

〔4〕不覆九：日光照不到的方位有九个。

〔5〕东西相当：日出日落时的东西连线的中点。

〔6〕阳照三：阳光照到的方位有三个。

〔7〕寅：位于东方偏北。

〔8〕戌：位于西方偏北。

〔9〕阳照九，不覆三：日光照到的方位有九个，日光不能照到的方位有三个。

〔10〕顷：一周天分为36顷（即区间），每区有$10\frac{14}{96}$度。

〔11〕日出左而入右：对于坐北朝南的观测者而言，太阳出于左边而入于右边。

〔12〕南北行：太阳轨道的南北移动。

〔13〕故冬至从坎……日出巽而入坤：所以冬至对应坎位，阳气在子位（开始增长），太阳升于巽位而落于坤位。如图47（文王八卦方位图，见清·胡渭《易图明辨》）所示，坎卦，正当子位，代表正北方。巽卦，位于东南方。坤卦，位于西南方。

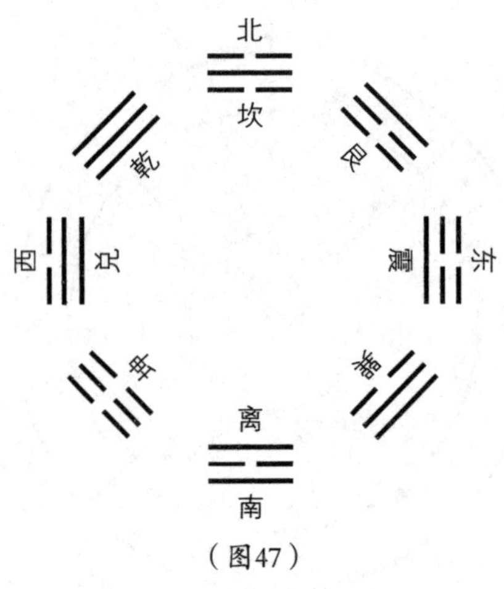

（图47）

〔14〕斗建：干支历术语，北斗星斗柄所指的时辰。干支历法以北斗星的运转来计算月令。

〔15〕夏至从离……日出艮而入乾：夏至对应离位，阴气在午位（开始增长），太阳升于艮位而落于乾位。参见图47，离卦，位于正南方。艮卦，位于东北方。乾卦，位于西北方。

〔16〕日月失度而寒暑相奸：如果日月运行的速度失序，气候寒暑的变化就会失调。奸，混乱。

〔17〕璇玑玉衡：语出《尚书·舜典》。由于记载简略，自古以来对“璇玑玉衡”的理解形成了两种不同的看法：一说以为指星象。如司马迁《史记·天官书》：“北斗七星，所谓‘璇玑玉衡以齐七政’。”《春秋运斗枢》：“北斗七星第一天枢，第二璇，第三玑，第四权，第五玉衡，第六开阳，第七摇光。一至四为魁，五至七为杓（柄），合为斗。居阴布阳，故称北斗。”一说以为指玉制的浑仪。如马融：“上天之体不可得知，测天之事见于经者，惟玑衡一事。玑衡者，即今之浑仪也。”王蕃：“浑仪羲和氏旧器，历代相传谓之玑衡。”

〔18〕七政：日、月、金星、木星、水星、火星、土星。

〔19〕璇玑中而星未中：璇玑转到中天而中星未到中天。璇玑，这里指玉仪，玉制的原始浑仪。星，中星，即《尚书·尧典》中定时节的昴、火、鸟、虚四中星。二十八宿分布于四方，按一定轨道运转，依次每月行至中天南方的星叫中星。观察中星可确定四时。未中，未昏中，黄昏时未在中天。

〔20〕急：快。

〔21〕舒：慢。

〔22〕燠（yù）：暖，热。

〔23〕往者诎（qū）：往者，指太阳运行轨道南移。诎，通“屈”，短缩。根据赵爽注，这里指白昼变短。

〔24〕来者信（shēn）：来者，指太阳运行轨道北移。信，通“伸”，伸直、舒展。《周易·系辞下》：“往者屈也，来者信也。”根据赵爽注，这里指白昼变长。

〔25〕屈信相感：时节短长，此消彼长，不断更替。屈，与上文“诎”同义。

□ **鸡鸣山观象台**

观象台是古人观测星象的场所。图为明刊本《金陵梵刹志》中所绘的观象台。此观象台于明洪武十八年（1385年）筑于南京城北鸡笼山（即鸡鸣山）。

〔26〕月与日合：太阳与月亮合朔。合朔，指日、月的黄经视差为零，此时日、月、地位置接近三点一线，月球位居其中，没有被太阳光照亮的那一面正对地球。

〔27〕月：指朔望月。

〔28〕日复日：太阳在天上东升西落一周。

〔29〕日复星：经过一恒星年的运行，太阳与某一恒星的相对位置得到复归。

〔30〕岁：指恒星年。

〔31〕六气复返，皆谓中气：太阳一年中在七衡六间往复运动，六间含六个中气。

〔32〕先王之正时……归余于终：先王制订历法，以冬至朔日在子时相合作为制订历法的基准。建立十二中气与十二朔望月之间的固定对应关系，就是“举正于中”。中气间隔与朔望月之差累积成一月，作为结果，置为闰月，就是“归余于终”。正：斗建。

【译文】

冬至白昼极短，太阳出于辰位而入于申位。用上文计算太阳出入星宿的分度方法，将地上所画的圆周分为十二辰，每$30\frac{7}{16}$度为一辰。子、午位于南、北，卯、酉位于东、西。日出日落时立一游标用以测望中央表竿的晷影，游标之下是日出日落的方位。**阳光照得到的方位有三个，阳光照不到的方位有九个。**阳，太阳。覆，遍。照得到的三个方位，是南方三辰：巳、午、未。**日出日落时东西方连线的中点在正南方。**日出日落是对称的，阳光照得到的三辰为正南方。**夏至白昼极长，太阳出于寅位而入于戌位。阳光所及的方位有九个，阳光不及的方位有三个。**照不到的三个方位，是北方三辰：亥、子、丑。冬至日出日落的三辰，属昼，昼夜相互映衬。太阳升落的三辰分为昼、夜两端显而易见。《考灵曜》说：“将周天划分为36个区间，每区有10度。长日昼夜的分界在寅位，运行于24个区间，入于戌位，运行于12个区间。短日昼夜的分界在辰位，运行于12个区间，入于申位，运行于24个区间。”说的就是这个。**日出日落时的东西向连线的中点在正北方。**日出日落对称，阳光照不到的三辰在北方。**太阳从左方升起而从右方落下，冬至夏至间太阳轨道做南北往复移动。**圣人坐北朝南，治理天下，于是以东为左，以西为右。冬至时太阳从南至北，夏至从北至南，所以说南北运行。**冬至对应坎位，阳气在子位，太阳升于巽位而落于坤位，大地上所见的阳光少，所以说冬天寒冷。**冬至十一月斗柄指向子位，在北方，所以说同坎，坎也是在北方。阳气从此开始增长，所以说在子位。巽，东南。坤，西南。每天晷影越来越短，阳光照得到的有三辰，照不到的有九辰。**夏至对应于离位，阴气在午位，太阳升于艮位而落于乾位，大地上所见的日光多，所以说夏天暑热。**夏至五月斗柄指午位，在南方，所以说同离，离也是在南方。阴气从此开始增长，所以说在午位。艮，东北。乾，西北。每日晷影越来越长，阳光照得到的有九辰，照不到的有三辰。**一旦日月运行的速度失序，气候寒暑的变化就会失调。**《考灵曜》说："用璇玑玉衡观察，看日月五星运行是否合乎常规。若璇玑运行到中天而中星未到中天说明速度快了，速度快意味着太阳运行过度，而月亮还没有到达相应的星宿；若璇玑未到中天而中星已到中天则说明速度慢了，速度慢意味着太阳运行的度数还没到位，月亮就越过了相应的星宿；璇玑和中星同时抵达中天是合适的，合适则风调雨顺，风调雨顺则草木繁盛、五谷丰登。"所以《尚书·洪范》说：快，（就像）久寒不暖那样愁人；慢，（就像）久暖不寒那样愁人。缓急快慢不合常规是失序，寒暑变化不正常是失调。**太阳轨道南移，白昼变短，太阳轨道北移，白昼变长，所以如此进退交替变化。**从夏至往南，白天越来越短，所以说缩短；从冬至向北，白天越来越长，所以说伸长。说来往更迭，进退相互转化，盛衰更替，这是自然界的普遍规律。《周易·系辞下》说："日往则月来，月往则日来，日月交替而产生光明。寒往则暑来，暑往则寒来，寒暑交替而构成年岁。所谓往，就是收缩而后退；所谓来，就是伸展而前进。正是由于进退交替，大自然才生生不息。"说的就是这个道理。**冬至以后，太阳右行；夏至以后，太阳左行。左行就是轨道南移；右行就是轨道北移。**冬至太阳从辰位向北移动，所以说右行；夏至太阳从寅位向南移动，所以说左行。**月亮与太阳（从合朔到下一次）合朔为一月；**从合朔到合朔为一月。**太阳在天上东升西落一周为一日；**从早晨到早晨为一日。**太阳与某恒星的相对位置复归，则为一年。**比如冬至日出在牵牛宿，太阳从牵牛宿回到牵牛宿，则为一恒星年。**外衡对应冬至，**太阳在牵牛宿。**内衡对应夏至，**

太阳在东井宿。**太阳在一年中由外衡至内衡，经过六个中气，再返回外衡，又经过六个中气。**中气，月中。日月往复运行，各经历六个中气。《左传》说："先王制定历法，以冬至朔日在子时相合作为制订历法的基准。建立中气与朔望月之间的对应关系，中气间隔与朔望月之差累积成一月，作为结果，置为闰月。"说的就是中气。**阴阳的数理关系揭示了日月运行的规律。**阴阳变化之度数反映了日月运行的规律。

【原文】

十九岁为一章。[1]章，条也。言闰余尽，为法章条也。[2]"乾象"[3]曰："辰为岁中，以御朔之月而纳焉。[4]朔为章中除朔为章月，月差为闰[5]。"**四章为一蔀[6]，七十六岁。**蔀之，言齐同日月之分为一蔀也。一岁之月，十二月十九分月之七，通分内子得二百三十五。一岁之日三百六十五日四分日之一，通之得一千四百六十一。分母不同，则子不齐。当互乘之以齐同之者，以日分母四乘月分，得九百四十，即一蔀之月[7]。以月分母十九乘日分，得二万七千七百五十九，即一蔀之日。以日、月分母相乘得七十六，得一蔀之岁。以一岁之月除蔀月，得七十六岁。又以一岁之日除蔀日，亦得七十六岁矣。月余既终，日分又尽，众残齐合，群数毕满，故谓之蔀。**二十蔀为一遂[8]，遂千五百二十岁。**遂者，竞也。言五行之德一终，竞极日月辰终也[9]。《乾凿度》曰："至德之数，先立金木水火土五，凡各三百零四岁。"五德运行，日月开辟。甲子为蔀首，七十六岁；次得癸卯蔀，七十六岁；次壬午蔀，七十六岁；次辛酉蔀，七十六岁；凡三百零四岁，木德也，主春生。次庚子蔀，七十六岁；次己卯蔀，七十六岁；次戊午蔀，七十六岁；次丁酉蔀，七十六岁；凡三百零四岁，金德也，主秋成。次丙子蔀，七十六岁；次乙卯蔀，七十六岁；次甲午蔀，七十六岁；次癸酉蔀，七十六岁；凡三百零四岁，火德也，主夏长。次壬子蔀，七十六岁；次辛卯蔀，七十六岁；次庚午蔀，七十六岁；次己酉蔀，七十六岁；

凡三百零四岁，水德也，主冬藏。次戊子蔀，七十六岁；次丁卯蔀，七十六岁；次丙午蔀，七十六岁；次乙酉蔀，七十六岁；凡三百零四岁，土德也，主致养。其得四正子、午、卯、酉而朝四时焉[10]。凡一千五百二十岁终一纪[11]，复甲子，故谓之遂也。求五德日名之法，置一蔀者七十六岁，德四蔀，因而四之，为三百零四岁；以一岁三百六十五日四分日之一乘之，为十一万一千三十六，以六十去之，余三十六，命甲子算外[12]，得庚子，金德也。求次德，加三十六，满六十去之，命如前，则次德日也。求算蔀名：置一章岁数，以周天分乘之，得二万七千七百五十九，以六十去之，余三十九，命以甲子算外，得癸卯蔀。求次蔀，加三十九，满六十去之，命如前，得次蔀。**三遂为一首[13]，首四千五百六十岁。**首，始也。言日、月、五星终而复始也。《考灵曜》曰："日月首甲子，冬至。日、月、五星俱起牵牛初，日月若合璧，五星如联珠，青龙甲寅摄提格[14]。"并四千五百六十岁积及初，故谓首也。**七首为一极[15]，极三万一千九百二十岁，生数皆终，万物复始。**极，终。言日、月、星辰，弦、望、晦、朔[16]，寒暑推移，万物生

□ **汤若望新法地平日晷**

新法地平日晷是一种以日光的投影测算时辰的仪器，它出现在明末。图中这座日晷是德国传教士汤若望在明朝末年制作的，楠木座架宽23.2厘米，长147厘米，高7.8厘米。可起落的三角形表高9.2厘米，通高17厘米。它采用当时欧洲流行的"新法"，晷面上刻有按近代天文学原理计算并绘镌的节气线和时刻线，把一日分为96刻，并以不等分形式标注时刻线。而中国的传统是一日100刻，而且刻度等分。

育，皆复始，故谓之极。**天以更元作纪历**。元，始。作，为。七纪法天数更始，复为法述之。

□ **子午日夜晷**

此晷由清代学者邹伯奇所作。子午晷基座长16厘米，宽10.1厘米，厚2.5厘米。基座一端装十字形立表，高15厘米。于表底以上5.7厘米处，镶一长10.2厘米横表。在立表高10厘米处装一垂直向的晷针，两头各伸出3.5厘米。立表双面都有横向时刻线，刻有时辰。腰部横平小表上也有时刻线，均以针影所投处定时刻。基座盘上另一端镶一罗盘，盘周有双圈，内刻二十八宿及大星之名，外刻二十四节气。罗盘可旋转。其外则刻一日内十二时辰。此晷白天测日，夜晚测星，均可定时，故亦称日夜晷。

【注释】

〔1〕章：章岁。按照“十九年七闰法”，19年为1章。

〔2〕言闰余尽，为法章条也：建立回归年与朔望月的整数关系，是制定历法的规范。

〔3〕乾象：东汉·刘洪所撰的《乾象历》，颁行于三国吴黄武二年（223年），随吴亡（约280年）而废弛。刘洪在天文学上的成就大都收录于《乾象历》，其中对月亮运动的研究成果最为突出，他首次考虑到了月球运行的不均匀性。

〔4〕辰为岁中，以御朔之月而纳焉：日月相会12次，以置闰的方式建立起朔望月和回归年的整数关系。辰，日月交会。岁中，一年有十二中气。

〔5〕月差为闰：两者的差值作为闰月之数。

〔6〕蔀：4章为1蔀，即76回归年。冬至在年初称为蔀首。

〔7〕一蔀之月：古代天文计算过程中对特殊数值的命名，所谓“一蔀之月”，即一蔀中的月数，下文“一蔀之日”、“一蔀之岁”同。

〔8〕遂：20蔀为1遂，即1520回归年。

〔9〕竟极日月辰终也：完成日、月、星辰各自的循环。

〔10〕其得四正子、午、卯、酉而朝四时焉：一遂有四正（子、午、卯、酉），相应于四时（春生、秋收、夏长、冬藏）。

〔11〕纪："四分历"中规定20蔀为1纪，3纪为1元。

〔12〕命甲子算外：根据干支纪日法，用冬至时刻到前一甲子的夜半时间的天数部分推算冬至日的干支名称。

〔13〕首：1首为3遂，即60蔀，共4560年。

〔14〕摄提格：上古星岁纪年中的年名，对应十二地支中的"寅"位。干支纪年法中一甲子为60年，一甲子中每一年都有一位主宰当年人间的吉凶祸福的当值太岁星。古书载："天皇始制干支之名以定岁之所在。"十干曰：阏逢、旃蒙、柔兆、强圉、著雍、屠维、上章、重光、玄黓、昭阳。十二支曰：困顿、赤奋若、摄提格、单阏、执徐、大荒落、敦牂、协洽、涒滩、作噩、阉茂、大渊献。在后世的传承中，摄提纪各岁星的多音节名称被简化为一个字的地支名，其与简化后的干支在《尔雅》与《史记》等著作中均有对照关系的记载。后世有说法认为，当木星位于丑位时，太岁即位于寅位，该年就称为"摄提格"。

〔15〕极：1极为7首，即31920年。

〔16〕弦、望、晦、朔：弦，半圆的月亮；望，农历十五（或十六）的圆月；晦，农历每月最后一天；朔，农历每月初一。

【译文】

以19年为1章。章，就是规范。也就是说，建立回归年与朔望月的整数关系，是制定历法的规范。《乾象历》说："日月相会12次，通过置闰月建立起朔望月与回归年的整数关系。章月减去章中，其差值设为闰月。"**4章为1蔀，共76年**。蔀是指在年、月、日之间建立的整数关系。1年的月数是$12\frac{7}{19}$月，通分后分子是235。1年的天数是365$\frac{1}{4}$天，通分后分子是1461。分母不同，则分子不等价。做通分运算，以天数分母4乘月数分子235，得940，即一蔀之月。以月数分母19乘天数分子，得27759，即一蔀之日。以日、月分母相乘得76，得一蔀之岁。以一蔀之月数除以一年的月数，得76岁。又以一蔀的天数除以1年的天数，也得76年。既能使月数的余数用尽，又能使天数的余数用尽，所有非整数蔀变成了整数，所以叫作蔀。**20蔀是1遂，每遂是1520年**。遂，穷尽。也就是说完成五行之德，穷尽日月辰的循环。《乾凿度》说："至德之数，先立金、木、水、火、土五数，各304年。"五德运行，日月开辟。甲子为蔀首，76年；其次得癸卯蔀，76年；其次壬午蔀，76年；其次辛酉蔀，76年；共304年，是木德，主导春天（万物）生发。其次庚子蔀，76年；其次己卯蔀，76年；其次戊午蔀，76年；其次丁酉蔀，76年；共304年，是金德，主导秋天收获。其次丙子蔀，76年；其次乙卯蔀，76年；其次甲午蔀，76年；其次癸酉蔀，76年；共304年，是火德，主导夏日生长。其次壬子蔀，76年；其次辛卯蔀，76年；其次庚午蔀，76年；其次己酉蔀，76年；共304年，是水德，主导冬天贮藏。其次戊子蔀，76年；其次丁卯蔀，76年；其次丙午蔀，76年；其次乙酉蔀，76年；共304年，是土德，主导奉养、养育。得到四正——子、午、卯、酉，对应四时——春、秋、夏、冬。共1520年，1纪终结，甲子重新开始，所以叫作遂。求五德日名的方法：取1蔀76岁，每德4蔀，因此乘以4，为304岁；乘以1年365$\frac{1}{4}$日，为111036，除以60，余数为36。用余数推算，得庚子，是金德日。求次德，加36，减去60，余数为12，用前面的方法推算，则得次德日。求算蔀名：取1章岁数乘以周天分，得27759，除以60，余数为39。用余数推算，得癸卯蔀。求次蔀：加39，减去60，用前法推算，则得次蔀。**3遂是1首，每首是4560年**。首，就是开始。日、月、五星周而复始。《考灵曜》说："日月起始于甲子，冬至。日、月、五星都从牵牛宿出发，日月像合璧，五星如联珠，青龙甲寅年。"累计4560年又回到原点，所以叫首。**7首是**

1极，每极是31920年。天地间一切周期既尽，则万物从头开始。极，终。这是说日、月、五星，弦、望、晦、朔，寒暑推移，万物化育，周而复始，所以叫作极。天道轮回伊始，历法重新计算。元，起始。作，为。7首1极，历法天数重新开始计算，接下来又要讲述推算法。

【原文】

何以知天三百六十五度四分度之一？而日行一度，而月后天十三度十九分度之七？二十九日九百四十分日之四百九十九为一月，十二月十九分月之七为一岁？非《周髀》本文，盖人问师之辞，其欲知度之所分，法术之所生。

古者庖牺、神农制作为历，度元之始，见三光[1]**未知其则**[2]**，**三光，日、月、星。则，法也。**日月列星，未有分度。**则星之初列谓二十八宿也。**日主昼，月主夜，昼夜为一日。日、月俱起建星**[3]**。**建六星在斗上也。日、月起建星，谓十一月朔旦冬至日也。为历术者，度起牵牛前五度，则建星其近也。**月度**[4]**疾，日度迟，**度，日、月所行之度也。**日、月相逐于二十九日、三十日间，**言日、月二十九日则未合，三十日复相过。**而日行天二十九度余，**如九百四十分日之四百九十九。**未有定分。**未知余分定几何也。**于是三百六十五日南极影长，明日反短。以岁终日影反长，故知之，三百六十五日者三，三百六十六日者一，**影四岁而后知差一日，是为四岁共一日。故岁得四分日之一。**故知一岁三百六十五日四分日之一，岁终也。月积后天十三周又与百三十四度余，**经岁月后天之周及度求之，余者未知也，言欲求之也。**无虑**[5]**后天十三度十九分度之七，未有定。**无虑者，粗计也。此已得月后天数而言。未有者，求之意。未有见故也。**于是日行天七十六周，月行天千一十六周，又合于建星。**月行一月，则行过一周而与日合。七十六岁九百四十周天，所过复九百四十日。七十六周并之，得一千一十六为一月后天率。分尽度终，复还及初也。

置月行后天之数，以日后天之数除之，得十三度十九分度之七，则月一日行天之度。以日度行率除月行率，一日得月度几何。置月行率一千一十六为实，日行率七十六为法，实如法而一。法及余分皆四约之，与“乾象”同归而殊途，义等而法异也。

复置七十六岁之积月，置章岁之月二百三十五，以四乘之，得九百四十，则蔀之积月也。**以七十六岁除之，得十二月十九分月之七，则一岁之月。**亦以四约法除分。蔀岁除月与章岁除章月同也。

置周天度数〔6〕**以十二月十九分月之七除之，得二十九日九百四十分日之四百九十九，则一月日之数。**通周天四分日之一为千四百六十一，通十二月十九分月之七，为二百三十五。分母不同则子不齐，当互乘以同齐之。以十九乘千四百六十一，为二万七千七百五十九；以四乘二百三十五，为九百四十。乃以除之，则月与日合之数。

【注释】

〔1〕见三光：观测日、月、列星。

〔2〕则：法则，运行规律。

〔3〕建星：古代星官名。有星六颗，即今西方星座系统中的人马（射手）座ζ、ο、π、δ、ρ、ν星，在黄道北，与南斗六星同属斗宿。

〔4〕月度：月球运行之数。

〔5〕无虑：粗略估计。

〔6〕周天度数：$365\frac{1}{4}$度。

【译文】

如何知道周天为$365\frac{1}{4}$度？如何知道太阳每天向东运行1度，而月亮每天向东运行13 $\frac{7}{19}$度？又如何知道一个月是29 $\frac{499}{940}$天，一年是12 $\frac{7}{19}$个月？这不是《周髀》原文，而是学生请教老师的话，他想知道分度和算法的原理。

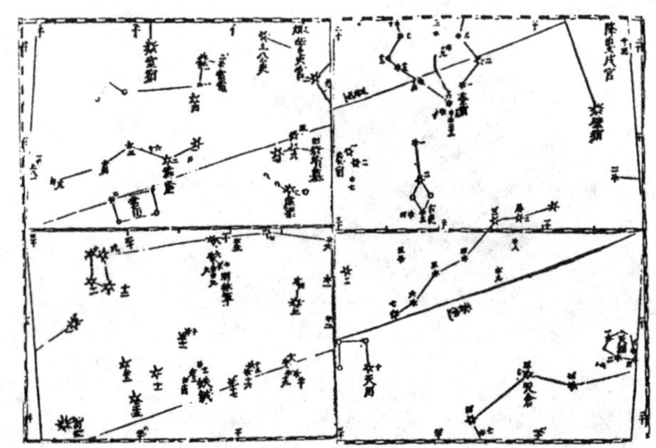

□ **黄道二十分星图**

《黄道二十分星图》为中国第一部近代制式全天恒星分图集，收录于明《崇祯历书》。全集按黄道坐标绘制，含图20幅。计有：南北黄极星图各1幅，收赤纬±67.5°～±90°内星，按极坐标等距投影绘制；赤纬±22.5°～±67.5°内星，南北半皋鼓星图各6幅；赤道上下22.5°内星，按正圆柱投影绘制图6幅。每图边上均有黑白交错的刻度线。星分一至六等、增星及气8种符号点绘，南极图上有大小麦哲伦星系。每星均注有星名，共收1364星。

古代庖牺、神农创制历法，通过观测日、月、星辰开始推算的时候，还不清楚其运行规律。三光，日、月、星。则，就是规律。**日月以及各星的位置也没有度量测定。**星宿的分布，说的是二十八宿。**（但他们注意到）太阳主宰白昼，月亮支配黑夜，（所以）定一昼夜为一天。太阳和月亮都从建星出发向东运行，**建六星在南斗之上。太阳和月亮从建星出发，指十一月朔旦冬至。制订历法，从牵牛宿前五度开始度量，附近的建星就作为参照点。**月亮运行得快，太阳运行得慢。**度，日、月运行的度数。**运行到29至30天之间，正是日、月追逐运行最靠近之时，**日、月运行29天尚未合朔，运行30天又超过合朔之期。**此时太阳已在天上运行了29度多，**例如多出了$\frac{499}{940}$天。**但这些尚无确切数值。**不知道余数的确切大小。**于是观察到365天后太阳运行到最南端而使表竿影长达到最长，第二天影长反向变化，开始变短。根据年终表竿影长达到最大值可知，每3个365天，就有一个366天。**知道4年之后表竿影长差1天，这意味着4年

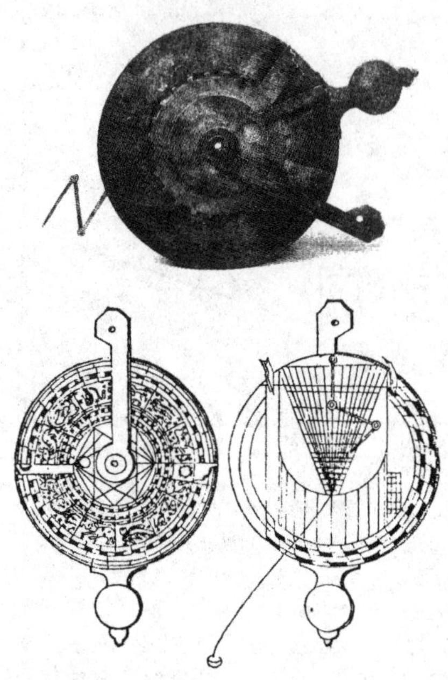

□ 16世纪日月星晷仪

这件日月星晷仪为16世纪德国进赠，可据日、月、星测得时刻。其正面为日晷，上有节气线与时刻线。它通过串有小铜珠的坠线与两立耳细孔中所透日光相合来测定时刻。反面为月晷与星晷，共有三重。四周刻366日，分十二宫。盘上有各种刻线与月相刻图，可依观测月亮进行换算而得时刻。星晷在月晷外端。以表心孔对勾陈大星，以表末孔对天枢、天璇两星，观测并经换算可得时刻。

总共差1天。所以每年差$\frac{1}{4}$日。**于是知道1年是365$\frac{1}{4}$天，这就确定了1回归年的天数。在此期间，月亮向东运行了13周天又134度多，**一回归年中月亮向东运行的周天及度数的整数已求得，余数还不清楚，是待求之数。**可以估算出它每天向东运行13$\frac{7}{19}$度，但没有得到证实。**无虑，就是估算的意思。这是对月亮东行度数而言的。未有，即有待求证的意思。所以说尚未得到证实。**又发现太阳向东运行76周天时，月亮恰好向东运行了1016周天，日月又重合于建星。**月亮运行一个月，则运转一周而与太阳相会。76年中月亮运行了940个周天，经过太阳940次。加上太阳运行的76周，得到1016为一月后天率。度分都是整数，又回到起始点。

取此时段内月亮向东运行的周天数，除以太阳向东运行的周天数，得到一天之中月亮向东运行的度数是13$\frac{7}{19}$度。以月亮向东运行的周天数除以太阳向东运行的周天数，得一天之内月亮向东运行的度数。取月亮向东运行的周天数1016为被除数，太阳向东运行的周天数76为除数，相除，余数用4化简。这与《乾象历》的方法殊途同归，结果等价而算法不同。

再取76年内的朔望月数，取章岁之月235，乘以4，得940，是蔀之积月。

除以76年，得一年之内的月数是$12\frac{7}{19}$月。余数也用4化简。蔀之积月除以蔀岁与章岁之月除以章岁，结果相同。

取周天度数，除以月数$12\frac{7}{19}$，得1月天数是$29\frac{499}{940}$天。将周天度数通分，分子是1461，分母是4。将月数通分，分子是235，分母是19。因分母不同，分子不能直接运算，需要通分。以19乘以1461，得27759；以4乘以235，得940。然后二者相除，则得月亮与太阳合朔之数。

附录一

《张丘建算经》译解

《张丘建算经》由北魏数学家张丘建所著，共分为上、中、下三卷。这部书中有北周·甄鸾注解的“数曰”，唐·李淳风的小字按语和刘孝孙的“草曰”。

《张丘建算经》继承了《九章算术》中的算术成果，并贡献了新的创见，主要有五：一、给出了最大公因数与最小公倍数的算法，可见于卷上（十）（十一）；二、给出了计算等差数列的方法，可见于卷上（二十二）（二十三）（三十二）、卷中（一）以及卷下（三十六）；三、具体分析需要使用《九章算术》中提到的“盈不足”的方法求解的难题，分别获得直接解答的方法；四、相较于《九章算术》，《张丘建算经》增加了两个开带从平方的应用，解析了如何求二次方程的正根，可见于卷中（二十二）、卷下（九）；五、在卷下（三十六）这个经典的“百鸡问题”中给出了三元不定方程组，开创了一问多解的先河。

序

【原文】

夫学算者不患乘除之为难，而患通分之为难。是以序列诸分之本元，宣明约通之要法。上实有余为分子，下法从而为分母，可约者约以命之，不可约者因以名之。凡约法，高者下之，耦者半之[1]，奇者商之。副置其子[2]及其母[3]，以少减多，求等数[4]而用之。乃若其通分之法，先以其母乘其全[5]，然后内子[6]。母不同者母乘子，母亦相乘为一母，诸子共之约之。通分而母入者，出之则定。其夏侯阳之“方仓”[7]，孙子之“荡杯”[8]，此等之术皆未得其妙。故更造新术，推尽其理，附之于此。余为后生好学有无由以至者，故举其大概而为之。法不复烦重，庶其易晓云耳。清河[9]张丘建谨序。

□ 《张丘建算经》书影

《张丘建算经》大约成书于5世纪中叶南北朝时期。全书分三卷，卷中之尾和卷下之首残缺，现传本还留下九十二问。该书除《九章算术》已有的内容外，还涉及等差级数、二次方程问题，特别是不定方程等问题，具有重要的研究意义。

張丘建筭經序
夫學筭者不患乘除之為難而患通分之為難
是以序列諸分之本元宣明約通之要法上實
有餘為分子下法從而為分母可約者約以命
之不可約者因以名之凡約法高者下之耦者
半之奇者商之副置其子及其母以少減多求
等數而用之乃若其通分之法先以其母乘其
全然後内子母不同者母乗子母亦相乗為
一母諸子共之約之通分而母入者出之則定

【注释】

〔1〕耦者半之：偶数除以二。耦，通“偶”，偶数。半之，取半，即除

以二。

〔2〕子：分子。

〔3〕母：分母。

〔4〕等数：公因数。文中所言的求公因数的方法被称为“更相减损术”。

〔5〕全：即带分数的整数部分。

〔6〕内子：加上分子。

〔7〕夏侯阳之“方仓”：夏侯阳（生平不详），南北朝时代数学家。著有《夏侯阳算经》。“方仓”问题见《夏侯阳算经》卷上“言斛法不同”第六题。作者提及的“方仓”问题及下文“荡杯”问题，都涉及在分母不同时的通分。

〔8〕孙子之“荡杯”：孙子，指《孙子算经》作者，身世不详。“荡杯”问题见《孙子算经》卷下第十七题。

〔9〕清河：张姓郡望，或为作者的籍贯。

【译文】

学习算学的人，不认为乘除法难，而认为通分难。因此在序言中阐述约分、通分的本质，阐明约分、通分的方法要义。上面的是分子，下面的是分母，可以约分的要进行约分，不可以约分的就以此为名。约分的方法是，大的数变为小的数，是偶数则除以二，是奇数则作商。再写下分子和分母，用大的数减去小的数，求公因数来使用。通分的方法是，先用分母乘以带分数的整数部分，然后加上分子。分母不同的，用分母乘以分子，分母也相乘为一分母，各分子约去相同的因数。通分之后的分母适合的，也按此方法确定。夏侯阳的“方仓”，孙子的“荡杯”，这些方法均未把握住通分的精妙。因此我修正创造新的方法，来推导穷尽其中的道理，将其附在这里。我为那些好学的后生提供了这种方法，并列举了大概的过程。计算方法不再繁琐，通俗易懂。清河张丘建谨序。

卷上

【原文】

（一）以九乘[1]二十一、五分之三[2]。问得几何?

答曰：一百九十四、五分之二。

草[3]曰：置二十一，以分母五乘之，内[4]子[5]三，得一百八[6]。然以九乘之，得九百七十二。却[7]以分母五而一[8]，得合所问[9]。

【注释】

〔1〕以……乘：乘以。古代数学中严格区分乘和乘以，如 A 乘以 B，含义为 A 个 B 相加；A 乘 B，含义为 B 个 A 相加。

〔2〕二十一、五分之三：带分数，指的是$21\frac{3}{5}$。

〔3〕草：打草稿，此处意译为大致的计算过程。

〔4〕内：加。

〔5〕子：分子。

〔6〕一百八：一百零八。古代数学中常省略零。

〔7〕却：然后。

〔8〕以分母五而一：除以分母五。以……而一，除以……

〔9〕得合所问：得数与该问题相合，此处意译为即可得到前述答案。得，得数。合，相合，符合。

【译文】

用9乘以$21\frac{3}{5}$，求问等于多少？

答案为：$194\frac{2}{5}$。

大致计算过程为：将21和分母5相乘，加上分子3，等于108。然后用9与之相乘，得972。然后除以分母5，即可得到前述答案。

【原文】

（二）以二十一、七分之三乘三十七、九分之五。问得几何？

答曰：八百四、二十一分之十六。

草曰：置二十一，以分母七乘之，内子三，得一百五十。又置三十七，以分母九乘之，内子五，得三百三十八。二位相乘得五万七百为实〔1〕**。以二分母七、九相乘得六十三而一。得八百四，余六十三分之四十八。各**〔2〕**以三约**〔3〕**之，得二十一分之一十六。合前问**〔4〕**。**

【注释】

〔1〕实：分子。

〔2〕各：分别，这里指分子分母。

〔3〕约：约分。这里指除以。

〔4〕合前问：为前述答案。

【译文】

用$21\frac{3}{7}$乘以$37\frac{5}{9}$，求问等于多少？

答案为：$804\frac{16}{21}$。

大致计算过程为：将21和分母7相乘，加上分子3，等于150。又用37和分母9相乘，加上分子5，等于338。将这两个数相乘，乘积作为分子，得50700。用两个分母7和9相乘作分母，得63。变为带分数得$804\frac{48}{63}$。分子分母均除以3，得$\frac{16}{21}$。即为前述答案。

【原文】

（三）以三十七、三分之二乘四十九、五分之三、七分之四[1]**。问得几何？**

答曰：一千八百八十九、一百五分之八十三。

草曰：置三十七，以分母三乘之，内子二，得一百一十三。又置四十九于上，别置五分于下右，之三在左。又于五分之下别置七分，三分之下置四。维[2]**乘之，以右上五乘下左四得二十，以右下七乘左上三得二十一，并**[3]**之得四十一。以分母相乘得三十五，以三十五除四十一，得一，余六。以一加上四十九得五十。又以分母三十五乘之，内子六，得一千七百五十六。以乘上位一百一十三，得一十九万八千四百二十八为实。又以三分母相乘得一百五为法**[4]**。除实**[5]**得一千八百八十九，余一百五分之八十三。合所问。**

【注释】

〔1〕四十九、五分之三、七分之四：$49\frac{3}{5}$加$\frac{4}{7}$。

〔2〕维：网。《集韵》：“维，网也。”此处理解为交叉相乘。

〔3〕并：合并，此处指相加。

〔4〕法：标准。此处应理解为分母。

〔5〕除实：分子除以分母。

【译文】

用$37\frac{2}{3}$，乘$49\frac{3}{5}$加$\frac{4}{7}$，求问等于多少？

答案为：$1889\frac{83}{105}$。

大致计算过程为：将37与分母3相乘，加上分子2，等于113。接着将49放在上面，将5写在49的右下方，3写在5的左边。接下来在5的下边写7，在3的下面写4。交叉相乘，用右上的5乘以左下的4得20，用右下的7乘以左上的3得21，加在一起得41。用分母5和7相乘得35，用35除41，得1，余数是6。用1加上49，等于50。又用分母35与50相乘，再加上分子6，等于1756。用它乘以分子113，等于198428，作为分子。接着将3个分母相乘，得105，作为分母。分子除以分母，得1889，余$\frac{83}{105}$。即为前述答案。

【原文】

臣淳风等谨按[1]：以前三条，虽有设问而无成术可凭[2]。宜云[3]，分母乘全[4]内子，令相乘为实。分母相乘为法。若两有分，母各乘其全内子，令相乘为实。分母相乘为法。实如法而得一。

【注释】

〔1〕谨按：常用于引文前，此处的意思是注释。

〔2〕凭：凭借，参考。

〔3〕宜云：应该写下。宜，应当。云，说，此处的意思是记录、写下。

〔4〕全：整个，此处的意思是整数部分。

【译文】

李淳风等谨按：前三条，虽然有设问，但没有可供参考的计算方法。应当写出，分母乘以整数部分再加上分子，令其相乘作为分子；分母相乘作为分母。如果两个都是带分数，分母各自乘以整数部分再加上分子，令其相乘作为分子；分母相乘，乘积作为分母。分子除以分母即得答案。

【原文】

（四）以十二除二百五十六、九分之八，问得几何？

答曰：二十一、二十七分之十一。

草曰：置二百五十六，以分母九乘之，内子八，得二千三百一十二为实。又置除数十二，以九乘之，得一百八为法。除实得二十一。法与余俱半之〔1〕**，得二十七分之十一。合所问。**

【注释】

〔1〕半之：二分之一，此处的意思是不断取半。

【译文】

$256\frac{8}{9}$除以12，求问等于多少？

答案为：$21\frac{11}{27}$。

大致计算过程为：将256与分母9相乘，加上分子8，等于2312，作为分子。紧接着将除数12与9相乘，等于108，作为分母。用108除分子2312，商得21。分母与余数不断取半，最终等于$\frac{11}{27}$。相加即为前述答案。

【原文】

（五）以二十七、五分之三除一千七百六十八、七分之四。问得几何？

答曰：六十四、四百八十三分之三十八。

草曰：置一千七百六十八，以分母七乘之，内子四，得一万二千三百八十。又以除分母五乘之，得六万一千九百为实。又置除数二十七，以分母五乘之，内子三，得一百三十八。又以分母七乘之，得九百六十六为法。除之，得六十四。法与余各折半[1]，得四百八十三分之三十八。得合所问。

【注释】

〔1〕折半：变为原来一半。

【译文】

$1768\frac{4}{7}$除以$27\frac{3}{5}$，求问等于多少？

答案为：$64\frac{38}{483}$。

大致计算过程为：将1768与分母7相乘，加上分子4，等于12380。然后用除数的分母5与之相乘，等于61900，作为分子。接下来将除数27与分母5相乘，加上分子3，等于138。然后用分母7与之相乘，等于966，作为分母。用分母966除61900，商得64。分母与余数各变为原来的一半，等于$\frac{38}{483}$。相加即为前述答案。

【原文】

（六）以五十八、二分之一除六千五百八十七、三分之二、四分之三。问得几何？

答曰：一百一十二、七百二分之四百三十七。

术[1]曰：置六千五百八十七于上。又别置三分于下右，之二于左。又置四分于三下，之三于左。维乘之，分母得十二，子得一十七。以分母除子得一，余五。加一上位，得六千五百八十八。以分母十二乘之，内子五，得七万九千六十一。又以除数分母二因之，得一十五万八千一百二十二。又置除数五十八于下。以二因之，内子一，得一百一十七。又以乘数分母十二乘之，得一千四百四为法。以除实得一百一十二。法与余俱半之，得七百二分之四百三十七。

【注释】

〔1〕术：方法。此处应理解为计算方法。

【译文】

$6587\frac{2}{3}$加$\frac{3}{4}$，除以$58\frac{1}{2}$。求问等于多少？

答案为：$112\frac{437}{702}$。

计算方法为：将6587写在上面。然后将分母3写在6587的右下方，将分子2写在3的左边。接着将分母4写在3的下面，将分子3写在4的左边。将右上的3与右下的4相乘，乘积作为分母，分母等于12，交叉相乘，用左上的2乘以右下的4，等于8；用左下的3乘以右上的3，等于9。9与8相加，可得分子等于17。用分母12除分子17，商等于1，余数是5。将1与上面的数6587相加，等于6588。用分母12与之相乘，加上分子5，等于79061。

79061再乘以除数的分母2，等于158122。然后将除数58写在158122的下面。用2乘58，加上分子1，等于117。再用上面得到的乘积的分母12与之相乘，等于1404，作为分母。1404除分子158122，商等于112。分母与余数都除以2，等于$\frac{437}{702}$。

【原文】

臣淳风等谨按：此术以前三条亦有问而无术。宜云，置所有之数通分内子为实[1]。置所除之数[2]以分母乘之为法。实如法得一。若法实俱有分，及重有分者，同而通之。

【注释】

〔1〕置所有之数通分内子为实：将被除数通分加上分子作为新的分子。所有之数，被除数。通分，即将整数部分乘以分母。故此句意译为将被除数的整数部分乘以分母，加上分子作为分子。

〔2〕所除之数：除数。

【译文】

李淳风等谨按：该计算方法之前的三条都是有提问而没有计算方法的。应该写出：将被除数的整数部分乘以分母，加上分子作为分子；将除数的整数部分乘以分母，加上分子作为分母；分子除以分母，即可得解。如果分母分子均含有分数，则重复上述方法，均进行通分。

【原文】

（七）今有官猎得鹿，赐围兵。初围三人中赐鹿五头。次围五人中赐

鹿七头。次围七人中赐鹿九头。并三围赐鹿一十五万二千三百三十三头、少半头[1]。问围兵几何?

答曰：三万五千人。

术曰：以三赐人数互乘三赐鹿数[2]，并[3]以为法。三赐人数相乘并赐鹿数为实。实如法而得一[4]。

草曰：置三人于右上，五鹿于左上；五人于右中，七鹿于左中；七人于右下，九鹿于左下。以右中乘左上五得二十五，又以右下七乘左上二十五得一百七十五。又以右上三乘左中七得二十一，又以右下七乘左中二十一得一百四十七。又以右上三乘左下九得二十七，又以右中五乘左下二十七得一百三十五。将左三位并之，得四百五十七为法。以右三位相乘得一百五。别置一十五万二千三百三十三头、少半头位于上，先以三乘之，内子一，得四十五万七千。以一百五乘之，得四千七百九十八万五千。 置除法四百五十七，以三因之[5]，得一千三百七十一为法，除之，得三万五千人。合问。

【注释】

〔1〕少半头：少于半头。

〔2〕以三赐人数互乘三赐鹿数：用这三围每次赏赐的（各组）人数和每次赏赐的（另外两组）鹿数（之积）相乘。

〔3〕并：相加。

〔4〕实如法而得一：算学术语，指的是除法运算中除的过程与结果。实，被除数，即分子。法，除数，即分母。如，相等。分子中有与分母相等的，便商一，几次相等，便得几。意译为分母除以分子。

〔5〕以三因之：用三乘它。因，乘。

【译文】

现在有官府组织围猎，猎得了若干鹿，赏赐给围猎的士兵。最里面一圈围猎的士兵每3个士兵赏赐5头鹿，中间一圈围猎的士兵每5个士兵赏赐7头鹿，最外一圈围猎的士兵每7个士兵赏赐9头鹿。这三圈围猎的士兵共得到了152333头零头少于半头鹿的赏赐。求问参加围猎的士兵有多少人？

答案为：35000人。

计算方法为：用这三围每次赏赐的各组人数和每次赏赐的另外两组鹿数之积相乘，而后加在一起，将得数作为分母。用这三次每次赏赐的各组人数相乘，并且乘以这三次赏赐鹿的总数，将得数作为分子。分子除以分母。

大致计算过程为：将3个人写在右上方，5头鹿写在左上方；将5个人写在中间一行的右面，7头鹿写在中间一行左面；将7个人写在右下方，9头鹿写在左下方。用中间一行右面的5乘以左上方的5，等于25；再用右下方的7乘以左上方的25，等于175。然后用右上方的3乘以中间一行左边的7，等于21；再用右下方的7乘以中间一行左边的21，等于147。然后用右上方的3乘以左下方的9，等于27；再用中间一行右边的5乘以左下方的27，等于135。将这三个数加在一起，等于457，作为分母。将右边三个数相乘，得105。将152333头加少于半头鹿，写在105的上边，先乘以3，再加上1，等于457000。再用105乘457000，等于47985000。将分子457与3相乘，等于1371，作为除数，用457000除以它，等于35000人。即为最终答案。

【原文】

（八）今有猎围，周[1]四百五十二里[2]一百八十步[3]，布[4]围兵十步一人。今欲缩令通身得地四尺[5]。问围内缩几何？

答曰：三十里五十二步。

术曰：置围里步数，一退[6]，以四因之为尺。以步法除之，即得缩数。

草曰：置四百五十二里，以里法三百步乘之，内子一百八十，得一十三万五千七百八十步。退一等，得一万三千五百七十八人。四因之，得五万四千三百一十二尺，以六尺除之为步，得九千五十二步。以里法三百除之，得三十里五十二步。合问。

【注释】

〔1〕周：一圈。此处的意思是环绕一周。

〔2〕里：量词，与下文“步”均为古代长度单位，1里为300步，相当于今500米。

〔3〕步：见上注。

〔4〕布：作出安排。

〔5〕今欲缩令通身得地四尺：现在要缩小包围圈，变为每隔$\frac{4}{6}$尺有士兵1人。缩令，下令缩小包围圈。通身，指人的身高，北魏时期约为6尺，1步等于6尺。

〔6〕一退：退一位。此处的意思是除以10。

【译文】

现在有场合围狩猎，环绕一圈有452里180步，每10步安排1名围猎的士兵。现在要下令缩小包围圈，变为每隔$\frac{4}{6}$尺有士兵1人。求问包围圈的长度缩成多少？

答案为：30里52步。

计算方法为：将围猎的里数换算为步数，除以10，用4乘，作为尺数。再除以里和步的换算单位，即可得到缩小后的长度。

大致计算过程为：将452里，用里数和步数的换算单位300乘，加上180，等于135780步。除以10，等于13578人。乘以4，等于54312尺，再除以6尺得到步数，等于9052步。用里数和步数的换算单位300除9052步，等于30里52步。即为最终答案。

【原文】

（九）今有围兵二万三千四百人以布围周，各相去五步。今围内缩除[1]一十九里一百五十步而止。问兵相去几何？

答曰：四步、四分步之三。

术曰：置人数，以五乘之，又以十九里一百五十步减之，余[2]，以人数除之。不尽[3]，平约[4]之。

草曰：置围兵二万三千四百人，以五乘之，得一十一万七千步。置一十九里，以三百通[5]之，内子一百五十步，得五千八百五十步。以减上位，得一十一万一千一百五十步。以围兵二万三千四百除之，得四步。余以围兵数再折除，余得三，除法得四。

【注释】

〔1〕缩除：缩减。

〔2〕余：余下的数。此处的意思是差。

〔3〕不尽：除不尽，即不能整除。

〔4〕平约：均等约分。

〔5〕通：通分。此处的意思是乘。

【译文】

现在有围猎的士兵共23400人在四周形成了包围圈，这些士兵的间隔为5步。现在将包围圈缩减为19里150步。求问缩围之后士兵的间隔是多少？

答案为：$4\frac{3}{4}$步。

计算方法为：用5乘以人数，再减去19里150步，得到的差，除以人数。若除不尽，将余数均等约分。

大致计算过程为：把围猎士兵人数23400人乘以5，等于117000步。将19里乘300，再加上150步，等于5850步。用上面的数117000减5850，等于111150步。再除以围兵数23400，等于4步。再用余数除以围兵数，余数得3，除以分母4。

【原文】

（一〇）今有封山周栈[1]三百二十五里。甲、乙、丙三人同[2]绕周栈行，甲日行一百五十里，乙日行一百二十里，丙日行九十里。问周行几何日会？

答曰：十日、六分日之五。

术曰：置甲、乙、丙行里数，求等数[3]为法。以周栈里数为实。实如法而得一。

草曰：置甲、乙、丙行里数，甲行一百五十，乙行一百二十，丙行九十，各求等数，得三十，为法。除周栈数得十日，法三十，余二十五，各以五除之，法得六，余得五。各以三十约[4]甲、乙、丙行数，乃甲得五周，乙得四周，丙得三周。合前问。

□《海岛算经》

魏晋南北朝是中国历史上的动荡期，也是思想的活跃期，学术思辨之风盛行，数学上也兴起了论证的趋势。在许多以注释研究《周髀算经》《九章算术》的杰出代表人物中，首推魏国的刘徽。刘徽除了《九章算术注》还有其他许多数学成果，特别是他关于勾股测量的章节，后来更是被单独刊行，史称《海岛算经》。该书是对古代数理天文学中的重差术的进一步发展，成为勾股测量学的典籍。

【注释】

〔1〕封山周栈：绕山一周的栈道。

〔2〕同：相同。此处的意思是同向。

〔3〕等数：最大公因数。

〔4〕各以三十约：分别约去30。约，约分，此处的意思是除以30。

【译文】

现在有绕山一周的栈道325里。甲、乙、丙三人绕栈道同向而行，甲一日走150里，乙一日走120里，丙一日走90里。问这几个人绕行几周、走几天能够相遇？

答案为：$10\frac{5}{6}$日。

计算方法为：将甲、乙、丙三人每日所行里数的最大公因数作为分母。把栈道一周的里数作为分子。分子除以分母即可。

大致计算过程为：写下甲、乙、丙三人每日所行里数，甲1日走150里，乙1日走120里，丙1日走90里，求这三个数的最大公因数，等于30，作为分母。用分母30除栈道一周长度325里得10天，剩余分母30，分子25。分子、分母各用5除，分母得6，分子得5。用30分别除甲、乙、丙每日所行里数，于是便得到甲绕山5周，乙绕山4周，丙绕山3周。即为最终答案。

【原文】

（一一）今有内营周七百二十步，中营周九百六十步，外营周一千二百步。甲、乙、丙三人值夜[1]，甲行内营，乙行中营，丙行外营，俱[2]发[3]南门。甲行九，乙行七，丙行五[4]。问各行几何周数，俱到南门？

答曰：甲行十二周，乙行七周，丙行四周。

术曰：以内、中、外周步数互乘甲、乙、丙行率[5]。求等数，约之，各得行周。

草曰：置内营七百二十步于左上，中营九百六十步于中，外营一千二百步于下。又各以二百四十约之，内营得三，中营得四，外营得五。别置甲行九于右上，乙行七于右中，丙行五于右下。以求整数，以右位再倍[6]，上得三十六，中得二十八，下得二十。以左上三除右上三十六得十二周。以左中四除右中二十八得七周。以左下五除右下二十得四周。是甲、乙、丙行数。合前问。

【注释】

〔1〕值夜：于夜晚执行勤务。此处的意思是在夜晚巡逻。

〔2〕俱：都。

〔3〕发：出发。

〔4〕甲行九……丙行五：此处的意思是，甲、乙、丙三者速度之比为9∶7∶5。

〔5〕以内、中、外周步数互乘甲、乙、丙行率：用内营、中营、外营一周的步数分别乘以甲、乙、丙（另外两者的）速度比率。

〔6〕再倍：4倍。

【译文】

现有720步一周的内营，960步一周的中营，1200步一周的外营。甲、乙、丙三人夜间巡逻，甲在内营巡逻，乙在中营巡逻，丙在外营巡逻，都从南门（一起同向）出发。甲、乙、丙三者速度之比为9∶7∶5。问这三个人各自巡逻几周之后，一起在南门相遇？

答案为：甲走12周，乙走7周，丙走4周。

计算方法为：用内营、中营、外营一周的步数分别乘以甲、乙、丙（另外两者的）速度比率。求这三个数的最大公因数，用该最大公因数除前面的三个数，即可得到三人各自巡逻几周。

大致计算过程为：将内营的720步写在左上方，将中营的960步写在中间，将外营的1200步写在左下方。然后分别除以240，内营的比例数等于3，中营的比例数等于4，外营的比例数等于5。另外将甲速度的比例数9写在右上方，将乙速度的比例数7写在右列中间，将丙速度的比例数5写在右下方。为了求得整数，将右列的数乘以4，上方的数等于36，中间的数得28，下面的数得20。用左上方的3去除右上方的36，等于12周。用左列中间的4去除右列中间的28，等于7周。用左下方的5去除右下方的20，等于4周。这几个数分别是甲、乙、丙所需要走的周数。即为最终答案。

【原文】

（一二）今有津〔1〕不知其广〔2〕。东岸高一丈。坐岸东去岸〔3〕五十步，遥望岸上，及津西畔〔4〕，适〔5〕与人目参合〔6〕。人目去地二尺四寸。问

津广几何?

答曰：二百八步、三分步之一。

术曰：以岸高乘人去岸为实。以人目去地为法，实如法而一。

草曰：置岸高一丈。又别置五十步于上，以六乘之，得三百尺。又以十尺乘之，得三千尺为实。以人眼去地二尺四寸为法。除三千尺得一千二百五十尺。又以六尺为步除之，得二百八。步法六余二，各折半，得三分之一。合前问。

【注释】

〔1〕津：渡口。

〔2〕广：广度。此处的意思是宽度。

〔3〕去岸：离开岸边。此处的意思是与岸边的距离。

〔4〕西畔：西岸的水面。

〔5〕适：正好。

〔6〕参合：位于同一水平线上。

【译文】

现在有个不知道宽度是多少的渡口。东岸高1丈。在东岸距离岸边50步的位置遥望岸边与渡口西畔，东岸、西畔正好与人眼位于同一水平线上。人眼距离地面2尺4寸。问渡口的宽度是多少?

答案为：$208\frac{1}{3}$步。

计算方法为：用岸的高度乘以人与岸之间的距离作为分子。用人眼与地面的距离作为分母，分子除以分母。

大致计算过程为：写下岸的高度1丈。再将50步写在上方，乘以6，等于300尺。再乘以10尺，等于3000尺，作为分子。用人眼与地面之间的距离2尺4寸作为分母。用2尺4寸去除3000尺等于1250尺。再除以6尺，等于208步，余数为$\frac{2}{6}$，分子分母分别除以2，等于$\frac{1}{3}$。即为最终答案。

【原文】

（一三）今有葭[1]生于池中，出水三尺，去岸一丈。引葭趋岸[2]，不及一尺[3]。问葭长及水深各几何?

答曰：葭长一丈五尺。水深一丈二尺。

术曰：置葭去岸尺数，以不及尺数减之，余，自相乘[4]。以出水尺数而一。所得加出水而半之，得葭长。减出水尺数，即得水深。

草曰：置去岸一丈，减不及一尺，余有九尺。自乘之，得八十一尺。以出水三尺除之，得二丈七尺。加出水三尺共得三丈，半之，得葭长一丈五尺。减出水三尺，余水深一丈二尺。合问。

【注释】

〔1〕葭：蒹葭，一种水草。可见于《诗经·秦风·蒹葭》：“蒹葭苍苍，白露为霜。所谓伊人，在水一方。”

〔2〕趋岸：靠近岸边。趋，趋向于、靠近。

〔3〕不及一尺：距离（岸边）还有1尺。

〔4〕自相乘：自己与自己相乘，即平方。

【译文】

现在在水中生长着一棵蒹葭，露出水面3尺，距离岸边1丈远。将蒹葭拉向岸边，距离岸边尚有1尺。问蒹葭的长度和水的深度分别是多少。

答案为：蒹葭的长度是1丈5尺。水的深度是1丈2尺。

计算方法为：用蒹葭距离岸边的尺数，减去（拉向岸边后）距离岸边的尺数，将得到的余数自乘。除以露出水面的尺数。将得到的数加上露出水面的尺数，再除以2，可得到蒹葭的长度。减去露出水面的尺数，即可得到水的深度。

大致的计算过程为：用蒹葭到岸边的距离1丈，减去（拉向岸边后）到岸边的距离1尺，差为9尺。其平方等于81尺。除以露出水面的3尺，等于2丈8尺。加上露出水面的3尺，一共等于3丈。除以2，即可得到蒹葭的长度是1丈5尺。再减去露出水面的3尺，即可得到水的深度1丈2尺。即为最终答案。

【原文】

（一四）今有木，不知远近、高下[1]。立一表[2]高七尺，人去表九步立，望表头适与木端邪平[3]。人目去地七尺二寸。又去表三十步，薄地[4]遥望表头，亦与木端邪平。问木去表及高几何?

答曰：去表三百一十五步。木高八丈五寸。

术曰：以表高乘人立去表为实。以表高减人目去地为法而一，得木去表。以表高乘木去表为实。以人目薄地去表为法。实如法而一，所得加表高，即木高。

草曰：置表高七尺，以去表九步乘之，得六十三为实。以表高七尺减人目去地七尺二寸，余有二寸为法。除实得去表三百一十五步。又以表高七尺乘去表三百一十五步，得二千二百五，以去表三十步除之，得七丈三尺五寸。加入表高七尺，得木高八丈五寸。合问。

【注释】

〔1〕高下：高度。

〔2〕表：用于标记的木桩。

〔3〕邪平：位于同一直线上。

〔4〕薄地：贴近地面。薄，通“迫”，迫近、贴近。

【译文】

现在有一棵树，不知道距离远近和高度。立一个高7尺的木桩，人站在距离木桩9步远的位置，遥望木桩顶端，（人眼、木桩）正好与树顶位于同一直线上。人眼距离地面7尺2寸。而后又在距离木桩30步的位置，贴近地面远望树顶，（人眼、木桩）也与树顶位于同一直线上。问树与木桩之间的距离是多少，树的高度是多少？

答案为：树距离木桩315步。树的高度是8丈5寸。

计算方法为：用木桩的高乘以人与木桩之间的距离作为分子，用木桩的高度减去人眼与地面之间的距离作为分母。分子除以分母，可得树与木桩之间的距离。当人眼贴地观察时，用木桩的高度乘以树与木桩之间的距离作为分子，用人与木桩之间的距离作为分母。分子除以分母，将得数加上木桩的高度，即可得到树的高度。

大致的计算过程为：用木桩的高度7尺，乘以人与木桩之间的距离9步，等于63，作为分子。用木桩的高度7尺，减去人眼与地面之间的距离7尺2寸，得到差2寸，作为分母。用分母除分子，得到树与木桩的距离为315步。当人眼贴地观察时，用木桩的高度7尺，乘以树与木桩之间的距离315步，等于2205，除以人与木桩的距离30步，等于7丈3尺5寸。再加上木桩的高度7尺，即可得到树的高度8丈5寸。即为最终答案。

【原文】

（一五）今有城，不知大小，去人远近。于城西北隅[1]而立四表，相去各六丈[2]，令左两表与城西北隅南北望[3]参相直[4]。从右后表望城西北隅，入右前表一尺二寸[5]。又望西南隅，亦入右前表四寸。又望东北隅，亦入左后表二丈四尺。问城去左后表及大小各几何？

答曰：城去左后表一里二百步。东西四里四十步，南北三里一百步。

术曰：置表相去自乘，以望城西北隅入数而一，得城去表。又以望城西南隅入数而一，所得减城去表，余为城之南北。以望城东北隅入左后表数，减城去表，余以乘表相去，又以入左后表数而一，即得城之东西。

草曰：置表相去六丈，自乘之，得三千六百尺。以西北隅入表一尺二寸除之，得三千尺。以六尺除之，得五百步。又以里法三百步除之，得一里，余二百步，为城去表步数。又别置三千六百尺，以望城西南隅入表四寸除之，得九千尺，以减城去表三千尺，余有六千尺。以六除之得一千步。里法而一，得三里，余有一百步，为城南北步数。又置望城东北隅入左后表二丈四尺，以减城去表三千尺，余有二千九百七十六尺。以表相去六丈乘之，得一十七万八千五百六十尺。以入左后表二丈四尺除之，得七千四百四十尺。以六尺除之，得一千二百四十步。里法而一，得四里，余四十步，为城东西步。合问。

【注释】

〔1〕隅：角落。

〔2〕相去各六丈：相互之间的距离为6丈。此处的意思是围成边长为6丈的正方形。

〔3〕南北望：南北方向。

〔4〕参相直：位于同一直线。

〔5〕从右后表望城西北隅，入右前表一尺二寸：此处的意思是从右后方的木桩望向城池的西北角，视线与前方两木桩的连线相交，该交点与右前方的木桩相距1尺2寸。

【译文】

现在有一个城池，不知道它的面积大小，也不知道距离人的远近。在城池的西北角立下4个木桩，围成边长为6丈的正方形，并且让左边的两个木桩与城池的西北角在南北方向位于同一直线上。从右后方的木桩望向城池的西北角，视线与前方两木桩的连线相交，该交点与右前方的木桩相距1尺2寸；再望向城池的西南角，交点与右前方的木桩相距4寸；再望向城池的东北角，入交点与左后方的木桩2丈4尺。问该城池距离左后方的木桩多远，城池大小是多少？

答案为：城池与左后方木桩之间的距离是1里200步。城池东西方向的距离是4里40步。城池南北方向的距离是3里100步。

计算方法为：用木桩之间的距离的平方，除以望向城池的西北角的入数，即可得到城池与左后方木桩之间的距离。然后得数除以望向城池的西北角的入数，用所得的结果减去城池与左后方木桩之间的距离，两者之差即为城池南北方向的距离。用望向城池东北角入左后方木桩之数，减去城池与木桩之间的距离，所得之差乘以木桩之间的距离，再除以入左后方木桩之数，即可得到城池东西方向的长度。

大致计算过程为：木桩之间的距离6丈，平方后等于3600尺。除以望向城池西北角的入数1尺2寸，等于3000尺。除以6尺，等于500步。再除以里与步的换算进率300，等于1里，余数为200步，是城池与左后方木桩之间的距离。再用3600尺，除以望向城池西南角的入数4寸，等于9000尺，减去城池与左后方木桩之间的距离3000尺，所得之差为6000尺。除以6等于1000步。除以里与步的进率，等于3里，余数为100步，是城池南北方向的长度。再用城池与左后方木桩之间的距离3000尺，减去望向城池东北角入左后方木桩的2丈4尺，所得之差为2976尺。乘以木桩之间的距离6丈，等于178560尺。除以入左后方木桩的2丈4尺，等于7440尺。除以6尺，等于1240步。除以里与步的进率，等于4里，余数为40步，是城池东西方向的距离。即得前述答案。

【原文】

（一六）今有甲日行疾[1]于乙日行二十五里，而甲发洛阳七日至邺，乙发邺九日至洛阳。问邺、洛阳相去几何？

答曰：七百八十七里半。

术曰：以甲、乙所至日数相乘，又以甲日行疾里数乘之，为实，以甲至日减乙至日数，余为法。实如法而一。

草曰：置甲乙所至七日、九日相乘，得六十三。又以甲疾行二十五里乘之，得一千五百七十五为实。以甲至七日减乙至九日，余有二日为法。除实得七百八十七里半。合问。

【注释】

〔1〕疾：快。

【译文】

现有甲比乙每日所行路程多25里，甲从洛阳出发后7日到邺城，乙从邺城出发9日后到洛阳。问邺城和洛阳之间的距离是多少？

答案为：787.5里。

计算方法为：用甲和乙到达所需时间相乘，再乘以甲（比乙）每日多行的里数，所得结果作为分子。用乙到达所需时间减去甲到达所需时间，得到的差作为分母。分子除以分母即可。

大致计算过程为：将甲乙到达所需时间7日、9日相乘，得63。再乘以甲（比乙）每日多行的25里，得1575作分子。用乙到达所需9日减去甲到达所需7日，差为2日，作为分母。分子除以分母得787.5里。即为最终答案。

【原文】

（一七）今有官出库金五十九斤一两，赐王〔1〕九人，公〔2〕十二人，侯〔3〕十五人，子〔4〕十八人，男〔5〕二十一人。王得金各多公五两，公得金各多侯四两，侯得金各多子三两，子得金各多男二两。问王、公、侯、子、男各得金几何？

答曰：王一斤六两，公一斤一两，侯十三两，子十两，男八两。

术曰：置王、公、侯、子、男数。王位十四之〔6〕，公位九之，侯位五之，子位二之。并之，以减出金两数。余，以凡人数而一，所得各以本差之数加之，得王、公、侯、子、男各所得金之数。不加即男之得金。

草曰：置王九人，公十二人，侯十五人，子十八人。以王位十四之，得一百二十六。公位九之，得一百八。侯位五之，得七十五。子位二之，得三十六。并之，得三百四十五。以减出金五十九斤〔7〕一两，余六百为实。并五等人数得七十五为法。除实得八两。乃加十四得二十二两为王，加九得十七两为公，加五得十三两为侯，加二得十两为子。男不加，如数。如满斤法而一，不满者命为两。合问。

【注释】

〔1〕王：中国古代皇帝以下的最高爵位。

〔2〕公：公爵。

〔3〕侯：侯爵。

〔4〕子：子爵。

〔5〕男：男爵。

〔6〕十四之：乘以14。下同。

〔7〕斤：质量计量单位，古代1斤等于16两。

【译文】

现有官府拿出库金59斤1两，赏赐给9位王、12位公爵、15位侯爵、18位子爵、21位男爵。每位王比每位公爵多得5两金，每位公爵比每位侯爵多得4两金，每位侯爵比每位子爵多得3两金，每位子爵比每位男爵多得2两金。问每位王、公爵、侯爵、子爵、男爵各分得几两金?

答案为：王每人分得1斤6两金，公每人分得1斤1两金，侯每人分得13两金，子每人分得10两金，男每人分得8两金。

计算方法为：写下王、公爵、侯爵、子爵、男爵的人数。用14乘以王的人数，用9乘以公爵的人数，用5乘以侯爵的人数，用2乘以子爵的人数。以上得数相加，用拿出的库金总两数减去所得之和。所得之差，除以总人数。用相差之数，分别加上所得之商，可得到每位王、公爵、侯爵、子爵、男爵所得金的数量。若不加商，即可得到男爵所得金之数。

大致计算过程为：写下王9人，公爵12人，侯爵15人，子爵18人。用14乘以王的人数，得126；用9乘以公爵的人数，得108；用5乘以侯爵的人数，得75；用2乘以子爵的人数，得36。相加，得345。用府库出金数59斤1两减去所得之和，差为600，作为分子。将五类人数量相加，等于75，作为分母。分子除以分母等于8两。加14等于22两，这是每位王所得金之数；加9等于17两，这是每位公爵所得金之数；加5等于13两，这是每位侯爵所得金之数；加2等于10两，这是每位子爵所得金之数；若不加，即为每位男爵所得金之数。（用两数除以16）换算为斤，不满1斤的记为两。即为最终答案。

【原文】

（一八）今有十等人甲等十人，官赐金依等次差降之[1]。上三人先入，得金四斤，持出。下四人后入，得金三斤，持出。中央三人未到者，亦依等次更给。问各得金几何，及未到三人复应得金几何？

答曰：甲一斤、七十八分斤之三十三，乙一斤、七十八分斤之二十六，丙一斤、七十八分斤之十九，丁一斤、七十八分斤之十二，戊一斤、七十八分斤之五，己七十八分斤之七十六，庚七十八分斤之六十九，辛七十八分斤之六十二，壬七十八分斤之五十五，癸七十八分斤之四十八，未到三人共得三斤、七十八分斤之十五。

术曰：以先入人数分所持金数为上率。以后入人数分所持金数为下率。二率相减，余为差实。并先后入人数而半之，以减凡人数，余为差法。实如法而一，得差数[2]。并一、二、三，以差数乘之，以减后入人所持金数，余，以后入人数而一。又置十人减一，余，乘差数，并之即第一人所得金数。以次每减差数，各得之矣。并中央未到三人，得应持金数。

草曰：置先入人数于左上，置得金数于右上。又置后入人数于左下，置后得金数于右下。以后入人数乘先得金数得十六，以先入人数乘后得金数得九。以九直减十六得七为差实[3]。又并先后入人数七，半之得三半，以减十人数，余六半。又以先后人数率分母三与分母四相乘得十二，以乘六半得七十八为差法[4]。七十八是一斤也。置后人所得金数三，以乘差法得二百三十四。又置一、二、三并之得六，以七因之，得四十二。

直减二百三十四，余有一百九十二。以后人四人数除之，人得四十八，乃是癸得之数。累加差七，乃合前问。

【注释】

〔1〕依等次差降之：按等差数列递减。

〔2〕差数：公差。

〔3〕差实：公差的分子。

〔4〕差法：公差的分母。

【译文】

现有10个等级各不同的人，官府按等差数列递减赐给他们库金。前3人先领取，共得到库金4斤，拿着离开了。后4个人随后领取，共得到库金3斤，拿着离开了。中间没有到的3个人，也依照等差数列发放库金。问每个人各得到多少库金，以及没有到的3个人共应得到多少库金？

答案为：甲得$1\frac{33}{78}$斤库金，乙得$1\frac{26}{78}$斤库金，丙得$1\frac{19}{78}$斤库金，丁得$1\frac{12}{78}$斤库金，戊得$1\frac{5}{78}$斤库金，己得$\frac{76}{78}$斤库金，庚得$\frac{69}{78}$斤库金，辛得$\frac{62}{78}$斤库金，壬得$\frac{55}{78}$斤库金，癸得$\frac{48}{78}$斤库金，未到的3个人共分得$3\frac{15}{78}$斤库金。

计算方法为：用先领取的人平均领取的库金数作为上三等人的比率。用后领取的人平均领取的库金数作为下四等人的比率。两个比率相减，差作为公差的分子。将先领取库金的人数与后领取库金的人数相加，而后除以2，总人数减去除法所得之结果，所得之差作为公差的分母。公差的分子除以公差的分母，可得公差。将1、2、3相加，乘以公差。用后领取的库金数减去所得之积，所得之差除以后领取库金的总人数。再将10人减1，所得之差乘以公差，相加，即可得到第一个人所领取库金数量。依次减去公差，即可得到每人所得库金数量。将中间3个没到之人的应得库金数相加，即可得到这三人应得库金总数。

大致计算过程为：将先领取的人数写在左上角，将他们领取库金数写在右上角。再将后领取的人数写在左下角，将他们所领取的库金数写在右下角。用后领取库金的人数乘以先领取的库金数等于16。用先领取库金的人数乘以后领取的库金数等于9。16减9等于7，作为公差的分子。再将先后领取库金的人数加在一起等于7，除以2等于3.5，用总人数10减去3.5，差为6.5。再用先后领取库金的人数3和4相乘等于12，作为分母，乘以6.5，等于78，作为公差的分母。将78当作“1”斤。将后领取的库金数3，乘以公差的分母，等于234。再将1、2、3相加等于6，乘以7，等于42。用234减（42），差为192。除以后领取库金的人数4，人均得48，即为癸得到的库金数量。依次加公差（的分子）7，即可得到前面的答案。

【原文】

（一九）今有圆材径头二尺一寸〔1〕**，欲以为方。问各几何?**

答曰：一尺五寸。淳风等谨按：开方除之为一尺四寸、二十五分寸之二十一。

术曰：置径尺寸数，以五乘之，为实。以七为法〔2〕**。实如法而一。**

草曰：置二尺一寸，以五乘之，得一百五寸。以七除之，得一尺五寸。合前问。

【注释】

〔1〕圆材径头二尺一寸：横截面为圆形的木材，直径为2尺1寸。径，直

径。头，横截面。

〔2〕以五乘之……以七为法：古代将 $\sqrt{2}$ 取近似值 $\frac{7}{5}$。

【译文】

现有横截面为圆形的木材，直径为2尺1寸。想把它的横截面改为正方形。问边长为多少?

答案为：1尺5寸。李淳风等人标注：2尺1寸平方除以2后开方，等于1尺4寸又 $\frac{21}{25}$ 寸。

计算方法为：用直径尺寸数乘以5，作为分子。用7作为分母。分子除以分母即可。

大致计算过程为：用2尺1寸乘以5，等于105寸。除以7，等于1尺5寸。即为前述答案。

【原文】

（二〇）今有泥方〔1〕**一尺，欲为弹丸，令径一寸。问得几何?**

答曰：一千七百七十七枚、九分枚之七。

术曰：置泥方寸数，再自乘〔2〕**，以十六乘之，为实。以九为法**〔3〕**。实如法得一。**

草曰：置一尺为十寸，再自乘得一千。以十六乘之，得一万六千为实。以九为法。除实得一千七百七十七、九分之七。合前问。臣淳风等谨按：密率〔4〕，为丸一千九百九枚、十一分枚之一。

依密率术曰：令泥方寸，再自乘，以二十一乘之，为实。以十一为法。实如法而一，即得。

又依密率草曰：置泥方十寸，再自乘得一千寸。以二十一乘之，得

二十一万为实。以十一为法，除之，得一千九百九枚，十一分枚之一。合问。

【注释】

〔1〕方：方块，此处的意思是正方体。

〔2〕再自乘：三次方。

〔3〕以十六乘之……以九为法：不精确的圆周率取$\frac{27}{8}$。

〔4〕密率：更精密的圆周率。密，精密。率，圆周率。

【译文】

现有边长为1尺的正方体泥块，想做成弹丸，弹丸直径为1寸。问可以得到多少弹丸？

答案为：1777$\frac{7}{9}$枚。

计算方法为：取正方体泥块的边长的立方，乘以16，作为分子。将9作为分母。分子除以分母即可。

大致计算过程为：把1尺换算为10寸，其立方得1000。乘以16，等于16000作分子。用9作分母。分子除以分母，等于1777$\frac{7}{9}$，即为前述答案。李淳风等标注：按照更精密的圆周率，可制作弹丸1909$\frac{1}{11}$枚。

按照更精密的圆周率，计算方法为：取正方体泥块的边长的立方，乘以21，乘积作为分子。将11作为分母。分子除以分母，即得可制作弹丸数量。

按照更精密的圆周率，大致计算过程为：将正方体泥块的边长10寸，其立方得1000寸。乘以21，等于21000作分子。除以11，等于1909$\frac{1}{11}$枚。即为前述答案。

【原文】

（二一）**今有客不知其数。两人共盘，少两盘；三人共盘，长**[1]**三盘。问客及盘各几何？**

答曰：客三十人，盘十三个。

术曰：以二乘少盘，三乘长盘，并之为盘数。倍之，又以二乘少盘数增之，得人数。

草曰：置二人于右上，少两盘于右下。置三人于左上，置剩三盘于左下。各以人乘盘，右下得四，左下得九，并之得一十三盘数。别置少盘二，以剩盘三乘之，得六，更并少剩盘乘之，得三十人。合前问。

【注释】

〔1〕长：多。

【译文】

现有若干名客人。若两个人共用1个盘子，则少2个盘子；若3个人共用1个盘子，则多出来3个盘子。问客人和盘子各有多少？

答案为：有30名客人，13个盘子。

计算方法为：用2乘以少的盘子数，用3乘以多的盘子数，加在一起即为总盘数。乘以2，再加上少的盘子数的2倍，即可得客人数。

大致计算过程为：将2人写在右上角，将少的2个盘子写在右下角。将3人写在左上角，将剩余的3个盘子写在左下角。分别用人数乘以盘数，右下角等于4，左下角等于9，加在一起等于盘数13。再将少的盘子数2，乘以剩余的盘子数3，等于6，乘以少的盘子数和剩余盘子数之和，可得30人。即为前述答案。

【原文】

（二二）今有女善织，日益功疾[1]。初日织五尺，今一月[2]，日织九匹[3]三丈。问日益几何？

答曰：五寸、二十九分寸之十五。

术曰：置今织尺数，以一月日而一，所得，倍之。又倍初日尺数，减之，余为实。以一月日数初一日减之，余为法。实如法得一。

草曰：置九匹，以匹法乘之，内[4]三丈，得三百九十尺。以一月三十日除之，每日得一丈三尺。倍之得二丈六尺。又倍初日尺数得一丈，减之，余一丈六尺为实。又置一月三十日减一日，得二十九日为法，除之，得五寸、二十九分寸之十五。合前问。

【注释】

〔1〕日益功疾：每日的织布速度都比前一日的更快。益，更多。疾，快。

〔2〕月：古代时间的计量单位，1月等于30天。

〔3〕匹：古代布料长度的计量单位，1匹等于4丈，1丈等于10尺。

〔4〕内：加上。

【译文】

现有一个擅长织布的女子，每日织布的速度越来越快。最初每日可织5尺布，现今过去了一个月，共织布9匹3丈。问每天多织布多少？

答案为：$5\frac{15}{29}$寸。

计算方法为：将现今的织布数量，除以1个月的天数，所得之数乘以2。减去最初每日织布数量的2倍，所得之差作为分子。用1个月的天数减1，所得之差作为分母。分子除以分母即为所求。

大致计算过程为：将9匹乘以换算进率40，加上3丈，等于390尺。除以30日，可得每日1丈3尺。乘以2，等于2丈6尺。再将最初每日织布数量乘以2等于1丈，用2丈6尺减去该数，差为1丈6尺作分子。再用30日减1日，等于29日，作为分母。分子除以分母，等于$5\frac{15}{29}$寸，即为前述答案。

【原文】

（二三）今有女子不善织，日减功迟[1]。初日织五尺，末日织一尺，今三十日织讫[2]。问织几何？

答曰：二匹一丈。

术曰：并初、末日织尺数，半之，余以乘织讫日数，即得。

草曰：置初日五尺，讫日一尺，并之得六，半之得三。以三十日乘之，得九十尺。合前问。

【注释】

〔1〕日减功迟：每日的织布速度都比前一日的更慢。减，更少。迟，慢。

〔2〕讫：结束。

【译文】

现有一个不擅长织布的女子，每日的织布速度越来越慢。最初一日可织5尺布，最后一日仅织1尺布，现今织完了30天。问一共织了多少布？

答案为：共织了2匹1丈布。

计算方法为：将最初一日织布数量，加上最后一日织布数量，除以2。所得之数乘以织布天数，即得答案。

大致计算过程为：将最初一日5尺，与最后一日1尺，相加等于6，除以2等于3。乘以30日，等于90尺。即为前述答案。

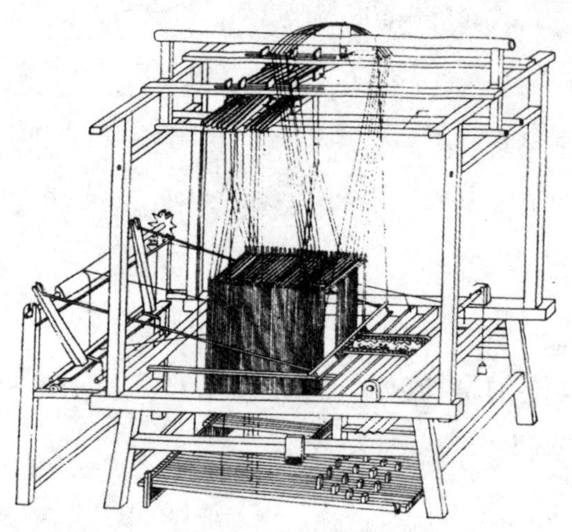

□ 丁桥织机

丁桥织机是一种多综多蹑的织机，古称“绫机”，约发明于战国时期，在汉唐时代非常盛行，是古代四川织锦艺人用来织造古蜀锦的专用提花丝织机。因为这种织机的脚踏板上布满了竹钉，形状像河面上依次排列的过河石墩“丁桥”，所以被称为“丁桥织机”。这种织机在近代仍被用来生产花绫、花锦、花边等织品。

【原文】

（二四）今有绢一匹买紫草三十斤〔1〕，染绢二丈五尺。今有绢七匹，欲减〔2〕买紫草，还自染余绢。问减绢、买紫草各几何？

答曰：减绢四匹一丈二尺、十三分尺之四。买草一百二十九斤三两、一十三分两之九。

术曰：置今有绢匹数，以本绢一匹尺数乘之，为减绢实。以紫草三十斤乘之为买紫草实。以本绢尺数并染尺为法。实如法得一。其一术，盈不足术为之，亦得。

草曰：置绢七匹，以匹法乘之，得二百八十尺。又以买草绢一定四十尺乘之，得一万一千二百尺为减绢实。以本绢尺数六十五尺为法。除实得一百七十二尺，法与余皆倍之，得一十三分尺之四。又置二百八十尺，以紫草三十斤乘之，得八千四百斤为买草实。亦以六十五尺为法除之，得一百二十九斤。余不尽者，十六乘之，得二百四十，又以法除之，得三两。余与法皆倍之，得一十三分两之九。合前问。

【注释】

〔1〕绢一匹买紫草三十斤：用1匹绢可以换30斤紫草。买，此处的意思是换。

〔2〕减：卖出。

【译文】

现今的1匹绢可以换30斤紫草，这些紫草用来染绢可染2丈5尺。现今有7匹绢，想要卖掉一部分来买紫草，并用买来的紫草染剩余的绢。问卖掉多少匹绢，买多少斤紫草？

答案为：卖掉4匹1丈2$\frac{4}{13}$尺绢。买129斤3$\frac{9}{13}$两紫草。

计算方法为：将现有绢的匹数，乘以换算单位，作为卖出绢数量的分子。用紫草30斤乘上述所得，作为买入紫草数量的分子。用原来绢的尺数加上可染绢的尺数作为分母。分子除以分母即可。另一种用盈不足的方法，也可得解。

大致计算过程为：将7匹绢，乘以匹与尺的进率，等于280尺。再乘以40尺，等于11200尺，将其作为卖出绢的分子。用原有的绢尺数65尺作为分母。分子除以分母，商等于172尺，分母和余数均乘以2，等于$\frac{4}{13}$尺。再将280尺，乘以紫草30斤，等于8400斤，将其作为买入紫草的分子。除以分母65尺，商等于129斤，除不尽的余数，乘以16，等于240，再除以分母，等于3两。余数和分母均乘以2，等于$\frac{9}{13}$两。即为前述答案。

【原文】

（二五）今有生丝一斤，练之〔1〕折〔2〕五两。练丝〔3〕一斤，染之出〔4〕三两。今有生丝五十六斤八两、七分两之四。问染得几何？

答曰：四十六斤二两，四百四十八分两之二百二十三。

术曰：置一斤两数，以折两数减之，余乘今有丝斤两之数。又以出两数并一斤两数乘之为实。一斤两数自乘为法。实如法得一两数。

草曰：置五十六斤，以两法十六乘之，内子八两，得九百四两。又以分母七乘之，内子四，得六千三百三十二两为实。又以练率十一〔5〕、染率十九相乘得二百九，以乘其实，得一百三十二万三千三百八十八为积。以十六自乘得二百五十六，又以分母七乘之，得一千七百九十二为法。除积得七百三十八两。余与法皆再折〔6〕，得四百四十八分两之二百二十三。若求练丝，折法置积两，以十六乘，以十一除得丝数。

【注释】

〔1〕练之：练丝，即将生丝练成熟丝。

〔2〕折：折损。

〔3〕练丝：未经染色的熟丝。

〔4〕出：多出。

〔5〕练率十一：一斤生丝可产11两练丝。

〔6〕再折：除以4。

【译文】

现有1斤生丝，练丝后折损5两。将1斤熟丝染色，可多出3两。现今有56斤$8\frac{4}{7}$两生丝。问染好后最终可得多少熟丝？

答案为：46斤$2\frac{223}{448}$两。

计算方法为：将一斤换算成两数，减去折损的两数，所得之数乘以现有生丝两数。再用产出两数加上一斤的两数，乘上述所得之数，乘积作为分子。用一斤两数的平方作为分母。分子除以分母，即可得产出两数。

大致计算过程为：用56斤，乘以换算单位16，加上8两，等于904两。再乘以分母7，加上4，等于6332两，作分子。再用练丝产出率11，与染丝产出率19相乘，等于209，再乘以分子，等于1323388作为积。将16平方，等于256，再乘以分母7，等于1792，作为分母。积除以分母，商等于738两。余数和分母均除以4，等于 $\frac{223}{448}$ 两。如果求未染色熟丝，折算积数，乘以16，除以11，即可得到未染色熟丝的数量。

【原文】

（二六）今有铁十斤，一经入炉得七斤。今有铁三经入炉，得七十九斤一十一两。问未入炉本铁几何?

答曰：二百三十二斤五两四铢[1]、三百四十三分铢之二百八十四。

术曰：置铁三经入炉得斤两数。以十斤再自乘，乃乘上为实。以七斤再自乘为法，实如法而得一。

草曰：置三经入炉得七十九斤，以十六乘之，内一十一两，得一千二百七十五两。以十斤再自乘得一千，以乘之，得一百二十七万五千为实。以七斤再自乘得三百四十三为法。以除实得三千七百一十七两，余六十九。以二十四乘之，得一千六百五十六。又以法除之，得四铢、三百四十三分铢之二百八十四。又以十六除所得两数，得二百三十二斤五两。并前铢零。合前问。

【注释】

〔1〕铢：古代重量单位，24铢等于1两。

【译文】

现有10斤铁，入炉一次可得7斤。现今有一批铁入炉了三次，最后得到79斤11两。问入炉之前的铁有多重?

答案为：232斤5两4$\frac{284}{343}$铢。

计算方法为：将入炉三次所得铁的质量数换算为两。将10斤的立方，乘以上述得数作为分子。将7斤的立方作为分母。分子除以分母即得答案。

大致计算过程为：将入炉三次所得79斤，乘以16，再加上11两，等于1275两。求10斤的立方，等于1000，乘上述得数，等于1275000作分子。求7斤的立方，等于343，作为分母。分子除以分母，商等于3717两，余数为69。用24乘以余数，等于1656。再除以分母，等于4$\frac{284}{343}$铢。再用所得两数除以16，等于232斤5两。加上前面的铢数。即得前述答案。

【原文】

（二七）今有丝一斤八两直[1]绢一匹。今持丝一斤，裨钱[2]五十，得绢三丈。今有钱一千。问得绢几何?

答曰：一匹二丈六尺六寸、太半[3]寸。

术曰：置丝一斤两数，以一匹尺数乘之，以丝一斤八两数而一，所得，以减得绢尺数，余，以一千钱乘之为实。以五十钱为法。实如法得一。

草曰：置丝一十六两，以四十尺乘之，得六百四十。以一斤八两通为二十四两为法，除之，得二丈六尺六寸太半寸[4]，为丝所得之绢。以减三丈，余三尺三寸、少半[5]寸，为钱之所直。以三尺三寸，三因之，内子一，得十尺。以乘一千钱，得一万尺。又以裨钱五十，以三因之，得一百五十为法。除实得六丈六尺六寸太半寸。合前问。

【注释】

〔1〕直：通“值”，价值。

〔2〕裨（pí）钱：零钱。裨，小。

〔3〕太半：多半，此处的意思是$\frac{2}{3}$。

〔4〕寸：此处的“寸”，钱宝琮点校的《算经十书》中误写为“斗”，现今修正。

〔5〕少半：少于一半，此处的意思是$\frac{1}{3}$。

【译文】

现有1斤8两丝，价值1匹绢。现今拿1斤丝和50钱，可换成3丈绢。现今有1000钱。问可以换得多少绢？

答案为：1匹2丈6尺6$\frac{2}{3}$寸。

计算方法为：将1斤丝的两数，乘以1匹布的尺数，除以1斤8两丝的两数，所得结果减去价值绢的尺数。所得之差，乘以1000钱，乘积作为分子。用50钱作为分母。分子除以分母即可。

大致计算过程为：将16两丝，乘以40尺，等于640。用1斤8两化为24两，作为分母，分子除以分母，等于2丈6尺6$\frac{2}{3}$寸，即为用丝换得绢的数量。用3丈减去2丈6尺6寸$\frac{2}{3}$寸，差为3尺3$\frac{1}{3}$寸，即为钱价值的绢数。用3尺3$\frac{1}{3}$寸，乘以3，等于10尺。乘以1000钱，等于10000尺，作为分母。再用50钱乘以3，等于150，作为分母。分子除以分母，等于6丈6尺6$\frac{2}{3}$寸。即为前述答案。

【原文】

（二八）今有甲贷[1]乙绢三匹。约限至不还[2]，匹日息三尺。今过限七日，取绢二匹，偿钱三百。问一匹直钱几何？

答曰：七百五钱、十七分钱之十五。

术曰：以过限日息尺数，减取绢匹尺数，余为法。以偿钱乘一匹尺数为实。实如法而一。

草曰：置七日。三匹绢日息三尺，共九尺。以乘七日，得六十三尺。以减八十尺，余一十七尺为法。又置偿钱三百，以四十尺乘之，得一万二千钱。以一十七为法除之，得七百五钱，余十七分钱之十五。合前问。

【注释】

〔1〕贷：借贷。

〔2〕限至不还：到了限期不还。

【译文】

现有甲借给乙3匹绢。二人约定如果到了限期不还的话，每匹绢每日的利息为3尺。现今超过限期7天，取回了2匹绢，以及赔偿款300钱。问1匹绢价值多少钱？

答案为：$705\frac{15}{17}$钱。

计算方法为：用取回绢的匹数换算为尺，减去超过期限的日息尺数，所得之差作为分母。用赔偿款的钱数，乘以1匹的尺数，乘积作为分子。分子除以分母即可。

大致计算过程为：写下7日。3匹绢每匹日息3尺，一共9尺。乘以7

日，等于63尺。用80尺减去63尺，差为17尺作分母。再用赔偿款300钱，乘以40尺，等于12000钱。除以分母17，等于$705\frac{15}{17}$钱。即得前述答案。

【原文】

（二九）今有金方七，银方九，秤之适相当[1]。交易其一[2]，金轻七两。问金、银各重几何？

答曰：金方重十五两十八铢，银方重十二两六铢。

术曰：金、银方数相乘，各以半轻数乘之为实。以超方数乘金、银方数，各自为法。实如法而一。

草曰：置金方七，银方九。相乘得六十三。以半轻数三两半乘得二百二十两半，为实[3]。又以金银超方数二，以乘金方数得一十四，为法。除实得一十五两。余不尽者以二十四乘之，得二百五十二铢。再以前法除之，得一十八铢。若求银方，又置前二百二十两半，以银方九二因得一十八为法。除之，得一十二两。余二十四乘之，得一百八。以法除之，得六铢，为银方。合前问。

【注释】

〔1〕秤之适相当：用秤称得两者质量正好相等。秤，用秤称量。适，正好。

〔2〕交易其一：将体积为一的金银交换。交易，交换。

〔3〕为实：此处的“为实”，钱宝琮点校的《算经十书》中遗漏，今补。

□ 砻

砻是用来去稻粒外壳的一种工具。它用绳悬挂横杆，再将连杆和砻上的曲柄相连。当用两手反复且稍有摆动地推动横杆时，就可以通过连杆曲柄等构件使砻的上半部分旋转起来。这种机器可看成一种曲柄连杆装置。这幅图出自《天工开物》，图中的人们正在用砻去掉稻壳。

【译文】

现有边长为7的正方体金块，同时有边长为9的正方体银块，用秤称得两者质量正好相等。将体积为1的金银交换，金块比银块轻7两。问交换后的金块和银块各自多重？

答案为：金块重15两18铢，银块重12两6铢。

计算方法为：金块、银块的边长相乘，乘以质量相差两数的一半作分子。用两方块边长之差乘以金块边长、银块边长，分别当作各自的分母。分子除以分母即可。

大致过程为：写下金块的边长7，银块的边长9。两者相乘等于63。乘以质量相差两数的一半3.5，等于220.5两作分子。再用金块银块边长之差2，乘以金块边长得14，作分母。分子除以分母，商等于15两。除不尽的余数乘以24，等于250铢。再除以前面的分母，等于18铢。如若求银块的质量，再写下前面的220.5两，用银块的边长9乘以2，得到18，作分母。分子除以分母，商等于12两。余数乘以24，等于108。除以分母，等于6铢，12两6铢是银块的质量。即为前述答案。

【原文】

（三〇）今有器容九斗[1]，中有米，不知其数。满中粟[2]，舂[3]之，得米五斗八升。问满粟几何？

答曰：八斗。

术曰：置器容九斗，以米数减之。余，以五之，二而一，得满粟斗数。

草曰：置九斗，以米五斗八升减之，得三斗二升。以米数五因之，得一石[4]六斗，以糠率二斗[5]除之，得八斗，为粟。合前问。

【注释】

〔1〕有器容九斗：有一个容积为9斗的器皿。器，器皿。容，容积。斗，容积单位，10升为1斗，10斗为1石。

〔2〕满中粟：用粟填满。粟，未去皮的谷子。

〔3〕舂（chōng）：把物体放在石臼或乳钵里捣碎，此处的意思是把未去皮的谷子去皮。

〔4〕石：容积单位，1石为10斗。

〔5〕二斗：此处的“米数”实为“糠数”，即谷子减去米的得数。5升谷子可出2升糠，故出糠率为2。

【译文】

现有一个容积为9斗的器皿，其中装有小米，但不知道有多少。用谷子添满，将填入的未去皮的谷子去皮，可以得到5斗8升的小米。问添入的谷子有多少？

答案为：8斗。

计算方法为：用器皿的容积9斗，减去米数。所得之差乘以5，再除以

2，即可得到添入谷子的斗数。

大致计算过程为：用9斗，减去5斗8升米，等于3斗2升。用米数乘以5，等于1石6斗，除以出糠率2斗，等于8斗，就是谷子的数量。即为前述答案。

【原文】

（三一）今有七百人造浮桥，九日成。今增五百人。问日几何？

答曰：五日、四分日之一。

术曰：置本人数[1]，以日数乘之，为实。以本人数，今增人数并之为法。实如法而一。

草曰：置七百人，以九日因之，得六千三百。又以增五百人加七百人，得一千二百人为法，除之。得五日，余四分日之一。合前问。

【注释】

〔1〕本人数：原本的人数。

【译文】

现有一座700人造浮桥，9日完成。现在增加500人。问需要几日完成？

答案为：$5\frac{1}{4}$日。

计算方法为：将原本的人数，乘以完成的天数，乘积作为分子。用原本的人数，加上新增的人数作分母。分子除以分母即可。

大致计算过程为：将700人，乘以9日，等于6300。再用新增的500人加上700人，等于1200人，作为分母，分子除以分母，等于$5\frac{1}{4}$日。即为前述答案。

【原文】

（三二）**今有与人钱，初一人与三钱，次一人与四钱，次一人与五钱，以次与之，转多一钱**[1]。**与讫还敛聚**[2]**与均分之，人得一百钱。问人几何？**

答曰：一百九十五人。

术曰：置人得钱数，以减初人钱数，余，倍之。以转多钱数加之，得人数。

草曰：置人得钱一百，减初人钱三文[3]**，得九十七。倍之，加转多一钱得一百九十五。合前问。**

【注释】

〔1〕转多一钱：后一个人比前一个人多1钱。

〔2〕敛聚：收回。

〔3〕文：量词，旧时铜钱的计量单位。1两白银等于1000文铜钱，等于1贯（或1吊）铜钱。

【译文】

现在要发放给人钱，第一个人发放3钱，第二个人发放4钱，下一个人发放5钱，按此次序发放，后一个人比前一个人多1钱。发放结束后收回，平均分给这些人，每个人得100钱。问一共有多少人？

答案为：195人。

计算方法为：将每个人平均得到的钱数，减去第一个人得到的钱数，所得之差，乘以2。再加上后一个人比前一个人多得的钱数，即可得到总人数。

大致计算过程为：将每个人平均得到的钱数100，减去第一个人得到的钱数3文，等于97。乘以2，加上后一个人比前一个人多得到的1钱，等于195。即为前述答案。

卷中

【原文】

（一）今有户出银一斤八两一十二铢。今以家有贫富不等，令户别作差〔1〕品，通融〔2〕出之。最下户出银八两，以次户差各多三两〔3〕。问户几何？

答曰：一十二户。

术曰：置一户出银两铢数，以最下户出银两铢数减之。余，倍之，以差多两铢数加之，为实。以差多两铢数为法。实如法而一。

草曰：置二十四两，以二十四乘之，内一十二铢，得五百八十八铢。减最下户八两数一百九十二铢，余三百九十六。倍之得七百九十二。又加差多三两数七十二铢，共得八百六十四为实。以差多两数七十二为法，除实得一十二户。合前问。

【注释】

〔1〕差：不同。

〔2〕通融：变通。

〔3〕以次户差各多三两：后一户比前一户（出资数）各多3两。

【译文】

现今每户出资1斤8两12铢银。由于各家贫富不均，让每户按照贫富的差别，变通出资。最贫困的一户出资8两银，后一户比前一户出资数各多3两。问一共有多少户？

答案为：12户。

计算方法为：用一户出资的银两铢数，减去最下等那户所出的银两铢数。所得之差，乘以2，加上后一户比前一户多出资的银两铢数，作分子。用后一户比前一户多出资的银两铢数，作分母。分子除以分母即可。

大致计算过程为：将24两乘以24，加上12铢，等于588铢。减去最下等户出资数8两，也就是192铢，所得之差为396。乘以2得792。再加上多的公差3两，也就是72铢，一共得到864，作分子。用多的公差两数72，作为分母，分子除以分母等于12户。即为前述答案。

【原文】

（二）今有人盗马乘去，已行三十七里，马主乃觉[1]。追之一百四十五里，不及二十三里而还。今不还追之，问几何里及之?

答曰：二百三十八里、一十四分里之三。

术曰：置不及里数，以马主追里数乘之为实。以不及里数减已行里数，余为法。实如法而一。

草曰：置马不及里数二十三里。以马主追去一百四十五里乘之，得三千三百三十五为实。以不及二十三里减已行三十七里，余一十四为法。除实，得二百三十八里、一十四分里之三。合前问。

【注释】

〔1〕觉：发觉，察觉。

【译文】

现有一个盗贼偷马后离开，已经走了37里，马主人才发觉。追了145里，还差23里就回来了。如果不回来而继续追，问还需要几里才能追到？

答案为：$238\frac{3}{14}$里。

计算方法为：将还差的里数乘以马主人已经追的里数，所得乘积作为分子。用已经追的里数减去还差的里数，所得之差作为分母。分子除以分母即可。

大致计算过程为：将追马还差的里数23里，乘以马主人已经追的145里，等于3335，作分子。用已行的里数37里减去还差的23里，所得之差14，作为分母。分子除以分母，等于$238\frac{3}{14}$里。即为前述答案。

【原文】

（三）今有马行转迟[1]，次日减半疾[2]，七日行七百里。问日行几何？

答曰：初日行三百五十二里、一百二十七分里之九十六；次日行一百七十六里、一百二十七分里之四十八；次日行八十八里、一百二十七分里之二十四；次日行四十四里、一百二十七分里之一十二；次日行二十二里、一百二十七分里之六；次日行一十一里、一百二十七分里之三；次日行五里、一百二十七分里之六十五。

术曰：置六十四、三十二、一十六、八、四、二、一为差[3]，副并为法。以行里数乘未并者[4]，各自为实。实如法而一。

草曰：置七日为七位，以次倍之得一、二、四、八、十六、三十二、六十四为差。以副并之，得一百二十七为法。以七日行七百里乘未并者，初日得四万四千八百里，次得二万二千四百里，次得一万一千二百里，次得五千六百里，次得二千八百里，次得一千四百里，次得七百里，各自为实。[5]实如法而一。各合问。

□ 开方术

《周髀算经》中的《勾股圆方图》部分记载了关于二次方程的公式解法，后开方术见于《九章算术》中的《少广》章，该章同时附有开平方、开立方的法则。近世学者经详细研究，确认这是世界上关于多位数开平方、开立方法则的最早记载。

【注释】

〔1〕转迟：越来越慢。转，指后一天比前一天。迟，慢。

〔2〕次日减半疾：第二天的速度变为原来的一半。减半，一半。疾，快，此处的意思是速度。

〔3〕差：不同。此处的意思是不同的日行里数。

〔4〕未并者：没有加上的数。此处的意思是当日所走的里数。

〔5〕初日得四万四千八百里……各自为实：在钱宝琮点校的《算经十书》中为“初日得四百四十八里，次得二百二十四里，次得一百一十二里，次得五十六百里，次得二十八里，次得一十四里，次得七里，各自为实”，今改。

【译文】

现有一匹马速度越来越慢，第二天的速度变为（原来的）一半，7天一共走了700里。问每天走了多少里？

答案为：第一天走了$352\frac{96}{127}$里；第二天走了$176\frac{48}{127}$里；第三天走了$88\frac{24}{127}$里；第四天走了$44\frac{12}{127}$里；第五天走了$22\frac{6}{127}$里；第六天走了$11\frac{3}{127}$里；第七天走了$5\frac{65}{127}$里。

计算方法为：将64、32、16、8、4、2、1作为不同的日行里数，加在一起作为分母。用总的所行里数乘以没有加在一起的日行里数，各自得到的数作为分子。分子除以分母即可。

大致的计算过程为：将7天的日行里数写作7个数，按次序乘2可得1、2、4、8、16、32、64作为不同的日行里。加在一起等于127，作为分母。用7天走的700里乘以没有加在一起的日行里数，第一天等于44800里，第二天等于22400里，第三天等于11200里，第四天等于5600里，第五天等于2800里，第六天等于1400里，第七天等于700里，各自作为分子。分子除以分母，即为前述答案。

【原文】

（四）今有驽马[1]日初发家[2]，良马[3]日以七分之一发家。日乃五分之二[4]，行四十五里，及驽马。问良驽马一日不止，各行几何？

答曰：良马日行一百七十五里。驽马日行一百一十二里、一百五十步[5]。

术曰：置五分之二、七分之一，相减，余为良马行率[6]。增七分日之一，为驽马行率。各以为法。以及里数乘二母为实。实如法而一。

草曰：置七分于右上，一于左上；五分于右下，二于左下。以右上乘左下得十四，以右下乘左上得五，减十四得九，为良马率法。以五加九得十四，为驽马率法。以七分、五分相乘得三十五，以乘追及四十五里，得一千五百七十五里为实。以良马九法除之，得一百七十五里为良马行。又以十四除实，得一百一十二里。余七里，以里法三百通之[7]，得二千一百步，再以十四除之，得一百五十步。合前问。

【注释】

〔1〕驽马：速度慢的劣等马。《荀子·劝学》："驽马十驾，功在不舍。"

〔2〕发家：从家里出发。

〔3〕良马：速度快的马。

〔4〕日乃五分之二：一日过去了$\frac{2}{5}$。乃，已经。

〔5〕步：量词，古代长度单位。1里等于300步。

〔6〕率：比率。

〔7〕以里法三百通之：用里（与步）的换算进率300换算。通之，换算。

【译文】

现有一匹驽马在一日之初从家里出发；一日已过去$\frac{1}{7}$的时候，良马从家里出发。一日过去了$\frac{2}{5}$，良马走了45里，追上了驽马。问良马和驽马一日不停地走，各自可以走多少里？

答案为：良马一日走175里。驽马一日走112里零150步。

计算方法为：将$\frac{2}{5}$、$\frac{1}{7}$相减，所得之差是良马日行比率。加上$\frac{1}{7}$日，是驽马日行比率。各自作为分母。用追上的里数乘以两个分母，乘积作为分子。分子除以分母即可。

大致计算过程为：将分母7写在右上，1写在左上；分母5写在右下，2写在左下。用右上乘以左下等于14，用右下乘以左上等于5，14减去5等于9，即为良马日行比率的分母。用5加9等于14，即为驽马比率的分母。将分母7、分母5相乘等于35，再乘以良马追上驽马时的45里，等于1575里作分子。除以良马的分母9，等于175里即为良马日行里数。再用分子除以14，商等于112里。余数为7里，再用里与步的换算进率300换算，等于2100步，再除以14，等于150步。即为前述答案。

【原文】

（五）今有迟行者[1]五十步，疾行者[2]七十步。迟行者以先发[3]，疾行者以后发[4]，行八十七里一百五十步乃及之。问迟行者先发几何里。

答曰：二十五里。

术曰：以迟行者步数减疾行者步数，余，以乘及步数为实。以疾行步数为法。实如法而一。

草曰：置疾行七十步，以迟行五十步减之，余二十步。以乘及八十七里半，得一千七百五十里为实。以疾行七十步为法。除实，得二十五里。合前问。

【注释】

〔1〕迟行者：走路缓慢的人。迟，缓慢。

〔2〕疾行者：走路快的人。疾，速度快。

〔3〕以先发：在前面出发。先，这里的意思是地理位置在前。

〔4〕以后发：在后面出发。后，这里的意思是地理位置在后。

【译文】

现有一走路缓慢的人速度为50步，走路快的人速度为70步。走路缓慢的人在前面出发，走路快的人在后面出发，走了87里零150步才追上。问走路缓慢的人在走路快的人前面多少里处出发？

答案为：25里。

计算方法为：用走路快的人的步数减走路缓慢的人的步数，所得之差，乘以追到时的步数作为分子。用走路快的人的步数作为分母。分子除以分母即可。

大致计算过程为：用走路快的人的70步，减去走路缓慢的人的50步，所得之差为20步。乘以追到时的87.5里，等于1750里，作分子。用走路快的人的70步作分母。分子除以分母，等于25里。即为前述答案。

【原文】

（六）今有甲日行七十里，乙日行九十里。甲日以五分之一乃发，乙日以三分之二乃发。问乙行几何里及甲？

答曰：一百四十七里。

术曰：以五分日之一减三分日之二，余，以甲行里数乘之，又以乙行里数乘之为实。以甲、乙行里数相减，余以乘二分母为法。实如法而一。

草曰：置五分于右上，置之一于左上。又置三分于右下，之二于左下。以右上五乘左下二得一十，以右下三乘左上一得三，以减十余七。以甲行七十里乘之，得四百九十，又以乙行九十里乘之，得四万四千一百为实。以甲行里数减乙行里数，余二十里，以二分母乘之，得三百为法〔1〕**。以除实得一百四十七里。乃合前问。**

【注释】

〔1〕为法：此处的“为法”，钱宝琮点校的《算经十书》中遗漏，今补。

【译文】

现有甲每日可行70里，乙每日可行90里。在一天已经过了$\frac{1}{5}$的时候甲出发，在一天已经过了$\frac{2}{3}$的时候乙出发。问乙走多少里可以追上甲？

答案为：147里。

计算方法为：用$\frac{2}{3}$日减去$\frac{1}{5}$日，所得之差乘以甲每日可行的里数，再乘以乙每日可行的里数，乘积作为分子。用甲、乙每日可行里数相减，所得之差乘以两个分母，乘积作为分母。分子除以分母即可。

大致计算过程为：将分母5写在右上，将分子1写在左上。再将分母3写在右下，将分子1写在左下。用右上的5乘以左下的3等于10，用右下的3乘以左上的1等于3，用10减去3等于7。乘以甲的日行里数70，等于490。再乘以乙的日行里数90，等于44100，作分子。用乙的日行里数减去甲的日行里数，所得之差为20里，乘以两个分母（之积），等于300，作为分母。分子除以分母等于147里。即为前述答案。

【原文】

（七）今有筑城〔1〕，上广〔2〕一丈，下广三丈，高四丈。今已筑高一丈五尺。问已筑上广几何?

答曰：二丈二尺五寸。

术曰：置城下广，以上广减之。又置城高，以减筑高。余相乘，以城高而一〔3〕，所得加城上广，即得。

草曰：置城下广三十尺，以上广减之，余二十尺。别以城高四十尺，以筑高一丈五尺减之，得二丈五尺。以乘二十尺，得五百尺，以城高四十尺为法除之，得一丈二尺五寸。所得加城上广一丈，得二丈二尺五寸。合前问。

【注释】

〔1〕城：城墙。此处的城墙是等腰梯形。

〔2〕广：宽度。

〔3〕以城高而一：除以城墙的高度。以……而一，中国古代数学用语，意为除以……

【译文】

现有一待修筑的城墙，上方宽1丈，下方宽3丈，高4丈。现今已经修筑了1丈5尺高。问已经修筑的上方宽多少？

答案为：2丈2尺5寸。

计算方法为：用城墙下方的宽度，减去城墙上方的宽度，再用城墙的高度，减去已经修筑的高度。两个所得之差相乘，除以城墙的高度，得到的结果加上城墙上方的宽度，即为所求。

大致计算过程为：用城墙下方的宽度30尺，减去城墙上方的宽度，所得之差为20尺。再用城墙的高度40尺，减去已经修筑的高度1丈5尺，等于2丈5尺。乘以20尺，等于500尺，将城墙的高度40尺作为分母，分子除以分母，等于1丈2尺5寸。所得结果加上城墙上方的宽度1丈，等于2丈2尺5寸。即为前述答案。

【原文】

（八）有筑墙，上广二尺，下广六尺，高二丈。今已筑上广三尺六寸。问已筑高几何？

答曰：一丈二尺。

术曰：置已筑上广及下广，各减墙上广。以筑上广减余以减下广减余，余乘墙高为实。以墙上广减下广余为法。实如法而一。

草曰：置墙下广六尺，以筑高上广三尺六寸减之，余二尺四寸。以墙高二十尺乘之，得四十八尺。又以墙上广二尺减下广六尺，余四尺为法。

除之，得一丈二尺。合前问。

【译文】

现有一待修筑的城墙，上方宽2尺，下方宽6尺，高2丈。现今已经修筑的城墙上方宽度为3尺6寸。问已经修筑的城墙有多高？

答案为：1丈2尺。

计算方法为：将已经修筑的城墙的上方宽度和下方宽度，各自减去城墙上方的宽度。用已修筑城墙的上方宽度减得的差，减去用城墙的下方宽度减得的差，所得之差乘以城墙的高，乘积作为分子。用城墙上方的宽度减去下方的宽度作为分母。分子除以分母即可。

大致计算过程为：将城墙下方的宽度6尺，减去已经修筑好的城墙的上方宽度3尺6寸，所得之差为2尺4寸。乘以城墙的高度20尺，等于48尺。再用城墙下方的宽度6尺减去城墙上方的宽度2尺，所得之差4尺作为分母。分子除以分母，等于1丈2尺。即为前述答案。

【原文】

（九）今有方锥[1]，下方二丈，高三丈。欲斩末为方亭[2]，令上方六尺。问斩高几何？

答曰：九尺。

术曰：令上方尺数乘高尺数为实，以下方尺数为法。实如法而一。

臣淳风等谨按：此术下方为勾[3]率[4]，高为股[5]率，上方为今有见勾数[6]。以见勾乘股率，如勾率而一[7]，即得。

草曰：置上方六尺，以乘高三十尺得一百八十尺。以下方二十尺为法。除实得九尺。合前问。

【注释】

〔1〕方锥：正四棱锥。

〔2〕欲斩末为方亭：想要切去上端做成一个正四棱台。斩，切去。末，上端。方亭，正四棱台。

〔3〕勾：在直角三角形中的短直角边。

〔4〕率：比率。

〔5〕股：在直角三角形中的长直角边。

〔6〕今有见勾数：现今短直角边的长度。

〔7〕如勾率而一：除以短直角边的比率。如……而一，中国古代数学用语，意为除以……

【译文】

现有一个正四棱锥，底面边长为2丈，高3丈。想要切去上端做成一个正四棱台，使得四棱台上面的边长为6尺。问应该切去多高?

答案为：9尺。

计算方法为：用上方的边长尺数乘以高的尺数，乘积作为分子，用底面边长的尺数作为分母。分子除以分母即可。

李淳风等标注：这种方法下方为短直角边的比率，高为长直角边的比率，上方为现在短直角边的长度。用现在的短直角边的长度乘以长直角边的比率，除以短直角边的比率，即可得解。

大致计算过程为：将上方的边长6尺，乘以高度30尺等于180尺。用下方的边长20尺作为分母。分子除以分母等于9尺。即为前述答案。

【原文】

（一〇）今有方亭，下方三丈，上方一丈，高二丈五尺。欲接筑为方

锥[1]。问接筑高几何？

答曰：一丈二尺五寸。

术曰：置上方尺数，以高乘之，为实。以上方尺数减下方尺数，余为法。实如法而一。

草曰：置上方十尺，以高二十五尺乘之，得二百五十尺为实。以上方一丈减下方三丈，余二丈为法。除实得一丈二尺五寸。乃合前问。

【注释】

〔1〕欲接筑为方锥：想要拼接一个几何体，使它变成正四棱锥。接，拼接。筑，建筑，此处引申为几何体。

【译文】

现有一个正四棱台，底面边长3丈，上面边长1丈，高2丈5尺。想要拼接一个几何体，使它变成正四棱锥。问拼接的几何体高多少？

答案为：1丈2尺5寸。

计算方法为：将上面边长的尺数，乘以高度，乘积作为分子。用上面边长的尺数减去底面边长的尺数，所得之差作为分母。分子除以分母即可。

大致计算过程为：将上面边长的10尺，乘以高度25尺，等于250尺，作为分子。用底面边长3丈减去上面边长1丈，所得之差2丈作为分母。分子除以分母等于1丈2尺5寸。即为前述答案。

【原文】

（一一）今有堢壔[1]方四丈，高二丈。欲以砖四面单垒之[2]。砖一枚广五寸，长一尺一寸，厚二寸。问用砖几何？

答曰：一万四千七百二十七砖、一十一分砖之三。

术曰：置堢壔方寸数，以砖广增之，而以四乘之，以高乘之为实。以砖长厚相乘为法，实如法而一。

草曰：置四百寸加五寸，以四因之，得一千六百二十寸。又以高二百寸乘之，得三十二万四千寸为实。以砖长厚相乘得二十二寸为法，除之。得一万四千七百二十七枚、一十一分砖之三。合前问。

【注释】

〔1〕堢（bǎo）壔（dǎo）：底面为正方形的长方体堡垒。堢，通“堡”，土堡。壔，底面为正方形的长方体。

〔2〕欲以砖四面单垒之：想要在它外围的四面垒上砖。单垒，即从外围垒一圈。

【译文】

现有一底面为正方形的长方体土堡，底面边长4丈，高2丈。想要在它外围的四面垒上一圈砖。每块砖宽5寸，长1尺1寸，厚2寸。问需要用多少块砖？

答案为：$14727\frac{3}{11}$块砖。

计算方法为：将土堡的底面边长，加上砖的宽度，而后乘以4，再乘以高度，乘积作为分子。用砖的长度和厚度相乘，乘积作为分母，分子除以分母即可。

大致计算过程为：将400寸加5寸，乘以4，等于1620寸。再乘以高度200寸，等于324000寸，作为分子。将砖的长度和厚度相乘等于22寸，作为分母，分子除以分母。等于$14727\frac{3}{11}$块砖。即为前述答案。

【原文】

（一二）今有筑圆垛𡓁[1]，周[2]九丈六尺，高一丈三尺。问用壤土几何?

答曰：一万六千六百四十尺[3]。

术曰：周自相乘[4]，以高乘之，又以五乘为实。以三乘十二为法。实如法而一。

草曰：以周九丈六尺自相乘，得九千二百一十六尺。又以高一丈三尺乘之，得一十一万九千八百八，又以五乘之，得五十九万九千四十为实。以三乘十二得三十六为法。除实得一万六千六百四十尺。合前问。

【注释】

〔1〕圆垛𡓁：圆柱体土堡。

〔2〕周：底面周长。

〔3〕尺：此处的意思是立方尺。

〔4〕自相乘：自乘，即平方。

【译文】

现有一圆柱体土堡，底面周长9丈6尺，高1丈3尺。问造这一土堡需要用多少土?

答案为：16640立方尺。

计算方法为：周长自乘，乘以高，再乘以5作为分子。用3乘以12作为分母。分子除以分母即可。

大致计算过程为：用周长9丈6尺自乘，等于9216尺。再乘以高度1丈3尺，等于119808尺，再乘以5，等于599040，作为分子。用3乘以12等于36，作为分母。分子除以分母等于16640立方尺。即为前述答案。

【原文】

（一三）今有率[1]，户出绢三匹[2]，依贫富欲以九等出之，令户各差除二丈。今有上上三十九户，上中二十四户，上下五十七户，中上三十一户，中中七十八户，中下四十三户，下上二十五户，下中七十六户，下下一十三户。问九等户，户各应出绢几何？

答曰：上上户，户出绢五匹；上中户，户出绢四匹二丈；上下户，户出绢四匹；中上户，户出绢三匹二丈；中中户，户出绢三匹；中下户，户出绢二匹二丈；下上户，户出绢二匹；下中户，户出绢一匹二丈；下下户，户出绢一匹。

术曰：置上八等户，各求积差[3]，上上户十六，上中户十四，上下户十二，中上户十，中中户八，中下户六，下上户四，下中户二。各以其户数乘，而并之。以出绢匹丈数乘凡户[4]，所得，以并数减之，余以凡户数而一[5]，所得即下下户。递加差各得上八等户所出绢匹丈数。

草曰：置上上户三十九，以十六乘之，得六百二十四，列于上。又置上中户二十四，以十四因之，得三百三十六，并上。又置上下户五十七，以十二因之，得六百八十四，并上位。又置中上户三十一，以十因之，得三百一十，并上位。又置中中户七十八，以八因之，得六百二十四，并上位。又置中下户四十三，以六因之，得二百五十八，并上位。又置下上户二十五，以四因之，得一百，并上位。又置下中户七十六，以二因之，得一百五十二，并上位。都得三千八十八。又并九等户三百八十六，以十二丈因之，得四千六百三十二丈。以减三千八十八丈，余一千五百四十四丈，以为平率[6]。以众户数三百八十六除之，得四丈为一匹，是最下之户所出绢。以次各加二丈，至上上户，出五匹。皆合前问。

【注释】

〔1〕率：通“律”，法律，律令。

〔2〕户出绢三匹：每户交纳3匹绢，此处的意思是每户平均交纳3匹绢。出，交纳。

〔3〕积差：累积的差。此处意为与下下等户所交纳绢数之差。

〔4〕以出绢匹丈数乘凡户：用交纳绢的匹数乘以总户数，此处的意思是用每户平均交纳绢的匹数乘以总户数。凡户，总户数。

〔5〕余以凡户数而一：所得之差除以总户数。

〔6〕平率：基准比率。平，基准。

【译文】

现有一条律令，每户平均要交纳3匹绢，按照贫富不同分成九等交纳，相邻等级每户交纳绢相差2丈。现今有上上等户39户，上中等户24户，上下等户57户，中上等户31户，中中等户78户，中下等户43户，下上等户25户，下中等户76户，下下等户13户。问这九等户，每户各应交纳多少绢？

答案为：上上等户，每户交纳5匹绢；上中等户，每户交纳4匹2丈绢；上下等户，每户交纳4匹绢；中上等户，每户交纳3匹2丈绢；中中等户，每户交纳3匹绢；中下等户，每户交纳2匹2丈绢；下上等户，每户交纳2匹绢；下中等户，每户交纳1匹2丈绢；下下等户，每户交纳1匹绢。

计算方法为：将上八等户，分别求它们累积的差，上上户16，上中户14，上下户12，中上户10，中中户8，中下户6，下上户4，下中户2。分别乘以它们的户数，而后加在一起。用每户平均交纳绢的匹数乘以总户数，再减去上述之和，所得之差除以总户数，得数即为下下等户交纳绢数。依次加上公差，可得上八等户所交纳绢的匹丈数。

大致计算过程为：将上上等户的户数39，乘以16，等于624，写在上面。再将上中等户的户数24，乘以14，等于336，加写在上面的数。再将上下等户的户数57，乘以12，等于684，加上上面的和。再将中上等户的户数31，乘以10，等于310，加上上面的和。再将中中等户的户数78，乘以8，等于624，加上上面的和。再将中下等户的户数43，乘以6，等于258，加上上面的和。再将下上等户的户数25，乘以4，等于100，加上上面的和。再将下中等户的户数76，乘以2，等于152，加上上面的和。最终得数为3088。再将九等户的户数相加等于386，乘以12丈，等于4632丈。减去3088丈，所得之差为1544丈，作为基准比率，除以总户数386，等于4丈，也就是1匹，即为最下等户所交纳绢。按次序各加2丈，到上上等户，交纳5匹。与前述答案均相同。

【原文】

（一四）今有粟米三千斛[1]，六百人食之。其一百人，食糳米[2]八斛；二百人，食粺米[3]十四斛；三百人，日食粝米[4]十八斛。问粟得几何日食之?

答曰：四十一日、四十九分日之十六。

术曰：置粟数为实。以三等日食米积数各求为粟之数，并以为法。实如法而一。

草曰：置糳米八斛，以五十乘之，以糳米二十四除，得一十六斛，余一十六。以二十四，八约之得三，余得二。又置稗米十四斛，以五十乘之，得七百斛，以稗米率二十七除，得二十五斛，余二十七分之二十五。又置粝米十八斛，以五十乘之，三十除之，得三十斛。并三位得七十一斛。又置余分三于右上，二于左上；二十七于右下，二十五于左下。以右上三乘左下二十五得七十五，以右下二十七乘左上二得五十四，并之

得一百二十九。又以分母三乘二十七，得八十一为法。除得一斛，加上位七十一得七十二，余四十八，分母八十一，各三约之，得二十七分之一十六。又以二十七分乘七十二斛，内子一十六，得一千九百六十为法。乃置粟三千斛，以母二十七乘之，得八万一千为实。以一千九百六十为法，除得四十一日。法与余俱再折，得四十九分日之十六。合前问。

【注释】

〔1〕斛：量词，古代容积单位。1斛为10斗。

〔2〕糳（zuò）米：粟米精加工后得到的米。50粟米加工后可得24糳米。此数据参见《九章算术·粟米章》，下二注同。

〔3〕粺米：粟米粗加工后得到的米。50粟米加工后可得27粺米。

〔4〕粝米：粟米稍加工后得到的米。50粟米加工后可得30粝米。

【译文】

现今有3000斛粟米，共600人。其中有100人，每日共吃8斛糳米；有200人，每日共吃14斛粺米；还有300人，每日共吃18斛粝米。问这些粟米几日吃完？

答案为：$41\frac{16}{49}$日。

计算方法为：将粟米的数量作为分子。用三等人的人数与所吃米数之积计算各自所需的粟米数，加起来作分母。分子除以分母即可。

大致计算过程为：将每日吃的糳米数量8斛，乘以50，除以糳米的比例数24，等于16斛，余数为16。余数除以24，24约去8等于3，余数约去8等于2。再将每日吃的稗米数量14斛，乘以50，等于700斛，除以稗米的产率27，等于$25\frac{25}{27}$斛。再将每日吃的粝米数量18斛，乘以50，除以30，等于30斛。三个整数相加得71斛。再将余数的分母3写在右上，2写在左上；27写在右下，25写在左下。右上的3乘以左下的25等于75，右下的27乘以左上的2等于54，两者相加等于129。再用分母3乘以27，等于81，作为分母。除去的1斛，加上前面的71等于72，还剩下，分子分母各除以3，等于。再用分母27乘以72斛，加上16，等于1960，作为分母。最后将粟的数量3000斛，乘以分母27，等于81000，作为分子。除以分母1960，商等于41日。分母与余数均除以4，等于$\frac{16}{49}$日。即为前述答案。

【原文】

（一五）今有三女各刺文一方[1]，长女七日刺讫，中女八日半刺讫，小女九日太半刺讫。今令三女共刺一方，问几何日刺讫?

答曰：二日、一千二百五十六分日之九百三十九。

术曰：置日数以互乘方数，并为法，日数相乘为实，实如法得一。

草曰：置大女七日于右上，一于左上。中女八日半，半是二分之一，以分母通分，内子一得十七于右中，一于左中。小女九日太半，以分母三因之，内子二得二十九于右下，一于左下。乃互乘之。以右中十七乘左上一得十七，又以右下二十九乘之，得四百九十三。又以右上七秉左中一得七，又以右下二十九乘之，又以分母二因之，得四百六。又以右上七乘左下一，又以右中十七乘之，又以分母三因之，得三百五十七。并之得一千二百五十六为法。又以右上七乘中一十七得一百一十九，又以右下二十九乘之，得三千四百五十一为实。以法除之，得二日、一千二百五十六分日之九百三十九。合前问。

【注释】

〔1〕各刺文一方：各自刺一方刺绣。刺文，刺绣。方，边长为1的正方形。

□ 记里鼓车

记里鼓车，又称大章车，是中国古代用来记录车辆行驶距离的马车，构造与指南车相似，分上下两层，每层各有手执木槌的木人一名。下层木人打鼓，车每行一里路，打鼓一下；上层木人敲铃，车每行十里，敲铃一次。记里鼓车配有减速齿轮系统，其最末一只齿轮轴在车行一里时，中平轮正好回转一周。

【译文】

现有三个女子各自刺一方刺绣，年龄最大的女子7天可以刺完，年龄排中间的女子8天半可以刺完，年龄最小的女子$9\frac{2}{3}$天可以刺完。现在让这三名女子一起刺一方刺绣，问几日可以刺完？

答案为：$2\frac{939}{1256}$日。

计算方法为：将日数与方数互乘，加起来作为分母，日数互乘作为分子，分子除以分母即可。

大致计算过程为：将年龄最大的女子刺完所需时间写在右上方，将1写在左上方。年龄适中的女子刺完所需时间8天半，用分母通分，加上分子1等于17写在右中，将1写在左中。年龄最小的女子刺完所需时间$9\frac{2}{3}$天，整天数9乘以分母3，加上2等于29写在右下方，1写在左下方。然后互相乘。用右中的17乘左上方的1等于17，再乘以右下方的29，等于493。再用右上方的7乘左中的1等于7，再乘以右下29，再乘以分母2，等于406。再用右上方的7乘左下方的1，再乘以右中的17，再乘以分母3，等于357。三者相加等于1256，作为分母。再用右上方的7乘以中间的17得119，再乘以右下方的29，等于3451，作为分子。分子除以分母，等

$2\frac{939}{1256}$日。即为前述答案。

【原文】

（一六）今有车运麦输太仓[1]，去三十七里、十六分里之十一。重车[2]日行四十五里。七日五返。问空车[3]日行几何？

答曰：日行六十七里。

术曰：置麦去太仓里数，以返数乘之。以重车日行里数而一[4]，所得为重行日数，以减凡日数，余为空行日数，以为法。以返数乘麦去太仓里数为实。实如法而一。

草曰：置去太仓里数三十七里，以十六乘之，内子一十一，得六百三里。又以返数五乘之，得三千一十五。以重车日行四十五以分母十六乘之，得七百二十为法。除三千一十五，得四日。不尽，二因，九约，约得十六分日之三。为重车行日数。又置七日，以十六乘之，得一百一十二。又置四日，以十六乘之，内子三，得六十七。以减一百一十二，余四十五为法。以除太仓里数三千一十五，得六十七里。合前问。

【注释】

〔1〕今有车运麦输太仓：现今有一辆车将小麦运输到京师储谷的大仓。太仓，京师储谷的大仓。

〔2〕重车：满载的车。

〔3〕空车：空载的车。

〔4〕以重车日行里数而一：除以满载的车每日可行的里数。

【译文】

现有一辆车将小麦运输到京师储谷的大仓，到京师的距离有$37\frac{11}{16}$里。满载的车每日可行45里。7天往返5次。问空载的车每日可行多少里？

□ 木升

古代农家常用木升来盛装粮食。同时，木升也是一种祭祀工具、计量工具。图为一个一升制的木升。

答案为：每日可行67里。

计算方法为：将小麦与京师储谷大仓之间距离的里数，乘以往返的次数。除以满载的车每日可行的里数，所得结果是车满载时所走的天数，总天数减去该数，所得之差即为车空载时所走的天数，将其作为分母。用往返次数乘以小麦与京师储谷大仓之间距离的里数，所得之积作为分子。分子除以分母即可。

大致计算过程为：将小麦距离京师储谷大仓的里数37里，乘以16，加上11，等于603里。再乘以往返的次数5，等于3015。用车满载时的每日可行里数45乘以分母16，等于720，作为分母。3015除以分母，商等于4日。除不尽的部分，乘以2，除以9，约分后等于$\frac{3}{16}$日。这是车满载时所走的天数。再将7日乘以16，等于112。再将4日，乘以16，加上3，等于67。用112减去67，所得之差45作为分母。用往返京师储谷大仓的里数3015除以分母，等于67里。即为前述答案。

【原文】

（一七）今有人持钱之洛[1]，贾利五之二[2]。初返归一万六千，第二返归一万七千，第三返归一万八千，第四返归一万九千，第五返归

二万。凡五返，归本利俱尽[3]。问本钱几何？

答曰：三万五千三百二十六钱、一万六千八百七分钱之五千九百一十八。

术曰：置后返归钱数，以五乘之。以七乘第四返归钱数加之，以五乘之。以四十九乘第三返归钱数加之，以五乘之。以三百四十三乘第二返归钱数加之，以五乘之。以二千四百一乘初返归钱数加之，以五乘之。以一万六千八百七而一，得本钱数。一法：盈不足术为之，亦得。

草曰[4]：置最后返钱数，以五乘之，得十万。又以第四返钱一万九千，以七乘之，得一十三万三千。并上位得二十三万三千。又以五因之，得一百一十六万五千。又置第三返一万八千，以四十九乘之，得八十八万二千，又加上位，得二百四万七千。又以五乘之，得一千二十三万五千。又置第二返一万七千，以三百四十三乘之，得五百八十三万一千。加上位，得一千六百六万六千。又以五乘之，得八千三十三万。又置初返日一万六千，以二千四百一乘之，得三千八百四十一万六千。加上位得一亿一千八百七十四万六千。又以五乘之，得五亿九千三百七十三万，为实。又以一万六千八百七为法。除实得三万五千三百二十六文、一万六千八百七分钱之五千九百一十八。

【注释】

〔1〕今有人持钱之洛：现今有一人拿钱去洛阳（经商）。之，去。洛，洛阳。

〔2〕贾利五之二：利润率为五分之二。贾，商贾。贾利，即利润率。五之二，$\frac{2}{5}$。

〔3〕凡五返，归本利俱尽：这五次总共带来的钱，与本金利润之和相等。凡，总共。归……俱尽，与……之和相等。

〔4〕草曰：此处的“草曰”，钱宝琮点校的《算经十书》中讹作“术曰”，今校。

□ 里耶秦简中的“九九乘法口诀”

“九九乘法口诀”记载了从1到9每两个一位数相乘的乘积表，也是中国历史上最早的数学表。里耶秦简“九九表”是目前所能见到的中国乘法口诀的最早实物。与之前发现的“九九表”不同，此表多了“二半而一”一项，这实际上已经是小数运算。最后说的“凡一百一十三字”，是表中所有乘积之和。图为记录着部分乘法口诀表的一块里耶秦简，发掘于湖南省龙山县里耶古城遗址，因年代久远已不完整。

【译文】

现有一人拿钱去洛阳（经商），利润率为$\frac{2}{5}$。第一次带回来钱16000，第二次带回来钱17000，第三次带回来钱18000，第四次带回来钱19000，第五次带回来钱20000。这五次总共带来的钱，与本金利润之和相等。问本金有多少钱？

答案为：$35326\frac{5918}{16807}$钱。

计算方法为：将最后一次带回来的钱数乘以5。将第四次带回来的钱数乘以7，两数相加后再乘以5。将第三次带回来的钱数乘以49，加上前得数后再乘以5。将第二次带回来的钱数乘以343，加上前得数后再乘以5。将第一次带回来的钱数乘以2401，加上前得数后再乘以5。得数除以16807，即可得到本金钱数。另一种方法：用盈不足的方法计算，也可以解。

大致计算过程为：将最后一次带回来的钱数乘以5，等于100000。再用第四次带回来的钱数19000，乘以7，等于133000。加上前面的数等于233000。再乘以5，等于1165000。再用第三次带回来的钱数18000，乘以49，等于882000，再加上前面的数，等于2047000。再乘以5，等于10235000。再用第二次带回来的钱数17000，乘以343，等于5831000。

加上前面的数，等于16066000。再乘以5，等于80330000。再用第一次带回来的钱数16000，乘以2401，等于38416000。加上前面的数等于118746000。再乘以5，等于593730000，作为分子。再用16807作为分母。分子除以分母等于35326$\frac{5918}{16807}$。

【原文】

（一八）今有清酒〔1〕一斗〔2〕直〔3〕粟十斗；醑酒〔4〕一斗直粟三斗。今持粟三斛，得〔5〕酒五斗。问清、醑酒各几何?

答曰：醑酒二斗八升、七分升之四，清酒二斗一升、七分升之三。

术曰：置得酒斗数，以清酒直数乘之，减去持粟斗数，余为醑酒实。又置得酒斗数，以醑酒直数乘之，以减持粟斗数，余为清酒实。各以二直相减，余为法。实如法而一，即得。以盈不足为之，亦得。

草曰：置得五斗，以清酒十量乘之，得五斛。减持去粟三斛，余二斛，为醑酒实。又置酒五斗，以醑酒三量乘之，得一斛五斗，以减三斛，余一斛五斗，为清酒实。以三减十余七为法。除醑酒实得二斗八升、七分升之四。又以法除清酒实，得二斗一升、七分升之三。合前问。

【注释】

〔1〕清酒：清醇的酒，美酒。

〔2〕斗：量词，古代容积单位。1斗等于10升。

〔3〕直：通“值”，价值。

〔4〕醑（xǔ）酒：美酒。参见《玉篇·酉部》：“醑，美酒也。”

〔5〕得：得到，此处的意思是换得。

【译文】

现今1斗清酒价值10斗粟；1斗醑酒价值3斗粟。现今拿3斛粟，换得5斗酒。问清酒、醑酒各有多少？

答案为：醑酒2斗8$\frac{4}{7}$升，清酒2斗1$\frac{3}{7}$升。

计算方法为：将所得酒的斗数，乘以清酒价值粟的倍数，减去拿去粟的斗数，所得之差即为醑酒斗数的分子。再将所得酒的斗数，乘以醑酒价值粟的倍数，减去拿去粟的斗数，所得之差即为清酒斗数的分子。用各自价值粟的倍数相减，所得之差作为分母。分子除以分母，即可得解。用盈不足的方法去做，也可得解。

大致计算过程为：将所得的5斗，乘以清酒价值粟的倍数10，等于5斛。减去拿去的粟3斛，所得之差为2斛，是醑酒斗数的分子。再将所得的5斗，乘以醑酒价值粟的倍数3，等于1斛5斗，3斛减去1斛5斗，所得之差为1斛5斗，是清酒斗数的分子。用10减去3作为分母。醑酒斗数的分子除以分母等于2斗8$\frac{4}{7}$升。再用清酒的分子除以分母，等于2斗1$\frac{3}{7}$升。即为前述答案。

【原文】

（一九）今有田积十二万七千四百四十九步。问为方几何？

答曰：三百五十七步。

术曰：以开方除之，即得。

草曰：置前积步数于上。借一算子于下。常超一位，步至百止[1]。以上商置三百于积步之上。又置三万于积步之下，下法[2]之上，名曰方法。以方命上商，三三如九，除九万。又倍方法一退[3]，下法再退[4]。又置五十于上商之下，又置五百于下法之上，名曰隅法。以方、隅二法除

实[5]，余有四千九百四十九。又倍隅法以并方，得七千，退一等，下法再退。又置七于上商五十之下。又置七于下法之上，名曰隅法。以方隅二法除实，得合前问。

【注释】

〔1〕常超一位，步至百止：借一算子写在下面，一位一位地移动，直到（平方之后）超过一位，到百位停止。100的平方是10000，再移动一位，则变为了1000，1000的平方是1000000，大于127449，因此称“步至百止”。该步骤是估计开方之后所得结果的位数，因此意译为一位一位地去估计，可以估计出结果的最高位是百位。

〔2〕下法：借一算子。

〔3〕一退：退一位，即除以10。

〔4〕再退：退两位，即除以100。

〔5〕实：这里指面积的平方步数。

【译文】

现有一块面积为127449平方步的（正方形）田。问它的边长是多少？

答案为：357步。

计算方法为：开方，即可解得答案。

大致计算过程为：将面积的平方步数写在上面。借一算子写在下面。一位一位地去估计，可以估计出结果的最高位是百位。将上商300写在面积的平方步之上。再将30000写在面积的平方步的下面，下法的上面，称其为方法。用方法乘以上商，三三得九，面积的平方步数减去90000。方法乘以2，除以10，下法除以100。再将50写在上商之处，再将500写在下法的上面，称其为隅法。用实减去方法和隅法，所得之差为4949。隅法乘以2加上方法，等于7000，除以10，下法除以100。再将7写在上商50的后面，将7写在下法的上面，称其为隅法。用实减去方法和隅法，即可得到前述答案。

【原文】

（二〇）今有田方一百二十一步，欲以为圆，问周几何？

答曰：四百一十九步、八百二十九分步之一百三十一。

术曰：方自乘，又以十二乘之为实。开方除之，即得。

草曰：以一百二十一步自相乘，得一万四千六百四十一。又以十二乘之，得一十七万五千六百九十二。借一算子于下。常超一位，步至百止。上商得四百，下置四万为方法，命上商除一十六万。倍下方法退一位，得八千，下法退二等。又置上商得一十。又置下法之上一百，名曰隅法。以方、隅除实八千一百，又置倍隅法从方法，退一等，得八百二十。又置九于一十之下。又置九于下法之上，名隅法。以方命上商，八九七十二，除七千二百。又以方法二命上商九，除一百八十。又以隅法九命上商九，除八十一，余一百三十一。即四百一十九步、八百二十九之一百三十一。合前问。

【译文】

现有一块边长为121步的正方形田，想要变成圆形田，问周长是多少？

答案为：$419\frac{131}{829}$步。

计算方法为：边长自乘，再乘以12。开方，即可解得答案。

大致计算过程为：用121步平方，等于14641。再乘以12，等于175692。将借一算子写在下方。一位一位地去估计，可以估计出结果的最高位是百位。上商为400，写下40000作为方法，令160000除以上商。方法乘以2除以10，等于8000，下法除以100。再写下上商11。再在下法的上面写下100，称为隅法。用实8100减去方法和隅法，隅法乘以2加上方法，除以10，等于820。再将9写在11的下面，再将9写在下法的上面，称为隅法。方法乘以上商，八九七十二，减去7200。再用方法2乘以上商9，减去180。再用隅法9乘以上商9，减去81，所得之差为131。即$419\frac{131}{829}$步。即为前述答案。

【原文】

（二一）今有圆田周三百九十六步，欲为方，问得几何？

答曰：一百一十四步、二百二十九分步之七十二。

术曰：周自相乘，十二而一。所得，开方除之，即得方。

草曰：置三百九十六自相乘，得一十五万六千八百一十六。以十二而一，得一万三千六十八。以开方法除。借一算子于下。常超一位至百止。上商置一百，下置一万于下法之上，名曰方法。以方法命上商，除实一万。退方法，倍之，下法再退。又置一十于上商之下。又置一百于下法上，名曰隅法。以方、隅二法皆命上商除实二千一百。又隅法倍之，以从方法，退一位。下法再退。又置四于上商一十之下。又置四于下法之上，名曰隅法。以方、隅二法皆命上商，除实八百九十六。余得七十二。合前问。

【译文】

现有一块周长为396步的圆形田，想要变成正方形田，问边长是多少？

答案为：$114\frac{72}{229}$步。

计算方法为：周长自乘，除以12。所得之商，开方，即可解得答案。

大致计算过程为：396平方等于156816。除以12，等于13068。在下面写下借一算子，一位一位地去估计，可以估计出开方的最高位是百位。上商写下100，在下法的上面写下10000，称其为方法。方法乘以上商，实减去10000。方法除以10，乘以2，下法除以100。再将11写在上商的位置。再将100写在下法的上面，称为隅法。用实2100减去方法、隅法与上商之积。再用隅法乘以2，加上方法，除以10。再将4写在上商11的下面，再将4写在下法的上面，称其为隅法。用方法和隅法分别乘以上商，实896减去两者，所得之差为72。即为前述答案。

【原文】

（二二）今有弧田〔1〕，弦六十八步、五分步之三，为田二亩三十四步、四十五分步之三十一，问矢几何？

答曰：矢〔2〕一十二步、三分步之二。

术曰：置田积步，倍之为实。以弦步数为从〔3〕。

【注释】

〔1〕弧田：弧形的田，此处的意思是弓形的田。

〔2〕矢：竖直高度。

〔3〕以弦步数为从：钱宝琮注："从"字系中卷第二十一页之末一个字。以下所缺，不知页数。

【译文】

现有一块弓形田，弦长$68\frac{3}{5}$步，该田的面积为2亩$34\frac{31}{45}$平方步，问竖直高度是多少?

答案为:竖直高度是$12\frac{2}{3}$步。

计算方法为:将田面积的平方步数,乘以2作为分子。

卷下

【原文】

（一）今有甲、乙、丙、丁、戊五人共猎，获鹿约以甲六、乙五、丙四、丁三、戊二分之，今获鹿五，问各得几何?

答曰：甲〔1〕得一鹿、四分鹿之二；乙得一鹿、四分鹿之一；丙得一鹿；丁得四分鹿之三；戊得四分鹿之二。

术曰：列置甲六、乙五、丙四、丁三、戊二，各自为差〔2〕。副并为法。以鹿数乘未并者〔3〕各自为实。实如法而一。

草曰：置六、五、四、三、二。并之，得二十为法。又以甲六乘五鹿，得三十，复以二十除之，得一鹿。余一与法俱倍之，得四分鹿之二。以乙五乘五鹿，得二十五。复以二十除，得一鹿、四分之一。又以丙四乘五鹿，得二十为一鹿。又以丁三乘五鹿，得一十五鹿，乃得四分鹿之三。又以戊二乘五鹿，得一十，乃得四分鹿之二。合前问。

【注释】

〔1〕甲：钱宝琮注："甲"字原下卷第三页之第一个字。所缺前二页无法补校。今据《四库全书》补校。

〔2〕差：不同，此处的意思是不同的分配比例。

〔3〕未并者：没有相加的数，此处的意思是相对应的数。

【译文】

现今有甲、乙、丙、丁、戊五个人一起狩猎，狩猎得到的鹿约定按甲

六、乙五、丙四、丁三、戊二的比例分配。现今猎得了5只鹿，问每个人各分得多少？

答案为：甲得1$\frac{2}{4}$只鹿；乙得1$\frac{1}{4}$只鹿；丙得1只鹿；丁得$\frac{3}{4}$只鹿；戊得$\frac{2}{4}$只鹿。

计算方法为：将甲的分配比例6、乙的分配比例5、丙的分配比例4、丁的分配比例3、戊的分配比例2竖排依次写下，分别作为不同的分配比例。将其相加作为分母。用猎得的鹿数乘以相对应的数，分别作为分子。分子除以分母即可。

大致计算过程为：写下6、5、4、3、2。把它们加在一起，等于20，作分母。再用甲的分配比例6乘以5只鹿，等于30，再除以20，商等于1只鹿。余数1和分母都乘以2，等于$\frac{2}{4}$只鹿。再用乙的分配比例5乘以5只鹿，等于25。再除以20，等于1$\frac{1}{4}$只鹿。再用丙的分配比例4乘以5只鹿，等于20，相除等于1只鹿。再用丁的分配比例3乘以5只鹿，等于15只鹿，于是分得$\frac{3}{4}$只鹿。再用戊的分配比例2乘以5只鹿，等于10，于是分得$\frac{2}{4}$只鹿。即为前述答案。

【原文】

（二）今有鹿直西走。马猎[1]追之，未及三十六步[2]。鹿回[3]直北走，马俱斜逐之，走五十步，未及一十步。斜直射之，得鹿。若鹿不回，马猎追之，问几何里而及之？

答曰：三里。

术曰：置斜逐步数，以射步数增之，自相乘。以追之未及步数自相乘减之。余，以开方除之。所得，以减斜逐步数，余为法。以斜逐步数乘未

及步数为实。实如法而一。

草曰：置斜逐步五十，增未及步数十步，共六十步。自乘得三千六百。又置追之未及步数三十六步，自相乘得一千二百九十六，以减斜自乘步，余二千三百四步。以开方除之，得四十八步。以减斜逐步数五十，余二为法。又置未及三十六，以斜逐步数五十乘之，得一千八百。以法除之，得九百步。乃合前问。

【注释】

〔1〕马猎：骑马的猎人。

〔2〕未及三十六步：还差36步追到。未及，差……距离追到。步，量词，古代长度单位，300步为1里。

〔3〕回：掉头，此处的意思是改变方向。

【译文】

现有一只向西直行的鹿。骑马的猎人正在追它，还差36步追到的时候，鹿改变方向向北直行，骑马的猎人斜向追去，追了50步远，还差10步追到的时候，沿斜线射杀，猎得了这只鹿。如果这只鹿不改变方向，骑马的猎人继续追，问多少里能追到？

答案为：3里。

计算方法为：用斜着追的步数，加上射杀时相距的步数，平方。得数减去直行追鹿没有追到时相距的步数的平方。所得之差，开方。用所得结果减去斜着追的步数，所得之差作为分母。用斜着追的步数乘以没有追到时相差的步数作为分子。分子除以分母即可。

大致计算方法为：用斜着追的步数50，加上射杀时相距的10步，一共60步。平方后等于3600。再用直行追鹿没有追到时相距的36步，平方后等于1296。用斜着相距步数的平方3600减去上述结果1296，所得之差为2304步。开方后，等于48步。用斜着追的步数50，减去48步，所得之差为2，当作分母。再乘以斜着追的步数50，等于1800。除以分母，等于900步。即为前述答案。

【原文】

（三）今有垣[1]高一丈三尺五寸，材长二丈二尺五寸，倚[2]之于垣，末与垣齐。问引材却行[3]几何，材末至地？

答曰：四尺五寸。

术曰：垣高自乘，以减材长自乘，余，以开方除之。所得，以减材，余即却行尺数。

草曰：置垣高数自相乘，得一百八十二尺二寸五分。又以材长数自相乘，得五百六尺二寸五分。以垣高自乘减之，余三百二十四。以开方法除之，得一丈八尺。以减材长二丈二尺五寸，余四尺五寸。合前问。

【注释】

〔1〕垣：矮墙。

〔2〕倚：斜靠。

〔3〕却行：向后走，此处的意思是向后移动。却，向后。

【译文】

现有一堵矮墙，高1丈3尺5寸，有一根长2丈2尺5寸的木材，斜靠着矮墙，末端与矮墙一样高。问将木材向后移动多远，才能使木材的末端挨着地面？

答案为：4尺5寸。

计算方法为：将木材的长度平方，再减去矮墙高度的平方，所得之差开方。用木材的长度减去上述开方结果，所得之差即为向后移动的尺数。

大致计算过程为：将矮墙的高度平方，等于182尺2寸5分。再将木材的长度平方，等于506尺2寸5分。两者相减，所得之差为324尺。开方，等于1丈8尺。用木材的长度2丈2尺5寸减去所得结果，所得之差为4尺5寸。即为前述答案。

【原文】

（四）今有仓，东西袤一丈二尺，南北广七尺〔1〕，南壁高九尺，北壁高八尺，问受粟几何〔2〕？

答曰：得四百四十斛〔3〕、二十七分斛之二十。

术曰：并南、北壁高而半之，以广、袤乘之，为实。实如斛法而一，得斛数。

草曰：置南、北壁高并之，得一十七，半之，得八尺五寸。又置长一十二尺，以广七尺因之，得八十四尺。又以高八尺五寸乘之，得七百一十四尺。以斛法一尺六寸二分除之，得四百四十斛。余一十二，并法各以六除之，得二十七分之二十。合前问。

【注释】

〔1〕东西袤一丈二尺，南北广七尺：东西方向长1丈2尺，南北方向宽7尺。东西，东西方向。袤，长。南北，南北方向。广，宽。

〔2〕受粟几何：可以容纳多少粟。受，容纳。

〔3〕斛：量词，古代容积单位，1斛等于1.62立方尺。

【译文】

现有一个粮仓，东西方向长1丈2尺，南北方向宽7尺，南面的墙壁高9尺，北面的壁高8尺，问可以容纳多少粟？

答案为：可以容纳440$\frac{20}{27}$斛粟。

计算方法为：南面墙壁的高度加上北面墙壁的高度，而后除以2，再乘以长度和宽度，作为分子。分子除以立方尺与斛之间的进率，即可得到可容纳粟的斛数。

大致计算过程为：用南面墙壁的高度加上北面墙壁的高度，等于17，除以2，等于8尺5寸。再用长度12尺，乘以宽度7尺，等于84尺。再乘以高度8尺5寸，等于714尺。除以立方尺与斛之间的进率1尺6寸2分，商等于440斛，余数为12，分子分母均除以6，等于$\frac{20}{27}$。即为前述答案。

【原文】

（五）今有圆圌[1]，上周一丈八尺，下周二丈七尺，高一丈四尺。问受粟几何？

答曰：三百六十九斛四斗、九分斗之四。

术曰：上下周相乘，又各自乘，并以高乘之，以三十六而一，所得为实。实如斛法而一，得斛数。

草曰：置上周一丈八尺自相乘，得三百二十四尺。以下周二丈七尺自相乘，得七百二十九尺。又上下周相乘，得四百八十六尺。并三位，得一千五百三十九。又以高一丈四尺乘之，得二万一千五百四十六尺。以三十六除之，得五百九十八尺五寸，为实。以斛法除之，得三百六十九斛四斗。余与法各折半，皆以九除之，法得九，余得四。即合前问。

【注释】

〔1〕圆囷（chuán）：圆台形粮仓。圆，此处的意思是圆台。囷，装粮的器皿。

【译文】

现有一个圆台形粮仓，上底周长为1丈8尺，下底周长为2丈7尺，高度为1丈4尺。问可以容纳多少粮食？

答案为：369斛4 $\frac{4}{9}$ 斗。

计算方法为：将上底和下底的周长相乘，并且将它们各自平方，加在一起后乘以高度，除以36，所得结果作为分子。换算为斛，即可得到斛数。

大致计算过程为：将上底周长1丈8尺平方，等于324尺。将下底周长2丈7尺平方，等于729尺。再将上底和下底的周长相乘，等于486尺。将前面三个数相加，等于1539。再乘以高度1丈4尺，等于21546尺。除以36，等于598尺5寸，作为分子。除以换算成斛的进率，商等于369斛4斗。余数与分母均除以2，再都除以9，分母等于9，余数等于4。即为前述答案。

【原文】

（六）今有窖[1]，上广四尺，下广七尺，上袤五尺，下袤八尺，深一丈。问受粟几何？

答曰：得二百二十五斛三斗、八十一分斗之七。

术曰：倍上袤，下袤从之[2]。亦倍下袤，上袤从之。各以其广乘之，并，以深乘之，六而一。所得为实。实如斛法而一，得斛数。

草曰：置上长五尺，倍之得十尺，加下长八尺，为十八尺。倍下

长八尺，得一十六尺，加上长五尺，为二十一尺。以上广四尺乘上长一十八尺，得七十二尺。又以下广七乘下长二十一尺，得一百四十七尺。并之得二百一十九尺。又以深十尺乘之，得二千一百九十。以六除之，得三百六十五尺。以斛法除之，得二百二十五斛三斗。法余各半之，得八十一分斗之七。即合前问。

【注释】

〔1〕窖：地窖。

〔2〕从之：加。

【译文】

现有一个地窖，上底面宽4尺，下底面宽7尺，上底面长5尺，下底面长8尺，深1丈。问可以容纳多少粟？

答案为：可以容纳225斛3$\frac{7}{81}$斗。

计算方法为：上底的长乘以2，加上下底的长。再将下底的长乘以2，加上上底的长。两者分别乘以各自的宽度，相加，乘以深度，除以6。所得的结果作为分子。换算为斛，即可得到斛数。

大致计算过程为：将上底的长5尺，乘以2，得10尺，加上下底的长8尺，等于18尺。下底的长8尺乘以2，等于16尺，加上上底的长5尺，是21尺。用上底的宽4尺乘以上底的长18尺，等于72尺。再用下底的宽7尺乘以下底的长21尺，等于147尺。相加等于219尺，再乘以深度10尺，等于2190。除以6，等于365尺。换算为斛，商等于225斛3斗。分母与余数均除以2，等于$\frac{7}{81}$斗。225斛3$\frac{7}{81}$斗即为前述答案。

【原文】

（七）今有窖，上方[1]五尺，下方[2]八尺，深九尺。问受粟几何？

答曰：二百三十八斛、九分斛之八。

术曰：上、下方相乘，又各自相乘，并，以深乘之，三而一，所得为实。实如斛法而一，得斛数。

草曰：置上方五尺，自相乘得二十五尺。置下方八尺，自相乘得六十四尺。又以上下方相乘得四十尺。并三位得一百二十九。又以深九尺乘之，得一千一百六十一。又以三而一得三百八十七尺。以斛法除得二百三十八斛。余与法皆半之，九约，得九分斛之八。合前问。

【注释】

〔1〕上方：上底边长。

〔2〕下方：下底边长。

【译文】

现有一个地窖，上底边长5尺，下底边长8尺，深9尺。问可以容纳多少粟？

答案为：$238\frac{8}{9}$斛。

计算方法为：上底边长乘以下底边长，同时两个边长分别平方，加在一起，乘以深度，除以3，所得结果作为分子。换算为斛，即可得到斛数。

大致计算方法为：将上底边长5尺平方后等于25尺。将下底边长8尺平方后等于64尺。再用上底边长乘以下底边长等于40尺。三者相加等于129。再乘以深度9尺，等于1161。除以3，等于387尺。换算为斛，商等于238斛。余数和分母均除以2，约去9，等于$\frac{8}{9}$斛。即为前述答案。

【原文】

（八）今有仓，东西袤一丈四尺，南北广八尺，南壁高一丈，受粟六百二十二斛、九分斛之二。问北壁高几何?

答曰：八尺。

术曰：置粟积尺，以仓广、袤相乘而一。所得，倍之，减南壁高尺数，余为北壁高。

草曰：置六百二十二斛，以九因之，内子二，得五千六百。又以斛法一尺六寸二分乘之，得九千七十二尺，是粟积数。却以九除之，得一千八尺。以长、广相乘得一百一十二尺。以除一千八尺，得九尺。倍之，得一十八尺。减南壁高一丈，余即北壁高数。合前问。

【译文】

现有一个粮仓，东西方向长1丈4尺，南北方向宽8尺，南面墙壁高1丈，可以容纳$622\frac{2}{9}$斛粟。问北面墙壁高多少？

答案为：8尺。

计算方法为：将可容纳粟的立方尺数，乘以9，加上分子2。所得结果，乘以2，减去南面墙壁的高度尺数，所得之差即为北面墙壁的高度。

大致计算过程为：将622斛，乘以9，加上分子2，等于5600。再乘以斛与立方尺的换算进率1尺6寸2分，等于9072尺，是可容纳粟的数量。除以9，等于1008尺。将长度和宽度相乘等于112尺。用1008尺除以该结果，等于9尺。乘以2，等于18尺。减去南面墙壁的高度1丈，所得之差即为北面墙壁的高度。即为前述答案。

【原文】

（九）今有圆圌，上周一丈五尺，高一丈二尺，受粟一百六十八斛五斗、二十七分斗之五。问下周几何?

答曰：一丈八尺。

术曰：置粟积尺，以三十六乘之，以高而一。所得，以上周自相乘减之，余，以上周尺数从，而开方除之。所得即下周。

草曰：置粟一百六十八斛五斗，以分母二十七乘之，内子五，得四千五百五十。又以斛法乘之，得七千三百七十一。又以三十六乘，得二十六万五千三百五十六。又以二十七除之，得九千八百二十八。又以高一丈二尺除之，得八百一十九。又以上周自乘得二百二十五，以减上数，余五百九十四。又以上周一丈五尺为从法。开方，合前问。

【译文】

现有一个圆台形粮仓，上底周长为1丈5尺，高度为1丈2尺，可以容纳168斛$5\frac{5}{27}$斗。问下底面周长是多少？

答案为：1丈8尺。

计算方法为：将可容纳粟的立方尺数，乘以36，除以高度。再用上底周长的平方减去所得结果，所得之差加上上底的周长尺数，开方。所得结果即为下底周长。

大致计算过程为：将粟的168斛5斗，乘以分母27，加上分子5，等于4550。再乘以换算成斛的进率，等于7371。再乘以36，等于265356。除以27，等于9828。再除以高度1丈2尺，等于819。再将上底周长平方，等于225，上述所得减去该数，所得之差为594。再将上底周长1丈5尺加上分母。开方后即可得到前述答案。

【原文】

（一〇）今有窖，上方八尺，下方一丈二尺，受粟九百三十八斛、八十一分斛之二十二。问深几何?

答曰：一丈五尺。

术曰：置粟积尺，以三乘之为实。上、下方相乘，又各自乘，并以为法。实如法而一。

草曰：置粟九百三十八斛，以分母八十一乘之，内子二十二，得七万六千。以斛法乘之，得一十二万三千一百二十。又以三因之，得三十六万九千三百六十。以八十一除之，得四千五百六十，为实。又以上方自相乘得六十四，以下方自相乘得一百四十四，以上、下方相乘得九十六，三位并之，得三百四为法。除实得一丈五尺。合前问。

【译文】

现有一个地窖，上底边长8尺，下底边长1丈2尺，可以容纳938$\frac{22}{81}$斛粟。问深度是多少？

答案为：1丈5尺。

计算方法为：将可容纳粟的立方尺数，乘以3作为分子。上底边长和下底边长相乘，同时各自平方，加在一起作为分母。分子除以分母即可。

大致计算过程为：将粟的938斛，乘以分母81，加上分子22，等于76000。乘以换算为斛的进率，等于123120。再乘以3，等于369360。除以81，等于4560，作为分子。再将上底面的边长平方等于64，将下底面的边长平方等于144，上底面的边长乘以下底面的边长等于96，三个数相加，等于304，作为分母。分子除以分母，等于1丈5尺。即为前述答案。

【原文】

（一一）今有窖，上广五尺，上袤八尺，下广七尺，深九尺，受粟三百一斛八斗、八十一分斗之四十二。问下袤几何？

答曰：一丈。

术曰：置粟积尺，以六乘之，深而一，所得。倍上袤以上广乘之，又以下广乘上袤，并以减之〔1〕。余，以倍下广，上广从之，而一，得下袤。

草曰：置三百一斛八斗，以分母八十一乘之，内子四十二，得二万四千四百五十。又以斛法乘之，得三万九千六百九。又以六乘之，得二十三万七千六百五十四。以分母八十一除之，得二千九百三十四。又以深九尺除之，得三百二十六，为实。又以倍上袤得一十六，以上广五尺乘之，得八十。又以下广乘上袤得五十六。并之得一百三十六。以减实，余一百九十。又倍下广七尺得一十四，又加上广五尺共一十九。除实得一丈。合前问。

【注释】

〔1〕并以减之：此处的意思是相加之后减去前述结果。

【译文】

现有一个地窖，上底宽度为5尺，长度为8尺，下底宽度为7尺，深度为9尺，可以容纳301斛$8\frac{42}{81}$斗粟。问下底面的长度是多少？

答案为：1丈。

计算方法为：将可容纳粟的立方尺数乘以6，除以深度。上底长度乘以2，乘以上底宽度，再用下底长度乘以上底宽度，相加之后减去前述结果。所得之差，除以上底宽度的2倍与上底宽度之和，即可得到下底的长度。

大致计算过程为：将301斛8斗，乘以分母81，加上分子42，等于24450。再乘以换算为斛的进率，等于39609。再乘以6，等于237654。除以分母81，等于2934。再除以深度9尺，等于326，作为分子。再将上底的长乘以2等于16，乘以上底的宽5尺，等于80。再用下底的宽乘以上底的长等于56。相加等于136。用分子减去前述之和，所得之差为190。再将下底的长7尺乘以2等于14，再加上上底的长5尺，一共等于19尺。分子除以分母等于1丈。即为前述答案。

【原文】

（一二）今有上锦三匹、中锦二匹、下锦一匹直绢四十五匹。上锦二匹、中锦三匹、下锦一匹直绢四十三匹。上锦一匹、中锦二匹、下锦三匹直绢三十五匹。问上、中、下锦各直绢几何？

答曰：上锦一匹直绢九匹，中锦一匹直绢七匹，下锦一匹直绢四匹。

术曰：如方程〔1〕。

臣淳风等谨案：此术宜云〔2〕，以右行上锦遍乘中行，而以直除〔3〕之。又乘其左，亦以直除。以中行〔4〕中锦不尽者遍乘左行，又以直除。左行下锦不尽者，上为法，下为实。实如法得下锦直绢。求中锦直绢者，以下锦直绢乘中行下锦，而减下实。余，如中锦而一，即得中锦直绢。求上锦直绢者，亦以中、下锦直绢各乘右行锦数，而减下实。余，如上锦而一，即得上锦之数。列而别之，价直匹数杂而难分。价直匹数者一行之下实。今以右行上锦遍乘中行者，欲为同齐而去中行上锦。同齐者谓同行首齐诸下，而以直减中行。术从简易，虽不为同齐，以同齐之意观之，其宜然矣。又转去上锦、中锦，则其求者下锦一位及实存焉。故以上为法，下为实，实如法得下锦一匹直绢。其中行两锦实，今下锦一匹直数先见，乘中行下锦匹数得一位别实，减此别实一于下实，则其余专中锦一位价直匹数。故以中锦数而一。其右行三锦实，今中、下锦直匹数并见。故亦如前右行求别实，以减中下实。余如上锦数而一。即得。

草曰：置上锦三匹于右上，中锦二匹于右中，下锦一匹于右下，直绢四十五匹于下。又置上锦二匹于中上，中锦三匹于中中，下锦一匹于中下，直绢四十三匹于下。又置上锦一匹于左上，中锦二匹于左中，下锦三匹于左下，直绢三十五匹于下。然以右上锦三匹遍乘中行，上得六，中得九，下得三，直绢一百二十九。又以右上锦三遍乘左行，得上三，中六，下九，直绢一百五。乃以右上、中、下并直绢再减[5]中行，一减[6]左行。余，有中行中五、下一，直绢三十九；左行中四、下八，直绢六十。又以中行中五遍乘左行，中得二十，下得四十，直绢三百。以中行四度遍减[7]左行，余只有下锦三十六，直绢一百四十四。以下锦为法，除绢一百四十四，得四匹，是下锦一匹之直。求中锦，以下锦绢乘中行下锦一匹，得四，以减下绢三十九，余三十五。以中锦五匹除之，得七匹，是中锦之直。求上锦，以中锦价乘右行中锦，得一十四，以下锦直乘下锦，得四，共一十八。以减下直四十五，余二十七。以上锦三除之，得九匹。合前问。

【注释】

〔1〕方程：此处的意思是方程组。

〔2〕此术宜云：此处的方法应当（进一步）说明。宜，应当。云，说，此处的意思是进一步说明。

〔3〕直除：多次相减，直至为零。直除法是中国古代解线性方程组的方法。

〔4〕中行：此处的意思是中列。下同。

〔5〕再减：减两次。

〔6〕一减：减一次。

〔7〕四度遍减：分别减四次。

【译文】

现有上等锦3匹、中等锦2匹、下等锦1匹，一共价值45匹绢。上等锦2匹、中等锦3匹、下等锦1匹，一共价值43匹绢。上等锦1匹、中等锦2匹、下等锦3匹，一共价值35匹绢。问上等锦、中等锦、下等锦各价值多少绢？

答案为：一匹上等锦价值9匹绢，一匹中等锦价值7匹绢，一匹下等锦价值4匹绢。

计算方法为：列方程组求解。

李淳风注：该方法应该这样说，用右列的上锦数遍乘中列，中列、右列多次相减，直到中列上锦数变为零。再用右列的上锦数遍乘左列，左列、右列再多次相减直到左列上锦数变为零。用中行中锦剩余之数遍乘左列，左列、中列再多次相减，直到左列中锦数变为零。左列下锦剩余之数，上面的下锦数作分母，下面的绢数作分子。分子除以分母，即可求得下锦价值的绢数。求中锦价值的绢数，用下锦价值的绢数乘中列的下锦数，用下面的分子减去。所得之差，除以中锦数，即可求得中锦价值的绢数。求上锦价值的绢数，也用中锦、下锦各自价值的绢数乘右列的锦数，用下面的分子数减去。所得之差，除以上锦数，即可求得上锦价值的绢数。分别列出这些数，各品等的锦价值的匹数杂乱难以分辨。将价值绢的匹数写在每列最下面，作为分母。现今用右列的上锦数遍乘中列各数，想要变为同齐的数来消去中列的上锦数。同齐的意思是首列相同，下面的数对齐，用中列的数反复减去右列的数。计算方法从简说明，虽然不是同齐之数，用同齐的意思来看，就是直除这种方法。再转而消去上锦、中锦，则仅剩下待求的下锦数及其价值的绢数。因此将上面的下锦数作为分母，下面的绢数作为分子，分子除以分母，即可得到一匹下锦价值的绢数。中列的两等锦，现今已知每匹下锦价值的绢数，乘以中列的下锦匹数，可得下锦价值的绢数，用下面的绢数减去该数，所得之差为中锦价值的绢数。故除以中锦匹数，可得一匹中锦价值的绢数。右列三等锦，现今已知每匹中锦、下锦价值的绢数。也像前面那样乘以右列各锦的匹数，用下面的绢数减去这些数。所得之差除以上锦数，可得一匹上锦价值的绢数。即可得解。

大致计算过程为：将上等锦的3匹写在右列上方，将中等锦的2匹写在右列中间，将下等锦的1匹写在右列下面，一共价值的45匹绢写在下面。再将上等锦的2匹写在中列上方，将中等锦的3匹写在中列中间，将下等锦的1匹写在右列下面，总价值43匹绢写在下面。再将上等锦的一匹写在左列上方，将中等锦的2匹写在左列中间，将下等锦的3匹写在左列下面，总价值35匹绢写在下面。然后用右列上面的锦数3匹遍乘中列，中列上面的数等于6，中列中间的数等于9，中列下面的数等于3，价值绢129匹。再用右列上面的锦数3遍乘左列，结果为：左列上面的数为3，左列为中间的数为6，左列下面的数为9，价值绢105匹。用中间那列分别减去右列上、中、下和价值绢数的2倍，用左边那列分别减去右列的上、中、下和价值绢数。所得之差，中列中间的数为5、下面的数为1，价值绢39匹；左列中间的数为4、下面的数为8，价值绢60匹。再用中列中间的数5遍乘左列，左列中间的数等于20，左列下面的数等于40，价值绢300匹。用左边一列分别减去中间那列的4倍，所得结果只有下等锦的36，价值绢144匹。将下等锦数作为分母，绢数144除以分母，等于4匹，是1匹下等锦的价值。求中等锦的价值，用下等锦价值的绢数乘以中间那列的1匹下等锦，等于4，用下面价值的绢数39减去4，所得之差为35。除以中等锦的数量5匹，等于7匹，是中等锦的价值。求上等锦的价值，用中等锦的价值乘以右面那列的中等锦的数，等于14，用下等锦的价值乘以下等锦的数量，等于4，一共是18。用下面价值的绢数45减去18，所得之差为27。除以上等锦的数量3，等于9匹。即为前述答案。

【原文】

（一三）今有孟、仲、季[1]兄弟三人，各持绢不知匹数。大兄谓二弟曰："我得汝等绢各半，得满[2]七十九匹。"中弟曰："我得兄、弟绢各半，得满六十八匹。"小弟曰："我得二兄绢各半，得满五十七匹。"问兄弟本持绢各几何？

答曰：孟五十六匹，仲三十四匹，季一十二匹。

术曰：大兄二、中弟一、小弟一，合一百五十八匹。大兄一、中弟二、小弟一，合一百三十六匹。大兄一、中弟一、小弟二，合一百一十四匹。如方程而求，即得。

草曰：置大兄二于右上，中弟一于右中，小弟一于右下，绢一百五十八匹于下。又置大兄一于中上，中弟二于中中，小弟一于中下，绢一百三十六匹于下。又置大兄一于左上，中弟一于左中，小弟二于左下，绢一百一十四匹。以方程锦法求之。

以右行上二遍因左行，孟得二，仲得二，季得四，合得二百二十八。以右行直减之，仲余一，季余三，合余七十。又以右行上二遍因中行，孟得二，仲得四，季得二，合得二百七十二。以右行直减之，仲得三，季得一，合余一百一十四。又以中行仲三遍因左行，仲得三，季得九，合得二百一十。以中行直减之，季余得八，合余得九十六，为实。以季余八，为法除之，得季一十二匹。又中行合一百一十四，减一十二，余一百二。以仲三除之，得仲三十四匹。又右行合一百五十八，减季一十二匹，仲三十四匹，外余一百一十二。以孟二除之，得孟五十六匹。合前问。

【注释】

〔1〕孟、仲、季：指兄弟姊妹的长幼顺序。孟为最长，季为最幼。《左传·隐公元年》："惠公元妃孟子。"唐·孔颖达："孟仲叔季，兄弟姊妹长幼之别字也，孟、伯俱长也。"四人时常作孟（也可作伯）仲叔季，三人时常作孟仲季。此处意译为老大、老二、老三。

〔2〕得满：一共等于。

□ 新莽嘉量

新莽嘉量是汉代的一件五量（斛、斗、升、合、龠）合一的铜质标准量器。十龠为一合，十合为一升，十升为一斗，十斗为一斛。器壁上有81字的总铭，单件量器上又各有铭文，每条铭文记录了各自所量的尺寸和容积。图为新莽嘉量中的斛、斗、升、合、龠量。

【译文】

现有老大、老二、老三兄弟三人，每个人持有若干匹绢。老大对两个弟弟说："我如果得到你们每个人一半的绢，就一共有79匹。"老二说："我得到哥哥、弟弟各一半的绢，就一共有68匹。"老三说："我得到两位哥哥各一半的绢，就一共有57匹。"问兄弟三人每个人原来有多少绢？

答案为：老大56匹，老二34匹，老三12匹。

计算方法为：2倍老大的绢数、老二的绢数、老三的绢数，共计158匹。老大的绢数，2倍老二的绢数、老三的绢数，共计136匹。老大的绢数、老二的绢数、2倍老三的绢数，共计114匹。列方程组求解，即可得到答案。

大致计算过程为：将老大的2写在右上，老二的1写在右中，小弟的1写在右下，绢158匹写在下面。再将老大的1写在中上，老二的2写在中中，小弟的1写在中下，绢136匹写在下面。再将老大的1写在左上，老二的1写在左中，小弟的2写在左下，绢114匹写在下面。用解方程组的方法求解。

用右列上面的2遍乘左列，老大等于2，老2等于2，老3等于4，合计228。减去右列，老二剩余1，老三剩余3，总剩余70。再用右列上面的2遍乘中列，老大等于2，老二等于4，老三等于2，合计272。减去右列，老二剩余3，老三剩余1，总剩余114。再用中列老二的3遍乘左列，老二等于3，老三等于9，总计210。减去右列，老三剩余8，总剩余96，作为分子。将老三剩余的8作为分母，分子除以分母，解得老三有12匹。用中列合计的114，减去12，剩余102。除以老二的3，可得老二有34匹。再用右列合计的158，减去老三的12匹，老二的34匹，还剩余112。除以老大的2，可得老大有56匹。即为前述答案。

【原文】

（一四）今有甲、乙、丙三人，持钱不知多少。甲言："我得乙大半[1]，得丙少半[2]，可满一百。"乙言："我得甲大半，得丙半，可满一百。"丙言："我得甲、乙各大半，可满一百。"问甲、乙、丙持钱各几何?

答曰：甲六十，乙四十五，丙三十。

术曰：三甲[3]、二乙、一丙，钱三百。四甲、六乙、三丙，钱六百。二甲、二乙、三丙，钱三百。如方程，即得。

草曰：置三甲于右上，二乙于右中，一丙于右下，钱三百于下。又置四甲于中上，六乙于中中，三丙于中下，钱六百于下。又置二甲于左上，二乙于左中，三丙于左下，钱三百于下。以右行上三遍因左行，甲得六，乙得六，丙得九，钱得九百。以右行再减之，余乙二，丙七，钱三百。又以右行上三遍因中行，得甲一十二，乙一十八，丙九，钱一贯八百。以右

行四遍减之，余，乙一十，丙五，钱六百。左行进一位[4]，得乙二十，丙七十，钱三贯。以中行再减之，余得丙六十，钱一贯八百。以六十除之，得丙三十。又中行钱六百减一百五十，余四百五十，以乙一十除之，得乙四十五。又去右行钱减一百二十，余一百八十，以甲三除之，得甲六十。合前问。

【注释】

〔1〕大半：多于一半，此处的意思是$\frac{2}{3}$。

〔2〕少半：少于一半，此处的意思是$\frac{1}{3}$。

〔3〕三甲：甲钱数的三倍。下文“二乙”“一丙”等以此类推。

〔4〕进一位：此处的意思是乘以10。进位，数学用语，原意是上一位，例如个位进位到十位，十位进位到百位，故引申义为乘以10。

【译文】

现有甲、乙、丙三人，每人拿着一笔钱，但不知道有多少。甲说：“我得到乙的$\frac{2}{3}$和丙的$\frac{1}{3}$，正好满100钱。”乙说：“我得到甲的$\frac{2}{3}$和丙的一半，正好满100钱。”丙说：“我得到甲和乙的各$\frac{2}{3}$，正好满100钱。”问甲、乙、丙各有多少钱？

答案为：甲有60钱，乙有45钱，丙有30钱。

计算方法为：三甲、二乙、一丙，共300钱。四甲、六乙、三丙，共600钱。二甲、二乙、三丙，共300钱。列方程组求解，即可得到答案。

大致计算过程为：将三甲写在右列上面，二乙写在右列中间，一丙写在右列下面，钱300写在最下面。再将四甲写在中列上面，六乙写在中列中间，三丙写在中列下面，钱600写在最下面。再将二甲写在左列上面，二乙写在左列中间，三丙写在左列下面，钱300写在最下面。用右列上面的3遍乘左列，甲等于6，乙等于6，丙等于9，钱等于900。减去右列的2倍，所得之差乙为2，丙为7，钱数为300。再用右列上面的3遍乘中列，甲变为12，乙变为18，丙变为9，钱数变为1贯800。减去右列的4倍，所得之差，乙为10，丙为5，钱数为600。左列乘以10，乙变为20，丙变为70，钱数变为3贯。减去中列的2倍，所得之差，丙变为60，钱数变为1贯800。除以60，结果可得丙有30钱。再用中列的钱600减去150，所得之差为450，除以乙的10，结果可得乙有45钱。再减去右列的钱120，所得之差为180，除以甲的3，结果可得甲有60钱。即为前述答案。

【原文】

（一五）今有甲、乙怀钱，各不知其数。甲得乙十钱，多乙余钱五倍[1]**。乙得甲十钱，适等。问甲、乙怀钱各几何?**

答曰：甲三十八钱，乙钱十八。

术曰：以四乘十钱，又以七乘之，五而一。所得，半之，以十钱增之，得甲钱数。以十钱减之[2]**，得乙钱数。**

草曰：置多钱五倍，除十钱，余，四因之，得四十。又以七乘之，得二百八十。却以五除之，得五十六。半之得二十八，加得乙十钱，共三十八钱，为甲怀钱。又以二十八钱减十钱，为乙怀钱。合问。

【注释】

〔1〕多乙余钱五倍：比乙剩下的钱多5倍。此处的意思是甲现有的钱减去乙剩下的钱，是乙现有钱的5倍。亦即甲现有的钱是乙剩下钱的6倍。这里要区分开“比乙多5倍”和“是乙的5倍”。

〔2〕以十钱减之：减去10钱。此处的“之”，指代的是“半之”后所

得结果。

【译文】

现有甲、乙二人各持有若干钱。若甲得到乙的10钱，就比乙剩下的钱多5倍。乙得到甲的10钱，（两者钱数）正好相等。问甲、乙各持有多少钱？

答案为：甲有38钱，乙有18钱。

计算方法为：用4乘以10钱，再乘以7，除以5。所得之商，除以2，加上10钱，可得到甲的钱数。减去10钱，可得到乙钱数。

大致计算过程为：将多的5倍钱，减去10钱，所得之差，乘以4，等于40。再乘以7，等于280。除以5，等于56。除以2等于28，加上乙的10钱，共计38钱，是甲有的钱数。再用28减去10钱，得18钱，是乙有的钱数。即为前述答案。

【原文】

（一六）今有车五乘[1]，行道三十里，雇钱一百四十五。今有车二十六乘，雇钱三千九百五十四、四十五分钱之十四。问行道几何？

答曰：一百五十七里少半里。

术曰：置今有雇钱数，以行道里数乘之，以本车乘数乘之，为实。以本雇钱数乘今有车数为法。实如法得一。

草曰：置今雇钱三千九百五十四、四十五分钱之十四，通分内子得一十七万七千九百四十四。又以三十里乘之，得五百三十三万八千三百二十。又以本车五乘之，得二千六百六十九万一千六百为实。又以本雇钱一百四十五乘今有车二十六，得三千七百七十。又分母四十五乘之，得一十六万九千六百五十为法。除实得一百五十七里余

五万六千五百五十。与法各约之，得三分里之一。合问。

【注释】

〔1〕乘：量词，古代一辆四马拉的马车称为一乘。

【译文】

现有5辆马车，行驶了30里道路，所需雇钱为145。现今有26辆马车，雇钱为3954 $\frac{14}{45}$ 钱。问行驶了多远的路？

答案为：157 $\frac{1}{3}$ 里。

计算方法为：将现今的雇钱数，乘以行驶的路程里数，再乘以原本的车辆数作为分子。用原来的雇钱数乘以现今的车辆数，得数作为分母。分子除以分母即可得到答案。

大致计算过程为：将现今的雇钱数3954 $\frac{14}{45}$ 钱，通分加上分子等于177944。再乘以30里，等于5338320。再乘以原本的车辆数5，等于26691600作为分子。再用原来的雇钱数145乘以现今的车辆数26，等于3770。乘以分母45，等于169650，作为分母。分子除以分母，商等于157里，余数为56550。余数与分母约分，等于 $\frac{1}{3}$ 里。即为前述答案。

【原文】

（一七）今有恶粟[1]一斛五斗，舂之得粝米七斗。今有恶粟二斛，问为粺米几何？

答曰：八斗四升。

术曰：置粝米之数，求为粺米所得之数。以乘今有恶粟为实，以本粟

为法。实如法得一。臣淳风等谨按：此术置粝米七斗，以粺米率九乘之，以十而一，得六斗、十分斗之三。是为恶粟十五斗，得作粺米六斗、十分斗之三。此今有术，恶粟二十斗为所有数〔2〕，粺米六斗、十分斗之三为所求率〔3〕，恶粟十五斗为所有率〔4〕。

草曰：置粝米七斗，以九因得六十三，又以一十除，得六斗、一十分斗之三。却通分内子得六百三十。又以二斛因，得一万二千六百为实。又置一斛五斗，以十分因之，得一十五斛为法。除之，得八斗四升。合问。

【注释】

〔1〕恶粟：劣质粟。恶，不好的。

〔2〕所有数：这里指的是现有的数量。

〔3〕所求率：这里指的是原来（一斛五斗恶粟）可转化成粺米的数量。

〔4〕所有率：这里指的是原来有的数量。

【译文】

现有1斛5斗的劣质粟，舂后可以得到7斗粝米。现今有2斛劣质粟，问可以制成多少粺米？

答案为：8斗4升。

计算方法为：用粝米数，求制成粺米可得的数量。乘以现今有的劣质粟作为分子，将原来的粟数作为分母。分子除以分母即可。李淳风注：该方法用粝米7斗，乘以粺米产率9，除以10，等于$6\frac{3}{10}$斗。因此15斗劣质粟，可以制作粺米$6\frac{3}{10}$斗。现在的方法为，20斗是现有劣质粟的数量，$6\frac{3}{10}$斗是原来（1斛5斗劣质粟）可转化成粺米的数量，15斗为原有劣质粟的数量。

大致计算过程为：用7斗粝米，乘以9等于63，再除以10，等于$6\frac{3}{10}$

斗。通分加上分子等于630。乘以2斛，等于12600作为分子。再将1斛5斗，乘以10，等于15斛作为分母。分子除以分母，等于8斗4升。即为前述答案。

【原文】

（一八）今有好粟[1]**五斗，舂之得糳米二斗五升。今有御米**[2]**十斗，问得好粟几何？**

答曰：二斛二斗八升、七分升之四。

术曰：置糳米数求御米之数为法。臣淳风等谨按，问意宜云“置糳米数求御米之数为法”。其术直云“置糳米数为法”者，错也。又置今御米数，以本粟乘之为实。实如法得一。臣淳风等谨按，此术置糳米二十五升，以御米率七乘之，以糳米率八而一，得二斗、十六分斗之三，为好粟五斗得作御米二斗、十六分斗之三。于今有术，御米十斗为所有数[3]，好粟五斗为所求率[4]，御米二斗、十六分斗之三为所有率[5]。

草曰：置糳米二斗五升，以御米率七因之，得一百七十五。八而一，得二斗、十六分之三。又却通分内子，得三十五为法。又置一十斗，以十六乘之，得一百六十为实。以法除之，得二斛二斗八升、七分之四。合问。

【注释】

〔1〕好粟：优质粟。好，优质的。

〔2〕御米：供给宫廷的米。7升御米所需的粟，等于8升糳米所需的粟。

〔3〕所有数：此处的意思是现今想要得到的数量。

〔4〕所求率：此处的意思是原来有的数量。

〔5〕所有率：此处的意思是原来可以产出的数量。

【译文】

现有优质粟5斗，舂后可以得到2斗5升糳米。现今要得到10斗供给官廷的米，问需要多少优质粟？

答案为：2斛2斗8$\frac{4}{7}$升。

计算方法为：将制取糳米所需御米数作为分母。李淳风注：根据题意，应该写成“置糳米数求御米之数为法”。该方法原来写的是“置糳米数为法”，这是错误的。再用现今的御米数，乘以原来的粟数，得数作为分子。分子除以分母即可。李淳风注：该方法将25升糳米，乘以御米比率7，除以糳米的产率8，等于2$\frac{3}{16}$斗，因此5斗优质粟可以制作2$\frac{3}{16}$斗御米。于是，现今的方法变为，御米10斗是现今想要得到的数量，优质粟5斗为原来有的数量，御米2$\frac{3}{16}$斗是原来可以产出的数量。

大致计算过程为：将2斗5升糳米，乘以御米的比率7，等于175。除以8，等于2$\frac{3}{16}$斗。然后通分加上分子，等于35，作为分母。再将10斗乘以16，等于160，作为分子。分子除以分母，等于2斛2斗8$\frac{4}{7}$升。即为前述答案。

【原文】

（一九）今有差[1]丁夫[2]五百人，合共重车[3]一百一十三乘。问各共重几何？

答曰：六十五乘，乘各四人共重。四十八乘，乘各五人共重。

术曰：置人数为实，车数为法而一，得四人共重。又置一于上方命之。实余返减法[4]讫，以四加上方一得五人共重。法余[5]即四人共重车数，实余即五人共重车数。

草曰：置五百人，以一百一十三乘除之，得四人，余四十八。以减法，余六十五，为四人共一车。以四因六十五人得二百六十，减五百，余二百四十。以四十八除之，得五人共重一车量。合问。

【注释】

〔1〕差：差遣。

〔2〕丁夫：壮丁。

〔3〕重车：拉车。重，拉。

〔4〕实余返减法：分母减去余数。实余，余数。返，然后，此处不译。法，分母。

〔5〕法余："以法减余"，分母减去余数。

【译文】

现在差遣壮丁500人，一起去拉113辆马车。问如何拉这些马车？

答案为：65辆马车，每辆马车用4人拉。48辆马车，每辆马车用5人拉。

计算方法为：将人数作为分子，车辆数作为分母，分子除以分母，可得4人拉1辆马车。再在每辆马车上增加1人。分母减去余数之后，用4加上增加的1即为5人一起拉马车。分母减去余数即为4人拉马车的数量，余数即为5人拉马车的数量。

大致计算过程为：将500人，除以113辆马车，商等于4人，余数为48。分母113减去48，所得之差为65，是4人拉马车的数量。用4乘以65等于260人，500减去260，所得之差为240。除以48，可得5人拉马车的数量（意为"可得5人拉马车的数量为48"）。即为前述答案。

【原文】

（二〇）今有甲持钱二十，乙持钱五十，丙持钱四十，丁持钱三十，戊持钱六十，凡五人合本治生〔1〕，得利二万五千六百三十五。欲以本钱多少分之。问各人得几何？

答曰：甲得二千五百六十三钱、四分钱之二，乙得六千四百八钱、四分钱之三，丙得五千一百二十七钱，丁得三千八百四十五钱、四分钱之一，戊得七千六百九十钱、四分钱之二。

术曰：各列置本持钱数，副并为法。以利钱乘未并者，各自为实。实如法得一。

草曰：置甲等五人所持钱，并之得二百为法。又以甲持钱二十，乘利钱二万五千六百三十五，得五十一万二千七百。以法除之，得二千五百六十三。余与法皆五除，得法四余二，是四分钱之二。求乙钱，以乙五十乘利钱，得一百二十八万一千七百五十。又以法除之，得六千四百八钱。余与法皆倍之，得四分钱之三。求丙钱，以四十乘利钱，得一百二万五千四百。以法除之，得五千一百二十七钱。求丁钱，以三十乘利钱，得七十六万九千五十。以法除之，得三千八百四十五钱、四分钱之一。求戊钱，以六十乘利钱，得一百五十三万八千一百。以法除之，得七千六百九十钱、四分钱之二。乃合前问。

【注释】

〔1〕治生：做生意。

【译文】

现甲有20钱，乙有50钱，丙有40钱，丁有30钱，戊有60钱，这5个人一起合伙做生意，获得利润25635钱，想要按照本金多少分配。问每人分得多少？

答案为：甲分得2563$\frac{2}{4}$钱，乙分得6408$\frac{3}{4}$钱，丙分得5127钱，丁分得3845$\frac{1}{4}$钱，戊分得7690$\frac{2}{4}$钱。

计算方法为：分别写下本金数量，相加作为分母。用利润乘以相应本金，分别作为分子。分子除以分母即可。

大致计算过程为：将这5个人持有的钱数，相加等于200作为分母。再用甲持有的钱数20，乘以利润25635钱，等于512700。除以分母，商等于2563。余数和分母都除以5，得数为分母4，余数2，即为$\frac{2}{4}$钱。求乙分得的钱数，用乙的50钱乘以利润，等于1281750。除以分母，商等于6408钱。余数和分母都乘以2，等于$\frac{3}{4}$钱。求丙分得的钱数，用40乘以利润，等于1025400。除以分母，等于5127钱。求丁分得的钱数，用30乘以利润，等于769050。除以分母，等于3845$\frac{1}{4}$钱。求戊分得的钱数，用60乘以利润，等于1538100。除以分母，等于7690$\frac{2}{4}$钱。即为前述答案。

【原文】

（二一）今有甲、乙、丙三人共出一千八百钱，买车一辆。欲与亲知[1]乘之，为亲不取[2]。还卖得钱一千五百。各以本钱多少分之，甲得五百八十三钱、三分钱之一，乙得五百钱，丙得四百一十六钱、三分钱之二。问本出钱各几何？

答曰：甲出钱七百，乙出钱六百，丙出钱五百。

术曰：置甲、乙、丙分得之数，副并为法。以置车[3]钱数乘未并者，各自为实。实如法得一。

草曰：置甲得钱五百八十三，以分母三乘之，内子一，得一千七百

五十。又以本置车钱一千八百乘之，得三百一十五万。又置求分钱一千五百，以分母三因之，得四千五百为法。以除实得七百，是甲钱。求乙，置分得钱数五百，以一千八百乘之，得九十万。以一千五百为法，除之，得六百。求丙，置分得钱数四百一十六，以钱分母三因之，内子二，得一千二百五十。又以一千八百乘之，得二百二十五万。又置未分钱一千五百，三因之，得四千五百为法。除实得五百。合前问。

【注释】

〔1〕欲与亲知：想要告知亲人。与……知，让……知道。

〔2〕为亲不取：亲人不来乘车。此处意译为亲人拒绝。不取，不接受邀请。

〔3〕置车：买车。置，买，例如买房置地。

【译文】

现有甲、乙、丙三人一起出资1800钱，买了一辆车。想要请亲人一同乘坐，亲人拒绝。变卖后得到1500钱。按照本金多少分配，甲得到$583\frac{1}{3}$钱，乙得到500钱，丙得到$416\frac{2}{3}$钱。问三人各自出资多少？

答案为：甲出700钱，乙出600钱，丙出500钱。

计算方法为：将甲、乙、丙三人分得的钱数，相加作为分母。用买车的钱数乘以相应分得钱数，分别作为分子。分子除以分母即可。

大致计算过程为：将甲分得的583钱，乘以分母3，加上分子1，等于1750。再乘以原本买车的钱数1800，等于3150000。再将总共分的钱数1500，乘以分母3，等于4500作为分母。分子除以分母等于700，是甲的出资。求乙的出资，将分得的钱数500，乘以1800，等于900000。将1500作为分母，分子除以分母，等于600。求丙的出资，将分得的钱数416，乘以分母3，加上分子2，等于1250。再乘以1800，等于2250000。再将总共分的钱数1500，乘以分母3，等于4500作为分母。分子除以分母等于500。即为前述答案。

【原文】

（二二）今有雀一只重一两九铢，燕一只重一两五铢。有雀、燕二十五只，并重二斤一十三铢。问燕、雀各几何?

答曰：雀十四只，燕十一只。

术曰：置假令雀一十五只，燕十只，盈四铢于右行。又置假令雀十二只，燕十三只，不足八铢于左行。以盈不足维乘之[1]，并以为实。并盈不足为法。实如法得一。

草曰：置雀一十五只于右上，置盈四铢于右下。又置雀一十二只于左上，置不足八铢于左下。维乘之，以右下四乘左上一十二，得四十八。以左下八乘右上一十五，得一百二十。并之，得一百六十八。以盈不足并之，得一十二为法。除实得一十四雀。求燕，置燕十于右上，四于右下。又置燕十三于左上，置八于左下。以左下八乘右上十，得八十。以右下四乘左上十三，得五十二。并之，得一百三十二。并盈不足为法。除实得一十一燕。得合前问。

【注释】

〔1〕维乘之：交叉相乘。

【译文】

现有1只雀重1两9铢，1只燕重1两5铢。雀和燕一共有25只，共重2斤

13铢。问各有几只雀、几只燕？

答案为：14只雀，11只燕。

计算方法为：假设雀有15只，燕有10只，盈余的质量4铢写在右列。再假设雀有12只，燕有13只，不足的质量8铢写在左列。将盈余的质量和不足的质量交叉相乘，加在一起作为分子。将盈余的质量与不足的质量相加作为分母。分子除以分母即可。

大致计算过程为：将15只雀写在右上，将盈余的质量4铢写在右下。再将12只雀写在左上，将不足的质量8铢写在左下。交叉相乘，用右下4乘以左上12，等于48。用左下8乘以右上15，等于120。两数相加，等于168。将盈余的质量与不足的质量相加，等于12，作为分母。分子除以分母等于，14只雀。求燕的数量，将10只燕写在右上，4写在右下。再将13只燕写在左上，8写在左下。用左下8乘以右上10，等于80。用右下4乘以左上13，等于52。两数相加，等于132。将盈余的质量与不足的质量相加，得数作为分母。分子除以分母，等于11只燕。即为前述答案。

【原文】

（二三）今有七人九日造成弓十二张半。今有十七人造弓十五张，问几何日讫？

答曰：四日、八十五分日之三十八。

术曰：置今造弓数，以弓日数乘之，又以成弓人数乘之，为实。以今有人数，乘本有弓数为法。实如法得一。

草曰：置今造弓十五张，以成弓日数九乘之，得一百三十五。又以成弓人数七乘之，得九百四十五为实。又置本造弓十二张半，以今造弓十七人乘之，得二百一十二半为法。除之得四日。法与余皆退位[1]，四因，得八十五分之三十八。合前问。

【注释】

〔1〕退位：数学用语，后移一位，例如百位退位到十位，十位退位到个位。引申为除以10。

【译文】

现有7个人9日制作了12张半弓。现今有17人来制作15张弓，问需要几日才能制作完成？

答案为：$4\frac{38}{85}$日。

计算方法为：将现今要制作的弓数，乘以原来制作弓的日数，再乘以原来制作弓的人数，作为分子。将现今有的人数，乘以原来的制作弓数，作为分母。分子除以分母即可。

大致计算过程为：将现今要制作的15张弓，乘以原来制作弓的日数9，等于135。再乘以原来制作弓的人数7，等于945，作为分子。再将原来制作的12张半弓，乘以现今有的17人，等于212.5，作为分母。分子除以分母，商等于4日。分母与余数都除以10，乘以4，等于$\frac{38}{85}$。即为前述答案。

【原文】

（二四）今有城周二十里，欲三尺安鹿角〔1〕一枚，五重〔2〕安之。问凡用鹿角几何？

答曰：六万一百枚。城若圆，凡用鹿角六万六十枚。

术曰：置城周里尺数，三而一，所得，五之。又置五以三乘之，又自相乘，以三自乘而一，所得，四之。并上位，即得凡数。城若圆者，置城周里尺数，三而一，所得，五之。又并一、二、三、四，凡得一十。以六

乘之，并之，得凡数。

草曰：置二十里，以三百步乘之，得六千。步法六因之，得三万六千。以三尺除之，得一万二千。以重数五乘之，得六万于上位。又以五乘三得一十五，又自相乘得二百二十五。又以三自乘得九为法。以除二百二十五得二十五。四因之，得一百。若求圆者置城围尺数，三而一，得一万二千。所得，五因之，为六万于上位。又以一、二、三、四并之，得一十，以六因之，得六十。从上位得六万六十，是圆也。

【注释】

〔1〕鹿角：拒鹿角，古代战争中用于阻碍敌人行军。

〔2〕五重：5圈。

【译文】

现有一个城池，周长为20里，想要每3尺安放1枚鹿角，安放5圈。问一共要用多少枚鹿角？

答案为：60100枚。如果城池是圆形的，总共需要60060枚鹿角。

计算方法为：将城池周长的尺数除以3，所得结果乘以5。再用5乘以3，平方后除以3的平方，所得结果乘以4。加上前面的数，即可得到总数。城池如果是圆形的，将城池周长的尺数，除以3，所得结果，乘以5。再将1、2、3、4相加，总共等于10。乘以6，加上前面的数，可得总数。

大致计算过程为：将20里乘以300步，等于6000。乘以步与尺的进率6，等于36000。除以3尺，等于12000。乘以圈数5，等于60000。再用5乘以3等于15，平方等于225。除以分母3的平方9，即225除以9等于25，乘以4，等于100。如果求圆形城池的情况，将城池周长的尺数，除以3，等于12000。所得结果，乘以5，等于60000。再将1、2、3、4相加，等于

10，乘以6，等于60。加上前面的数等于60060，即为圆形城池所需鹿角的数量。

【原文】

（二五）今有粟二百五十斛，委注平地[1]。下周五丈四尺，问高几何?

答曰：五尺。

术曰：置粟积尺，以三十六乘之，为实。以下周自乘为法。实如法得一。

草曰：置粟二百五十，以斛法一尺六寸二分乘，又以三十六乘之，得一万四千五百八十。置下周五丈四尺自相乘，得二千九百一十六为法。除实得五尺。合前问。

【注释】

〔1〕委注平地：倒在平地上。

【译文】

现有250斛粟，倒在平地上。底面周长为5丈4尺，问高是多少？

答案为：5尺。

计算方法为：将粟的容积立方尺数，乘以36，作为分子。将底面周长的平方作为分母。分子除以分母即可。

大致计算过程为：将250斛粟，乘以斛与立方尺的进率1尺6寸2分，再乘以36，等于14580。将底面周长5丈4尺平方，等于2916作为分母。分子除以分母等于5尺。即为前述答案。

【原文】

（二六）今有客岁作〔1〕臣淳风等谨按问意，三百五十四日。**要与粟一百五十斛。已与之粟，先五十八日归。问折粟、与粟各几何?**

答曰：折粟二十四斛五斗、五十九分斗之四十五。与粟一百二十五斛四斗、五十九分斗之十四。

术曰：置归、作日数，以与粟乘之，各自为实。以一岁三百五十四日为法。实如法得一。

草曰：置归日五十八日以粟一百五十斛乘之，得八千七百。又以岁 三百五十四除，得二十四石五斗，余与法皆六除之，得五十九分斗之四十五。求与粟数，置作日二百九十六，以一百五十斛乘之，得四万四千四百。以岁三百五十四除之，得一百二十五斛四斗、五十九分斗之十四。合前问。

【注释】

〔1〕有客岁作：有用人工作一年。客作，古时指在官家工作的用人。岁，年，古时采用阴历，故一年为354日。

【译文】

现有用人工作了一年，李淳风等注：按题意，354日。需要支付150斛粟。先前已给了粟，而用人提前58日就回家了。问需要退还多少粟，实际给了多少粟?

答案为：退还24斛$5\frac{45}{59}$斗粟。实际给125斛$4\frac{14}{59}$斗粟。

计算方法为：将提前回去和实际工作的日数，乘以给的粟数，分别作为分子。用一年354日作为分母。分子除以分母即可。

大致计算过程为：将提前回去的58日乘以150斛粟，等于8700。再除以一年354天，商等于24石5斗，余数与分母均除以6，等于$\frac{45}{59}$斗。求实际给的粟数，将实际工作的日数296乘以150斛，等于44400。除以一年354天，等于125斛4$\frac{14}{59}$斗粟。即为前述答案。

【原文】

（二七）今有廪人[1]人日食米六升。今三十五日，食米七千四百九十二斛八斗。问人几何?

答曰：三千五百六十八人。

术曰：置米数为实。以六升乘三十五日为法。实如法得一。

草曰：置米七千四百九十二斛八斗。以六乘三十五日，得二斛一斗为法。以除积数，得三千五百六十八人。合前问。

【注释】

〔1〕廪人：官职名称，职责为掌管粮仓。

【译文】

现今有掌管仓库的人，每人每日吃6升米。现今过去了35日，一共吃了7492斛8斗米。问一共有多少人?

答案为：3568人。

计算方法为：将所吃米数作为分子。用6升乘以35日作为分母。分子除以分母即可。

大致计算过程为：写下所吃总数7492斛8斗。用6升乘以35日，等于2斛1斗，作为分母。总数除以分母，等于3568人，即为前述答案。

【原文】

（二八）今有五十八人，二十九日食面九十五斛三斗一升、少半升。问人食几何？

答曰：五升、太半升〔1〕。

术曰：置面斛斗升数为实。以人、日食相乘为法。实如法得一。

草曰：置面数，以三因之，内子一，得二万八千五百九十四。置人数五十八，以二十九乘之，得一千六百八十二。又以三因之，得五千四十六为法。除得五升。余皆三约之，得三分之二，为太半升。合前问。

【注释】

〔1〕太半升：$\frac{2}{3}$升。

【译文】

现有58人，29日食面95斛3斗1$\frac{1}{3}$升。问每人每天吃多少？

答案为：5$\frac{2}{3}$升。

计算方法为：将面的升数作为分子。将人数、日数相乘作为分母。分子除以分母即可。

大致计算过程为：将面数乘以3，加上1，等于28594。将人数58乘以29，等于1682。再乘以3，等于5046，作为分母。分子除以分母，商等于5升。余数除以3，等于$\frac{2}{3}$升。即为前述答案。

【原文】

（二九）今有二人三日锢铜〔1〕得一斤九两五铢。今一月日，锢铜得

九千八百七十六斤五两四铢、少半铢。问人功几何?

答曰：一千二百五十三人、三百六十三分人之二百六十二。

术曰：置二人三日所得錮铜斤两铢，通之作铢。以二人、三日相乘，除之，为一人一日之铢。二十四而一。还以一人一日所得两铢，通分内子。复以一月三十日乘一人积分，所得，复以铢分母三通之，为法。又以今錮铜斤两通为铢。以少半铢者，三分之一。以三通分，内一。以六乘之为实。实如法而一，得人数。不尽，约之为分。

草曰：置二人三日所得铜一斤九两，以十六通斤，得二十五两。又以铢数二十四乘之，内五铢，得六百五。以二人乘三日得六为法。除得一百铢、六分之五，是一日所得之数。以二十四除之，一人所得四两四铢、六分铢之五。却通分内子得六百五。以一月三十日乘之，得一万八千一百五十。又以通分母三因之，得五万四千四百五十为法。置今錮铜，以十六两乘之，内五两，得一十五万八千二十一两。又以二十四铢乘之，内四铢，得三百七十九万二千五百八铢。又以通分母三因之，内子一，得一千一百三十七万七千五百二十五。又以法分母六因之，得六千八百二十六万五千一百五十为实。以法除之，得一千二百五十三人。法与余皆一百五十约之，法得三百六十三，余得二百六十二。合前问。

【注释】

〔1〕錮铜：浇铸铜钱。錮，将金属熔化后浇铸冷却成型。

【译文】

现有2个人3天浇铸了1斤9两5铢铜。现今一个月，共浇铸了9876斤5两4铢$\frac{1}{3}$铢铜。问一共有多少人工作?

答案为：$1253\frac{262}{363}$人。

计算方法为：将2个人3天所浇铸的铜质量，通分为以铢作单位。将2人、3天相乘，上述质量除以得数，是1个人1天所浇铸的铢数。除以24。再将1人1天浇铸的铢数，通分加上分子。再用一个月30日乘以1人的工作量，所得的结果再乘以分母3，作为分母。再将现今浇铸的铜质量通分为以铢作单位。少半铢，是$\frac{1}{3}$。乘以3，加上分子1。乘以6作为分子。分子除以分母，可得人数。除不尽的，约为分数。

大致计算过程为：将2个人3天制得的1斤9两，乘以斤与两的进率16，等于25两。再乘以两与铢的进率24，加上5铢，等于605。用2人乘以3日等于6，作为分母。做除法等于100铢$\frac{5}{6}$铢，是一日可以浇铸的铜。除以24，一个人浇铸4两4铢$\frac{5}{6}$铢。每日浇铸的铜通分加上分子等于605。乘以一月30日，等于18150。再通分乘以分母3，加上分子1，等于11377525。再乘以分母6，等于68265150作为分子。分子除以分母，商等于1253人。分母与余数都除以150，分母等于363，余数等于262。即为前述答案。

【原文】

（三〇）今有立方[1]九十六尺，欲为立圆[2]。问径几何?

答曰：一百一十六尺、四万三百六十九分尺之一万一千九百六十八。

术曰：立方再自乘[3]，又以十六乘之，九而一。所得，开立方除之，得丸径。

草曰：置九十六，再自乘得八十八万四千七百三十六。又以十六乘之，得一千四百一十五万五千七百七十六。以九除之，得一百五十七万二千八百六十四。以立方法除。借一算子于下，常超二位，步至百而止。

商置一百。下置一百万于法之上，名曰方法。以方法命上商一百，除实一百万。方法三因之，得三百万。又置一百万于方法之下，名曰廉法，三因之。方法一退，廉法再退，下法三退。又置一十于上商一百之下。又置一千于下法之上，名曰隅法。以方、廉、隅三法皆命上商一十，除实毕。又倍廉法，三因之隅法，皆从方法。又置一百一十于方法之下，三因之，名曰廉法。方法一退，廉法再退，隅法三退。又置六于上商之下。又置六于下法之上，名曰限法。乃自乘得三十六。又以六乘廉法得一千九百八十。以方、廉、隅三法，皆命上商六，除之。除实毕，倍廉法，三因隅法，皆从方法。得一百一十六尺、四万三百六十九分尺之一万一千九百六十八。合前问。

【注释】

〔1〕立方：正方体。

〔2〕立圆：圆柱。

〔3〕再自乘：数学用语，即三次方。

【译文】

现有一个体积为96立方尺的正方体，现在想做成一个圆柱。问直径是多少？

答案为：$116\frac{11968}{40369}$尺。

计算方法为：将正方体体积三次方，再乘以16，除以9。所得结果，开立方，即可得到直径。

大致计算过程为：将96立方，等于884736。再乘以16，等于14155776。除以9，等于1572864。用开立方的方法计算。借一算子写在下面，可以估计出结果的最高位是百位。商写下100。将1000000写在法的上面，称其为方法。应方法乘以上商100，实1000000减去前述结果。方法乘以3，等于3000000。再在方法的下面写下1000000，称其为廉法，乘以3。方法除以10，廉法除以100，下法除以1000。再将11写在上商100的后面。再将1000写在下法的上面，称其为隅法。用方法、廉法、隅法三者都乘以上商10，用实减去三者之和。廉法乘以2，隅法乘以3，均加上方法。再在方法的下面写下110，乘以3，称其为廉法。方法除以10，廉法除以100，隅法除以1000。再将6写在上商的后面，将6写在下法的上面，称其为限法。平方等于36。再用6乘以廉法等于1980。用方法、廉法、隅法三者都乘以上商6，用实减去三者之和。廉法乘以2，隅法乘以3，均加上方法。结果为$116\frac{11968}{40369}$尺。即为前述答案。

【原文】

（三一）今有立圆径一百三十二尺。问为立方几何？

答曰：一百八尺、三万四千九百九十三分尺之三万四千二十。

术曰：令径再自乘，九之，十六而一。开立方除之，得立方。

草曰：置径一百三十二尺，再自乘得二百二十九万九千九百六十八。又以九因之，得二千六十九万九千七百一十二。又以十六除之，得一百二十九万三千七百三十二。以开立方法除之，得合前问。

【译文】

现有一圆柱，直径为132尺。问做成正方体后，边长是多少？

答案为：$108\frac{34020}{34993}$尺。

计算方法为：将直径三次方，乘以9，除以16。开立方，即可得到正方体的边长。

大致计算过程为：直径132尺的三次方等于2299968。再乘以9，等于20699712。再除以16，等于1293732。开立方，即可得到前述答案。

【原文】

（三二）今有立方材三尺，锯为方枕[1]一百二十五枚。问一枚为立方几何?

答曰：一枚方六寸。

术曰：以材方寸数再自乘，以枚数而一。所得，开立方除之，得枕方。

草曰：以三十寸再自相乘，得二万七千寸。以枕一百二十五枚除之，得二百一十六。以开立方除之。置上商六于上，借一算子于下。置六于下法之上，以自乘得三十六，名曰方法。以方法命上商除之，得六寸。乃合前问。

【注释】

〔1〕方枕：正方体。

【译文】

现有一正方体的木材，体积为3立方尺，锯成125枚正方体。问每枚正方体的边长是多少？

答案为：每枚边长6寸。

计算方法为：用木材的边长三次方，除以枚数。所得结果，开立方，即可得到正方体边长。

大致计算过程为：取30寸的三次方，得27000寸。除以正方体的数量

125，等于216。开立方。将上商6写在上面，借一算子写在下面，将6写在下法的上面，平方等于36，称其为方法。方法除以上商，可得6寸，即为前述答案。

【原文】

（三三）今有亭一区，五十人七日筑讫。今有三十人。问几何日筑讫？

答曰：十一日、三分日之二。

术曰：以本人数乘筑讫日数为实。以今有人数为法。实如法得一。

草曰：置七，以五十人乘之，得三百五十。以三十人为法，除得十一日、三分之二。合问。

【译文】

现有一个亭子，50人7日可以修筑完成。现今有30人。问几日可以修筑完成？

答案为：$11\frac{2}{3}$日。

计算方法为：用原本的人数乘以修筑完成所需的日数作为分子。用现有的人数作为分母。分子除以分母即可。

大致计算过程为：用7乘以50人，等于350。将30人作为分母，分子除以分母等于$11\frac{2}{3}$日。即为前述答案。

【原文】

（三四）今有负他钱，转利[1]偿之。初去转利得二倍，还钱一百。第二转利得三倍，还钱二百。第三转利得四倍，还钱三百。第四转利

得五倍，还钱四百。还毕皆转利，倍数皆通本钱。今除初本，有钱五千九百五十。问初本几何?

答曰：本钱一百五十。

术曰：置初利还钱，以三乘之。并第二还钱，又以四乘之。并第三还钱，又以五乘之。并第四还钱。讫，并余钱为实。以四转得利倍数相乘，得一百二十，减一，余为法。实如法得一。

草曰：置初还钱一百，以三乘之，得三百。又并第二还钱，得五百。以四乘之，得二千。又并第三还钱，得二千三百。以五乘之，得一万一千五百。又并第四还钱，并今有钱五千九百五十，共得一万七千八百五十。以四转利二、三、四、五相乘，得一百二十。除一，余一百一十九，为法。除实得一百五十本。合前问。

【注释】

〔1〕转利：利滚利。

【译文】

现有人欠钱，转利为待偿还的本金。第一年的利息是转利后欠钱的2倍，还钱100。第二年的利息是转利后欠钱的3倍，还钱200。第三年的利息是转利后欠钱的4倍，还钱300。第四年的利息是转利后欠钱的5倍，还钱400。还完之后的所有利息，是本金的倍数。现今除了还本金之外，还有5950钱。问本金是多少？

答案为：本金是150钱。

计算方法为：将第一年还的钱，乘以3，加上第二年还的钱，乘以4。加上第三年还的钱，乘以5。加上第四年还的钱。完毕，加上剩余的钱作为分子。用四年利息的倍数相乘，等于120，减去1，所得之差作为分母。分子除以分母即可。

大致计算过程为：将第一年还的钱数100，乘以3，等于300。加上第二年还的钱数，等于500。乘以4，等于2000。再加上第三年还的钱数，等于2300。乘以五，等于11500。再加上第四年还的钱数，加上现今的钱数5950，共计17850。将四次利息的倍数2、3、4、5相乘，等于120。减去1，所得之差为119，作为分母。分子除以分母，等于150。即为前述答案。

【原文】

（三五）今有三人，四日客作，得麦五斛。今有七人，一月三十日客作，问得麦几何？

答曰：八十七斛五斗。

术曰：以七人乘一月三十日，又以五斛乘之，为实。以三人乘四日为法。实如法而得一。

草曰：以七人乘三十日，得二百一十。又五斛乘之，得一千五十为实。以三人乘四日得一十二为法。除实得八十七斛五斗。即合前问。

【译文】

现有3个人，在官家工作了4天，获得了5斛麦。现今有7人，在官家工作了1个月，问共得到多少麦？

答案为：87斛5斗。

计算方法为：用7人乘以30天，再乘以5斛，作为分子。用3人乘以4天作为分母。分子除以分母即可。

大致计算过程为：用7人乘以30天，等于210。再乘以5斛，等于1050，作分子。用3人乘以4天等于12，作为分母。分子除以分母等于87斛5斗。即为前述答案。

【原文】

（三六）今有人举取他绢，重作券[1]，要过限一日息绢一尺，二日息二尺，如是息绢日多一尺，今过限一百日。问息绢几何？

答曰：一百二十六匹一丈。

术曰：并一百日、一日息，以乘百日，而半之。即得。

草曰：置一百一尺，以一百日乘之，得一万一百尺。半之，得五千五十尺。以匹法四十尺除之，得一百二十六匹、一丈。合前问。

【注释】

〔1〕今有人举取他绢，重作券：现今有人用绢做抵押。举取……重作券，以……做抵押。券，债券，此处引申为担保物。

【译文】

现有人用绢做抵押，约定超过期限的第一日利息为1尺绢，第二日的利息为2尺，每多一日的利息就多1尺绢，现今超过了期限100天。问总共的利息是多少绢？

答案为：126匹1丈。

计算方法为：将第一百日和第一日的利息相加，乘以100日，除以2。即可得解。

大致计算过程为：将101尺绢，乘以100日，等于10100尺。除以2，等于5050尺。除以匹与尺的进率40，等于126匹1丈。即为前述答案。

【原文】

（三七）今有妇人于河上荡杯[1]。津吏[2]问曰："杯何以多？"妇人答曰："家中有客，不知其数。但二人共酱，三人共羹，四人共饭，凡

用杯六十五。”问人几何?

答曰：六十人。

术曰：列置共杯人数于右方，又共置共杯数于左方。以人数互乘杯数，并以为法。令人数相乘，以乘杯数为实。实如法得一。

草曰：置人数二、三、四列于右行。置一、一、一杯数左行。以右中三乘左上一得三，又以右下四乘之，得一十二。又以右上二乘左中一得二，又以右下四乘之得八。以右上二乘左下一得二，又以右中三乘左下二得六。三位并之，得二十六为法。又以二、三、四相乘得二十四。以乘六十五杯得一千五百六十。以二十六除之，得六十人数。合前问。

【注释】

〔1〕荡杯：洗碗。荡，荡涤，洗涤。

〔2〕津吏：管理河岸的官吏。津，渡口，此处的意思是河岸。

【译文】

现有一妇人在河边洗碗。管理河岸的官吏问道：“一共有多少碗？”妇人回答：“家里面来了客人，不知道有多少。2个人一起吃一碗酱，3个人一起吃一碗羹，4个人一起吃一碗饭，一共需要65个碗。”问有多少客人?

答案为：60人。

计算方法为：将一起用碗的人数写在右列，再将一起用碗的碗数写在左列。将人数与碗数互乘，加起来作为分母。将人数相乘，乘以碗数，作为分子。分子除以分母即可。

大致计算过程为：将人数2、3、4写在右列。将碗数1、1、1写在左列。用右中的3乘以左上的1等于3，再乘以右下的4，等于12。再用右上的2乘以左中的1等于2，再乘以右下的4等于8。用右上的2乘以左下的1等于2，再用右中的3乘以左下的2等于6。三个数相加等于26，作为分母。再将2、3、4相乘等于24。再乘以65碗，等于1560。除以26，等于60人。即为前述答案。

【原文】

（三八）今有鸡翁[1]一，直钱五；鸡母[2]一，直钱三；鸡雏[3]三，直钱一。凡百钱，买鸡百只。问鸡翁、母、雏各几何?

答曰：鸡翁四，直钱二十；鸡母十八，直钱五十四；鸡雏七十八，直钱二十六。

又答：鸡翁八，直钱四十；鸡母十一，直钱三十三；鸡雏八十一，直钱二十七。

又答：鸡翁十二，直钱六十；鸡母四，直钱十二；鸡雏八十四，直钱二十八。

术曰：鸡翁每增四，鸡母每减七，鸡雏每益三。即得。所以然者，其多少互相通融于同价[4]。则无术可穷尽其理。

此问若依上术推算，难以通晓。然较之诸本并同，疑其从来脱漏阙文。盖流传既久，无可考证。自汉、唐以来，虽甄鸾、李淳风注释，未见详辨。今将算学教授并谢察微拟立术草，创新添入。

其术曰：置钱一百在地，以九为法，除之。以九除之，既雏三直钱一则是每雏直三分钱之一。宜以鸡翁、母各三因，并之得九。得鸡母之数。不尽者返减下法，为鸡翁之数。别列鸡都数一百只在地，减去鸡翁、母数，余即鸡雏。得合前问。若鸡翁每增四，鸡母每减七，鸡雏每益三。或鸡翁每减四，鸡母每增七，鸡雏每损三。即各得又答之数。

草曰：置钱一百文在地，为实。又置鸡翁一，鸡母一，各以鸡雏三因

之，鸡翁得三，鸡母得三。并鸡雏三并之，共得九，为法。除实得一十一为鸡母数。不尽一，返减下法九，余八为鸡翁数。别列鸡都数一百只在地，减去鸡翁八，鸡母一十一，余八十一为鸡雏数。置翁八以五因之，得四十，即鸡翁直钱。又置鸡母一十一，以三因之，得三十三，即鸡母直。又置鸡雏八十一，以三除之，得二十七，即鸡雏直。合前问。

又草曰：置鸡翁八增四得一十二，鸡母一十一减七得四，鸡雏八十一益三得八十四，得百鸡之数。如前求之，得百钱之数。亦合前问。

又草曰：置鸡翁八减四得四，鸡母一十一增七得一十八，鸡雏八十一损三得七十八。如前求之，各得百鸡百钱之数。亦合前问。

【注释】

〔1〕鸡翁：公鸡。

〔2〕鸡母：母鸡。

〔3〕鸡雏：小鸡。

〔4〕其多少互相通融于同价：这种数量组合的变化，总数、价值均不变。通融，变化。

【译文】

现有1只公鸡价值5钱；1只母鸡价值3钱；3只小鸡价值1钱。一共有100钱，用来买100只鸡。问买多少只公鸡、多少只母鸡、多少只小鸡？

答案一为：公鸡4只，共计20钱；母鸡18只，共计54钱；小鸡78只，共计26钱。

答案二为：公鸡8只，共计40钱；母鸡11只，共计33钱；小鸡81只，共计27钱。

答案三为：公鸡12只，共计60钱；母鸡4只，共计12钱；小鸡84只，共计28钱。

计算方法为：公鸡每次增加4，母鸡每次减少7，小鸡每次增加3。即可得解。因此按照这种说法，这种数量组合的变化，总数、价值均不变。但没有方法可以说明其中的道理。

该问题如果按照上述方法推算，难以获得答案。比较诸多版本之后，怀疑这里缺少了条件。由于流传已久，已无法考证。自汉、唐以来，虽甄鸾、李淳风作过注释，但没有详细辨明。现今将使用算学方法，并且明察细微，写下计算方法和大致计算过程，新添加进来。

新的计算方法为：写下100钱，将9作为分母，分子除以分母。除以9，原因是3只小鸡价值1钱，即每只小鸡价值$\frac{1}{3}$钱。应该用3分别乘以公鸡、母鸡，相加得9。等于母鸡的数量。除不尽的余数减去分母，是公鸡的数量。再写下鸡的总数100，减去公鸡的数量和母鸡的数量，所得之差即为小鸡的数量。即为前述答案。将公鸡数每增加4，母鸡数每减去7，小鸡数每加上3，或公鸡数每减少4，母鸡数每增加7，小鸡数每减去3，即可得到其余答案。

大致计算过程为：写下100文钱，作为分子。再将1只公鸡，1只母鸡，分别乘以小鸡的3，公鸡等于3，母鸡等于3。加上小鸡3，一共等于9，作为分母。分子除以分母等于11，是母鸡数量。除不尽的余数，减去分母9，所得之差等于8，是公鸡的数量。再写下鸡的总数100，减去8只公鸡，11只母鸡，所得之差81，是小鸡的数量。将8只公鸡乘以5，等于40，即可得到公鸡价值的钱数。将11只母鸡，乘以3，等于33，是母鸡价值的钱数。再将81只小鸡，除以3，等于27，是小鸡价值的钱数。即为答案二。

答案三的计算过程为：将8只公鸡加上4等于12，11只母鸡减去7等于4，81只小鸡加上3等于84，共计100只鸡。和前面所求的一样，共计100

钱。也为前述答案。

答案一的计算过程为：将8只公鸡减去4等于4，11只母鸡加上7等于18，81只小鸡减去3等于78。和前面所求的一样，共计100只鸡100钱。也为前述答案。

附录二

甄鸾《五经算术》译解

《五经算术》由北周·甄鸾所撰，共有上下两卷，书中有李淳风等的注。书中列举了《易》《诗》《书》《周礼》《仪礼》《礼记》《论语》《左传》等儒家经典中关于算术的部分，并分四十一条加以详细解析，不仅对研究数学，也对研究经学有所裨益。

书中主要涉及：历法的计算（如尚书定闰法、推日月合宿法等），大数进位制度（如尚书孝经兆民注数越次法、诗伐檀毛郑注不同法、诗丰年毛注数越次法），开平方法（如论语千乘之国法、礼记投壶法等），勾股定理（如周官车盖法），等比数列（如礼记月令黄钟律管法、礼记礼运注始于黄钟终于南吕法等）以及其他一些关于面积、体积、长度、日期等概念的简单计算。

卷上

【原文】

尚书定闰法：

“帝[1]曰，咨[2]汝羲暨和[3]，期三百有六旬有六日[4]。以闰月[5]定四时[6]成岁[7]。”孔氏[8]注云：“咨，嗟，暨，与也。匝[9]四时曰期[10]。一岁十二月，月三十日，正三百六十日。除小月六，为六日[11]，是为一岁。有余十二日，未盈三岁足得一月[12]，则置闰焉。以定四时之气节，成一岁之历象。”[13]

甄鸾按：一岁之闰[14]惟有十日、九百四十分日之八百二十七，而云余十二日者，理则不然。何者？十九年七闰，今古之通轨。[15]以十九年整得七闰，更无余分，故以十九年为一章。今若一年有余十二日，则十九年二百二十八日。若七月皆小则剩二十五日；若七月皆大犹余十八日。先推日月合宿[16]以定一年之闰，则十九年七闰可知。

【注释】

〔1〕帝：尧帝。

〔2〕咨：语气词，相当于“啊”。

〔3〕羲暨和：羲与和。羲、和，相传为世代掌管天文地理的两个氏族，其中羲氏掌管天文，和氏掌管地理。见《尚书·虞书·尧典》：“乃命羲和，钦若昊天，历象日月星辰，敬授民时。”东汉经学家马融注：“羲氏掌天官，和氏掌地官。”

〔4〕期三百有六旬有六日：每一周年有366天。期，一周年。旬，十天

□ **命官授时图**

据《尚书》记载，尧即将禅位的时候作《尧典》，文中命羲仲、羲叔、和仲、和叔几位天官各处观测天象，制定历法。在王位交接的重大时刻，除了三言两语的歌功颂德，要交代的只有天文事务，天文对上古王者的重要性不言而喻。

为一旬。

〔5〕闰月：在中国的农历中，以“十九年七闰法”置闰。由于阴历每年和回归年的365日5时48分46秒相差约10日21时，为了协调阴历年与回归年的时间误差，每19年要多加7个月。多加的月份称为闰月，闰月所在的年称为闰年。

〔6〕四时：四季。

〔7〕岁：年。

〔8〕孔氏：孔子。

〔9〕匝：遍，满。

〔10〕期：见注〔4〕。

〔11〕除小月六，为六日：除去6个小月少的6天。小月，指阴历一个月有29天的月份，一年有6个小月，相较于30天的月份，每个小月少1天，因此6个小月共少6天。《周髀算经》赵爽注：“小月者，二十九日为一月。一月之二十九日则有余，三十日复不足。”

〔12〕未盈三岁足得一月：不到3年就多出来了1个整月。未盈，不足。足，整。按阴历计算，每年有354天，这样就比366天少了12天，3年就少了36天，因此说不到3年就多出来了1个整月。

〔13〕咨……成一岁之历象：此注出自《尚书正义·卷二·尧典》，又可见于《太平御览·时序部·卷二》。

〔14〕一岁之闰：此处的意思是一年多出来的天数。

〔15〕十九年七闰，今古之通轨：19年设置7个闰月，这是从古至今一直遵守的规则。通轨，一直遵守的规则。

〔16〕日月合宿：古代天文用语，直译即为太阳和月球位于同一个星宿。宿，星宿。《论衡·卷二十三·四讳篇》："日月合宿谓之晦。"晦，即晦日，一个月的最后一天。故日月合宿意指每月的最后一天。

【译文】

《尚书》确定闰月的方法：

"尧帝说，羲与和啊，每一周年有366天。要用加闰月的办法确定春夏秋冬四季以成1年。"孔子所作的注为："咨，嗟，语气词。暨，与。满四季被称为1周年。1年有12个月，每个月有30天，正好有360天。除去6个小月少的6天，即为1年。剩余12天，不到3年就多出来了1个整月，因此要设置闰月，以确定四季中的节气，以完成一年的历法气象。"

甄鸾按：一年只多出来$10\frac{827}{940}$天，称多出来12天，是没有道理的。这是为什么呢？19年有7个闰月，这是从古至今一直遵守的规则。将19年设置7个闰月，就没有多余的天数了，因此将19年称为1章。现在如果说1年多出来12天，那么19年就会多出来228天。如果7个月都是小月，那么还剩余25天；如果7个月都是大月，则又多出来18天。先推断日月合宿发生的时间，来确定一年多出来几天，那么就能知道19年应该设置7个闰月了。

【原文】

推日月合宿法：

置周天三百六十五度〔1〕**于上，四分度之一于下。又置月行**〔2〕

十三度、十九分度之七，除其日一度，余十二度。以月分母十九乘十二度，积二百二十八，内子七，得二百三十五为章月[3]。以度分母四乘章月得九百四十日为法。又以四分乘度三百六十五，内子一，得一千四百六十一。乃以月行分母十九乘之，得二万七千七百五十九为周天分[4]。以日法九百四十除之，得二十九日，不尽四百九十九。即是一月二十九日、九百四十分日之四百九十九，与日合宿也。

【注释】

〔1〕周天三百六十五度：周天度，天球的度数。古人早已知道一个回归年有365.25天，这是时间概念。古人定义太阳一天移动的角度为1度，因此一个回归年太阳移动365.25度，故而天球有365.25度，即一周天，这就将时间概念转化成了空间概念。须注意，此处的“度”和我们日常了解到的几何学中的“度”是不同的。几何学传入中国的时间是明代，而《五经算术》成书于唐代，这种天文方法则可以追溯到春秋。

〔2〕月行：月一日所行，即月球一日转过的角度。《史记索隐》：“夫周天三百六十五度四分度之一，是天度数也。而日行迟，一岁一周天；月行疾，一月一周天。日一日行一度，月一日行十三度十九分度之七。至二十九日半强，月行天一匝，又逐及日而与会。一年十二会，是为十二月。每月二十九日过半。年分出小月六，是每岁余六日。又大岁三百六十六日，小岁三百五十五日，举全数云六十六日。”

〔3〕章月：古代历法名词，即1章岁中包含的月份数量，1章岁有235个章月。古人19年置7闰，称19年为1章。用12月乘以章年19，等于228。再加上7个闰月，等于235。《汉书·律历志上》：“以五位乘会数，而朔旦冬至，是为章月。”会数，47。

〔4〕周天分：古代历法名词，即将一年中月球转过度数（通分后）的分

子。用周天度的分母4，乘以天球的度数365，加上分子1，等于1461。再乘以月球一日转过角度的分母19，等于27759，因此古人以27759为周天分。《后汉书·律历志下》："蔀日，二万七千七百五十九。"《宋史·志·卷二十三》："每蔀积月九百四十、积日二万七千七百五十九，率以为常，直至《春秋》鲁僖公五年正月辛亥朔旦冬至，了无差爽。"

【译文】

推断日月合宿间隔天数的方法：

将天球的度数365度写在上边，将$\frac{1}{4}$度写在下面。再写下月球一日转过的角度$13\frac{7}{19}$度，减去太阳转过的1度，所得之差为12度。用月球一日转过角度的分母19乘以12度，所得之积为228，加上分子7，等于235，是章月的天数。用天球度数的分母4乘以章月天数等于940天，作为分母。再用4乘以天球的度数365，加上分子1，等于1461。于是再乘以月球一日转过角度的分母19，等于27759，是周天分。除以分母940，商等于29，余数为499。也就是说一月有$29\frac{499}{940}$天，这也是日月合宿的间隔天数。

【原文】

求一年定闰法：

置一年十二月，以二十九日乘之，得三百四十八日。又置十二月，以日分子[1]**四百九十九乘之，得五千九百八十八。以日法九百四十除之，得六日，从上三百四十八日，得三百五十四日。余三百四十八。以三百五十四减周天三百六十五度，不尽十一日。又以余分三百四十八减章月二百三十五，而章月少，不足减。上减一日，下加法九百四十分，得一千一百七十五。以实余三百四十八乃减下法，余八百二十七。是为一岁**

定闰十日、九百四十分日之八百二十七。

臣淳风等谨按：此五经算一部之中多无设问及术。直据本条[2]，略陈大数[3]而已。今并加正术及问，仍旧数相符。其有泛说事由，不须术者，并依旧不加。据此问，宜云：注“一岁有余十二日，未盈三岁足得一月，则置闰焉”。按十九年为一章有七闰，问一年之中定闰几何？

曰：十日、九百四十分日之八百二十七。

其术宜云：置十二月，以章法[4]十九乘之，纳[5]七闰，为章月。以四乘之，为蔀月[6]。以蔀月除之，得一月之日及分[7]。以十二乘之，所得以减周天分，余即一年闰数也。

【注释】

〔1〕日分子：古代历法术语，古人将499作为日分子，可参见上文。

〔2〕直据本条：只是依据原文。直，通“只”。本条，指原文。

〔3〕大数：大概意思。

〔4〕章法：19年为1章，章法即章的分母，也就是19。

〔5〕纳：加上。

〔6〕蔀月：古代历法名词，古人将4章称为1蔀，20蔀称为1纪，故蔀月为940个月。

〔7〕日及分：此处可直接理解为天数。

【译文】

求解一年定闰的方法：

用一年的12月，乘以29天，等于348天。再用12月，乘以分子499，等于5988。除以分母940，等于6天，加上348天，等于354天。余为348。用天球一周的度数365减去354，所得之差为11天。再用章月235减去余

348，章月小，不够减。11天减去1天，章月加上分母940，等于1175。减去348，所得之差为827。即为一年定闰$10\frac{827}{940}$天。

李淳风等谨按：《五经算术》一书中大多没有设问和计算方法。只是依据原文，略微陈述大意而已。现今加上计算方法和设问，仍然符合原有的意思。其中只需大概讲解，不需要计算方法的，仍然不加。按照此问，应该说：注“1年多出来12日，不满3年就多出来1个月，因此置闰”。按照1章19年置7闰，问1年之中多出来多少天？

答案为：$10\frac{827}{940}$日。

计算方法应该为：将12个月，乘以章的分母19，加上7个闰月，就是章月的天数。乘以4，是蔀月。除以蔀月，即可得到1个月的日及分。乘以12，所得之积减去周天分，所得之差即为1年多出来的天数。

【原文】

求十九年七闰法：

置一年闰十日，以十九年乘之，得一百九十日。又以八百二十七分，以十九年乘之，得一万五千七百一十三。以日法九百四十除之，得十六日，余六百七十三。以十六加上日，得二百六日。以二十九除之，得七月，余三日。以法九百四十乘之，得二千八百二十。以前分六百七十三加之，得三千四百九十三。以四百九十九命七月分之，适尽。是谓十九年得七闰月，月各二十九日、九百四十分日之四百九十九〔1〕。

臣淳风等谨按：其问宜云：一年闰十日、九百四十分日之八百 二十七。一月二十九日、九百四十分日之四百九十九。问一章十九年，凡闰日及月数各几何？

曰：闰二百六日、九百四十分日之六百七十三。闰月有七。

其术宜云：置一年闰日，通分内子，以章法十九乘之，为实。以日法九百四十除之，得闰日之数。以一月之分〔2〕二万七千七百五十九除之，得闰月之数。

【注释】

〔1〕月各二十九日、九百四十分日之四百九十九：每个闰月平均$29\frac{499}{940}$天。月，这里指闰月。各，这里指平均数。

〔2〕一月之分：一月的分母，参见“推日月合宿法”。

【译文】

求解19年定7个闰月的方法：

将1年闰10天，乘以19年，等于190天，再用分子827乘以19年，等于15713。除以天数的分母940，商等于16天，余数为673。用16天加上天数190天，等于206天。除以29，等于7个月，余数为3天。3天乘以分母940，等于2820。加上前面的分子673，等于3493。除以499等于7个月，正好除尽。因此有19年设置7个闰月，每个闰月平均$29\frac{499}{940}$天。

李淳风等谨按：该设问应该为：1年多出来$10\frac{827}{940}$日。1月有$29\frac{499}{940}$天。问1章的19年中，总共多出来多少天，有多少闰月？

答案为：多出来$206\frac{673}{940}$天。有7个闰月。

计算方法应该为：用1年多出来的日数，乘以分母，加上分子，乘以章的分母19，作为分子。除以天数的分母940，即可得到多出的天数。除以月之分27759，即可得到闰月的数量。

【原文】

尚书孝经兆民注数越次[1]法：

“天子曰兆民，诸侯曰万民[2]。”甄鸾按：吕刑[3]云，“一人有庆，兆民赖之[4]。”注云：“亿万曰兆。天子曰兆民，诸侯曰万民。”又按周官[5]，乃经土地而井，牧其田野[6]。九夫为井，四井为邑，四邑为丘，四丘为甸，四甸为县，四县为都[7]，以任地事而令贡赋[8]。凡税敛之事所以必共井者，存亡更守，入出相同，嫁娶相媒，有无相贷，疾病相忧，缓急相救，以所有易以所无也。[9]兆民者，王畿方千里[10]，自乘得兆井。王畿者，因井田立法，故曰兆民，若言兆井之民也。如以九州[11]地方千里者九言之，则是九兆，其数不越于兆也[12]。诸侯曰万民者，公地方百里，自乘得一万井，故曰万民。所以言侯者，诸侯之通称也。

【注释】

〔1〕越次：越出序列，越出位次，此处的意思是数字单位的拓展。按照中国现代数学中的计数方法，首先有个、十、百、千、万，随后没有直接出现新的单位，而是十万、百万、千万，至此才出现新的单位亿，此时即为“越次”。

〔2〕天子曰兆民，诸侯曰万民：天子被称为兆民，诸侯被称为万民。天子，指古代的最高统治者，受天人合一、天人交感思想的影响，意为天命之子。诸侯，古时帝王所辖各小国的王侯。此句可参见《史记·三十世家·晋世家》《史记·魏世家》《左传·闵公元年》。按《尚书》和《左传》的成书时间来推算，此处引自《左传》。

〔3〕吕刑：《尚书·吕刑》，有关刑法的文书。其由来现今尚无从考证，主要有两种说法：第一种说法是周穆王时，由于吕侯的请命，周穆王作此书，

故名《吕刑》；第二种说法是春秋时吕国国君所造的刑书。

〔4〕一人有庆，兆民赖之：（天子）一个人做了好事，亿万臣民都会得到幸福。一人，这里指天子。有庆，做了好事，中国古代信奉天人交感的思想，君王做了好事，上天便会有吉兆，因此称“庆”。赖，仰赖，引申为得到幸福。此句话原出自《尚书·吕刑》，甄鸾引自《孝经·天子》。

〔5〕周官：周代的官阶制度。“乃经土地而井……以任地事而令贡赋”一句，出自《周礼·地官司徒·小司徒》，故此处的“周官”意指《周礼》所记载的官阶制度。

〔6〕经土地而井，牧其田野：将土地按照井牧之法划分，而后耕种或放牧。经，经营，此处意为划分。井、牧，井牧之法，周代的土地制度，根据土地的不同性质划分田地，有的用作耕地，有的用作牧场，两牧即为一井，以便用于分地、缴纳贡赋。

〔7〕九夫为井……四县为都：语出《周礼·地官司徒·小司徒》，亦参见《晋书·地理志上》。九夫为井，九夫所受封的土地是一井。九夫，此处指九夫所受封的土地，共九百亩。《晋书·地理志上》：“古者六尺为步，步百为亩，亩百为夫，夫三为屋，屋三为井，井方一里，是为九夫。”邑、丘、甸、县、都，均为古代区域行政单位。

〔8〕以任地事而令贡赋：以便让臣民使用土地进行生产作业，并交纳贡赋。地事，农业或畜牧业。令，交纳。

〔9〕凡税敛之事所以必共井者……以所有易以所无也：语出《通典·卷三》，原为：“昔黄帝始经土设井以塞诤端，立步制亩以防不足，使八家为井，井开四道而分八宅，凿井于中。一则不泄地气，二则无费一家，三则同风俗，四则齐巧拙，五则通财货，六则存亡更守，七则出入相司，八则嫁娶相媒，九则无有相贷，十则疾病相救。”存亡更守，相互护卫。有无相贷，互相调济、借贷以满足各自需求。易，交换。

〔10〕王畿方千里：王都所领辖的方圆千里土地。

〔11〕九州：九个行政区。具体哪九州，历来说法不一，《尚书·禹贡》《尔雅》《周礼》中都有对“九州”的记载。按《五经算术》的旨趣，此处应依《周礼》，九州分别为扬州、荆州、豫州、青州、兖州、雍州、幽州、冀州、并州。

〔12〕其数不越于兆也：该数字的单位不超过兆。其数，指前文的九兆，该数并没有出现新的单位，所以不越次。

【译文】

《尚书》《孝经》中，关于“兆民”一词所注释的数字单位拓展的记法：

“天子被称为兆民，诸侯被称为万民。”甄鸾按：《吕刑》写道，“（天子）一个人做了好事，亿万臣民都会得到幸福”。注说：“亿万即为兆。天子被称为兆民，诸侯被称为万民。”按照《周礼》所示的官阶制度，要将土地按照井牧之法划分，而后耕种或放牧。九夫所受封的土地为一井，四井为一邑，四邑为一丘，四丘为一甸，四甸为一县，四县为一都，以便让臣民使用土地进行生产作业，并交纳贡赋。那些因为交纳贡赋而处于同一个井田中的家庭，相互护卫，共同进出，联姻嫁娶，调济融通，相互关心身体健康，互相救济，用自己有的东西交换自己没有的。天子所在的地方，王城周围边长千里的正方形地域，平方后即为一兆井。王城周围千里的地域，按照井田而确立法度，因此被称为兆民，也就是兆井之民的意思。如果按九州每个州地域千里来算，一共九兆，该数字的单位不超过兆。诸侯被称为万民，其所有的土地边长为百里，平方后则为一万井，因此被称为万民。因此我们说起的侯，指的就是诸侯的通称。

【原文】

按注云：“亿万曰兆”者，理或未尽[1]。何者？按黄帝为法，数[2]有十等。及其用也，乃有三焉。十等者，谓亿、兆、京、垓、秭、壤、沟、润、正、载[3]也。三等者，谓上、中、下也。其下数者，十十变之[4]。若言十万曰亿，十亿曰兆，十兆曰京也。中数者，万万变之[5]。若言万万曰亿，万万亿曰兆，万万兆曰京也。上数者，数穷则变[6]。若言万万曰亿，亿亿曰兆，兆兆曰京也。若以下数言之，则十亿曰兆。若以中数言之，则万万亿曰兆。若以上数言之，则亿亿曰兆。注乃云“亿万旧兆”者，正是万亿也。若从中数，其次则需有十万亿，次百万亿，次千万亿，次万万亿曰兆。三数并违[7]，有所未详。按尚书无此注，故从孝经注释之。

【注释】

〔1〕理或未尽：道理可能没有讲清楚。理，道理。或，可能。未尽，未言尽，此处的意思是没有讲清楚。

〔2〕数：此处的意思是数位。

〔3〕亿、兆、京、垓、秭、壤、沟、润、正、载：数位的名称，与个、十、百、千、万同理。

〔4〕十十变之：十个十个地变化，此处引申为十个原有的数位则需引进新的数位。

〔5〕万万变之：一万万改变一次，此处引申为一万万个原有的数位则需引进新的数位。

〔6〕数穷则变：数位用尽了才改变。穷，尽。此句话引申为原数位使用完了才需引入新的数位。

〔7〕三数并违：与三种数位的用法都违背。三数，指前文所述的三种数位

的用法，即上数、中数、下数。并，都。

【译文】

按照“亿万被称为兆”这个注释，道理可能没有讲清楚。为什么呢？按照黄帝所言，数位有十个等级。按照它们的用法，可以划分为三种。这十个数位分别是：亿、兆、京、垓、秭、壤、沟、涧、正、载。三种用法，被称为上数、中数、下数。下数，十个原有的数位则需引进新的数位。因此十万即一亿，十亿即一兆，十兆即一京。中数，一万万个原有的数位则需引进新的数位。因此一万万即一亿，一万万亿即一兆，一万万兆即一京。上数，数位使用完了才需引入新的数位。因此一万万即一亿，一亿亿即一兆，一兆兆即一京。如果按照数位的下数用法来讲，那么十亿是一兆。如果按照数位的中数用法来讲，那么一万万亿是一兆。如果按照数位的上数用法来讲，那么一亿亿是一兆。注释中所说的“亿万被称为兆”，正是一万亿。如果这里是按照数位的中数用法，接下来需要有十万亿，再接下来有百万亿，再接下来有千万亿，再接下来万万亿为一兆。与三种数位的用法都违背，有未加以详细说明的东西。《尚书》中没有该注释，因此按照《孝经》加以注释。

【原文】

诗伐檀毛[1]郑[2]注不同法：

“不稼不穑，胡取禾三百亿兮。不狩不猎，胡瞻尔庭，有县特兮。”[3]注云：“万万曰亿。兽三岁曰特。”笺云：“十万曰亿。三百亿，禾秉[4]之数也。”

甄鸾按：黄帝为法，数有十等。及其用也，乃有三焉。十等者，谓亿、兆、京、垓、秭、壤、沟、涧、正、载。三等者，谓上、中、下也。

其下数者，十十变之。若言十万曰亿，十亿曰兆，十兆曰京也。中数者，万万变之。若言万万曰亿，万万亿曰兆，万万兆曰京也。上数者，数穷则变。若言万万曰亿，亿亿曰兆，兆兆曰京也。据此而言，郑用下数，毛用中数矣。

【注释】

〔1〕毛：指毛亨和毛苌。毛亨的生卒年代不详，约为战国末至汉初。毛苌的生卒年代不详，约为汉初。二者共同辑注并传播了《诗经》，该版《诗经》也被称为《毛诗》。

〔2〕郑：郑玄（127—200），字康成。北海郡高密县（今山东省高密市）人。东汉末年儒家学者、经学家，曾为《毛诗》作笺。

〔3〕不稼不穑……有县特兮：语出《诗经·国风·伐檀》。稼，播种稻谷。穑，收割稻谷。稼、穑连用，泛指农事。狩，冬季捕猎。猎，夜晚捕猎。狩、猎连用，泛指捕猎。县，通“悬”，悬挂。该句大意为嘲骂剥削者不劳而食，追问贵族不从事农耕，也不从事狩猎，却有堆积如山的稻谷和大量的猎物，天理何在。

〔4〕禾秉：一捆稻谷。禾，稻谷。秉，量词，捆。

【译文】

《诗经·伐檀》一诗中毛亨、毛苌的注，与郑玄的笺，两者不同之处的说明：

“不播种也不收割，为什么就能拥有三百亿的谷子？不去打猎，为什么能看见庭院里悬挂着兽肉？”毛亨、毛苌的注说：“一万万称为一亿。三岁的兽称为特。”郑玄的笺说：“十万称为一亿。三百亿，是一捆稻谷的数量。”

甄鸾按：按照黄帝所言，数位有十个等级。根据它们的用法，可以划分为三种。这十个数位分别是：亿、兆、京、垓、秭、壤、沟、涧、正、载。三种用法，被称为上数、中数、下数。下数，十个原有的数位则需引进新的数位。因此十万即一亿，十亿即一兆，十兆即一京。中数，一万万个原有的数位则需引进新的数位。因此一万万即一亿，一万万亿即一兆，一万万兆即一京。上数，数位使用完了才需引入新的数位。因此一万万即一亿，一亿亿即一兆，一兆兆即一京。据此可知，郑玄使用的是数位的下数用法，毛亨、毛苌则使用的是数位的中数用法。

【原文】

诗丰年毛注数越次法：

"丰年多黍多稌，亦有高廪，万亿及秭。[1]"毛注云："丰，大。稌，稻。廪，所以藏斋盛之穗。[2]数万至万曰亿，数亿至亿曰秭。"笺[3]云："丰年，大有之年。万亿及秭，以言谷数多也。"

甄鸾按：毛注云，数万至万曰亿者，此即中数，万万曰亿也。又云数亿至亿曰秭者，或有可疑。何者？按黄帝数术云，中数者，万万曰亿，万万亿曰兆，万万兆曰京，万万京曰垓，万万垓曰秭。此应云数亿至垓曰秭，而言数亿至亿曰秭者，有所未详。

【注释】

〔1〕丰年多黍多稌……万亿及秭（zǐ）：语出《诗经·周颂·丰年》。丰年，丰收之年。黍，作物，与稻类相似，俗称黄米。稌，作物，即稻谷。高廪，高大的粮仓。秭，一万亿。该句以夸张的手法极言丰收之盛况。

〔2〕廪，所以藏斋盛之穗：廪是用来收藏稻穗的大仓。斋，一种装谷物的容器。

〔3〕笺：指郑玄所作的笺注。

【译文】

《诗经·丰年》中，毛亨、毛苌所注的关于数字单位的记法：

“丰收之年黍和稌都很多，还有高大的粮仓，装满了万亿而至亿亿之多的粮食。”毛亨、毛苌所作的注说：“丰，大。稌，稻谷。廩是用来收藏稻穗的大仓。数一万个万是一亿，数一亿个亿是一秭。”郑玄的笺注说：“丰年，丰收之年。一万亿为一秭，此处用以说明收获稻谷之多。”

甄鸾按：毛亨、毛苌所作的注说，一万个万是一亿，这是数位的中数用法，一万万是一亿。又说数一亿个亿是一秭，可能有疑问。为什么呢？按照黄帝给出的计数方法，数位的中数用法，一万万是一亿，一万万亿是一兆，一万万兆是一京，一万万京是一垓，一万万垓是一秭。此处应该说数一亿个垓是一秭，但这里却说数一亿个亿是一秭，未加以详细说明。

【原文】

周易策[1]数法：

“天地之数五十有五，此所以成变化而行鬼神也[2]。乾之策二百一十有六，坤之策百四十有四。凡三百有六十，当期之日[3]。二篇[4]之策，万有一千五百二十，当万物之数也。是故四营[5]而成易，十有八变而成卦[6]，八卦而小成[7]。引而申之[8]，触类而长之[9]，天下之能事毕矣。”[10]

甄鸾按：天以一生水，地以二生火，天以三生木，地以四生金，天以五生土[11]。天数奇，二十五，地数耦，三十[12]。并天地之数，合五十五，谓之大衍之数[13]。揲蓍[14]得乾[15]者，三十六策然后得九一爻[16]。爻有三十六策，合二百一十六。[17]揲蓍得坤[18]者，二十四

策然后得六一爻[19]。**爻有二十四策，合一百四十四。**[20]**并乾、坤之策，三百六十，当一期之日者，举全数也。上、下经有六十四卦，卦有六爻**[21]**，合三百八十四爻。阴阳各半，阳爻称九，阴爻称六。九、六各百九十二也。阳爻以三十六策乘之，得六千九百一十二。阴爻以二十四乘之，得四千六百八。并阴阳之策，合得一万一千五百二十也。四营者，仰象天，俯法地，近取诸身，远取诸物也。**[22]**十八变者，三变而成爻，十八变而六爻也。八卦而小成者，言虽成易，犹未备也**[23]。

【注释】

〔1〕策：原意是竹简，此处是指卜卦的一工具，与“筹”相似。

〔2〕此所以成变化而行鬼神也：这就是天地运行变化如同鬼神的原因了。成，成为，此处的意思是……的原因。变化，运行变化。行鬼神，运行变化如同鬼神。

〔3〕当期之日：一年的天数。期，一周年。

〔4〕二篇：为《周易》，《周易》有上下两篇，故称为“二篇”。

〔5〕四营：《周易》中的卜筮用语，意思是四次经营蓍策，乃成《周易》之一变。营，经营，这里的意思是使用。变，占卜术语。

〔6〕十有八变而成卦：十八变成为一卦。卦，中国古代占卜用的符号。一爻有三变，即本爻、动爻、变爻，一卦有六爻，是故“十有八变而成卦”。《说文》：“卦，筮也。”《周易·说卦》：观变于阴阳而立卦。郑玄注：“象也。”

〔7〕八卦而小成：圣人作八卦仅是小成。小成，小的成就。

〔8〕引而申之：按照这种方法引申下去。

〔9〕触类而长之：掌握一类事物的知识或规律，就能据此而增长同类事物的知识。触类，原意是接触一类事物，此处引申为掌握一类事物的知识或规

□ 战国铜镜

图为一面战国铜镜的背面，上面刻有代表地球、四个最重要方位、金木水火土五种元素（五行）以及周围所环绕天体的符号。

律。晋·葛洪《抱朴子·祛惑》：“虽圣虽明，莫由自晓。非可以历思得也，非可以触类求也。”长，增长，此处引申为增长知识。

〔10〕天地之数五十有五……天下之能事毕矣：这段话出自《周易·系辞上·第九章》。《汉书·律历志上》《隋书·志·卷十二》《周易·系辞上》《太平御览·方术部·卷八》等亦有提及。

〔11〕水、火、木、金、土：中国古代将金、木、水、火、土这五种物质视为构成万物的基本元素，称为“五行”。五行相生相克，使宇宙万物运行变化，形成各种现象。《孔子家语·卷六·五帝》：“天有五行，水、火、金、木、土，分时化育，以成万物。”

〔12〕天数奇……三十：天为阳，天的数字是奇数，共计二十五；地为阴，地的数字是偶数，共计三十。天数，天的数字，即1，3，5。奇，奇数，此处指的是1，3，5，7，9。地数，地的数字，即2，4。耦，通“偶”，偶数，此处指的是2，4，6，8，10。

〔13〕大衍之数：语出《周易·系辞上》：“大衍之数五十。”韩康伯注引王弼曰：“演天地之数，所赖者五十也。”孔颖达疏引京房云：“五十者谓十日、十二辰、二十八宿也。”大衍，五十的代称。

〔14〕揲（dié）蓍（shī）：数蓍草。古代卜卦的一种方式。准备五十根蓍草，从中抽出一根，再将剩下的分为两部分，然后四根一数以确定阴爻或阳爻。爻，《周易》中组成卦的符号。

〔15〕乾：阳，此处指阳爻。语出《周易·系辞》：“乾，阳物也。”

〔16〕三十六策然后得九一爻（yáo）：有36策，可得1个阳爻。九一爻，即1个阳爻。前文已说1，3，5为天之数，其和为9，故“三十六策然后得九一爻”。

〔17〕爻有三十六策，合二百一十六：每个阳爻都有36策，（乾卦）合计有216策。此句省略了“乾卦”二字。乾卦，《周易》中的第一卦，符号“䷀”，为6个阳爻，每个阳爻有36策，是故“爻有三十六策，合二百一十六”。

〔18〕坤：阴，此处的意思是阴爻。

〔19〕二十四策然后得六一爻：有24策，可得1个阴爻。六一爻，即1个阴爻。前文已说2，4为地之数，其和为6，故“二十四策然后得六一爻”。

〔20〕爻有二十四策，合一百四十四：每个阴爻都有24策，（坤卦）合计有144策。此句省略了“坤卦”二字。坤卦，《周易》中的第二卦，为6个阴爻，每个阴爻有24策，是故“爻有二十四策，合一百四十四”。

太极生两仪

两仪生四象

四象生八卦

□ **太极八卦发生图**

《周易·系辞》中描述了成卦的过程：先是有太极，此时尚未开始分开蓍草；分蓍占后，便形成阴阳二爻，称作两仪；二爻相加，有四种可能的形象，称作四象；由它们各加一爻，便成八卦。

〔21〕六爻：《周易》64卦中，“–”的符号称为爻，64卦中的每一卦都由6个爻组成，其排列顺序不同，卦名也不同，因此爻也表示变化。

〔22〕四营者……远取诸物也：四次使用蓍策，即仰头观察天象，低头

观察地理，观察身边的事物，摹略远方的现象。意指探究天地的奥秘，天人合一。语出《周易·系辞下》：“近取诸身，远取诸物，于是始作八卦。”唐·孔颖达疏：“近取诸身者，若耳目鼻口之属是也；远取诸物者，若雷风山泽之类是也，举远近则万事在其中矣，于是始作八卦。”意谓观察和摹略身边事物，以至各种自然事物之后，才制作了八卦。

〔23〕犹未备也：尚未完备。犹，尚且。备，完备。

【译文】

《周易》计算策数的方法：

“天地之数共计五十五，这就是天地运行变化如同鬼神的原因了。乾卦中有216策，坤卦中有144策。两者一共有360策，为一年的天数。《周易》上下两篇，一共有11520，是指掌万物的数字。因此是四次使用蓍策，才成为《周易》中的一变，十八变而成一卦，圣人作八卦仅是小的成就。按照这种方法引申下去，掌握一类事物的知识或规律，就能触类旁通，天下间的事情就都能囊括其中了。”

甄鸾按：天用数字一生水，地用数字二生火，天用数字三生木，地用数字四生金，天用数字五生土。天的数字是奇数，1，3，5，7，9，共计25；地的数字是偶数，2，4，6，8，10，共计30。天地之数相加，其和为55，被称为大衍之数。揲蓍而得到的阳爻，有36策，可得1个阳爻。每个阳爻都有36策，乾卦合计有216策。揲蓍而得到的阴爻，有24策，可得1个阴爻。每个阴爻都有24策，（坤卦）合计有144策。乾、坤两卦共计360策，为1年的天数，即为全部的数字。《周易》上下两篇共有24卦，每卦有6爻，一共有384爻。阴爻、阳爻各占一半，阳爻被称为“九”，阴爻被称为“六”。“九”、“六”各有192。阳爻数量乘以36策，等于6912策。阴爻数量乘以24策，等于4608策。阴爻、阳爻策数相加，共计11520

策。四次使用蓍策，即为仰头观察天象，低头观察地理，观察身边的事物，摹略远方的现象。十八变，三变为一爻，十八变就是六爻。八卦只是小成，虽然说起来容易，却尚未完备。

【原文】

论语“千乘之国”[1]法：

“子曰，道[2]千乘之国。”注云：“司马法[3]：六尺为步，步百为亩，亩百为夫，夫三为屋，屋三为井，井十为通，通十为成。成出革车一乘。然则千乘之赋，其地千成也。[4]”今有千乘之国，其地千成，计积九十亿步。问为方几何?

答曰：三百一十六里六十八步、一十八万九千七百三十七分步之六万二千五百七十六。

术曰：置积步为实。开方除之，即得。

按千乘之国，其地千成。方十里，置一成地十里，以三百步乘之，得三千步。重张相乘[5]，得九百万步。又以千成乘之，得积九十亿步。以开方除之，即得方数。

开方法曰：借一算为下法。步之，常超一位，至万而止。[6]置上商九万于实之上。又置九亿于实之下，下法之上，名曰方法。命上商九万，以除实毕。倍方法九亿得十八亿。乃折之，方法一折，下法再折。[7]又置上商四千于上，以次前商之后。又置四百万于方法之下，下法之上，名曰隅法。方、隅皆命上商四千以除实毕。倍隅法得八百万，上从方法，得一亿八千八百万。乃折之，方法一折，下法再折。又置上商八百于上，以次前商之后。又置八万于方法之下，下法之上，名曰隅法。方、隅皆命上商八百以除实毕。倍隅法得十六万。上从方法，得一千八百九十六万。乃折之，方法一折，下法再折。又置上商六十于上，以次前商之后。又

置六百于方法之下，下法之上，名曰隅法。方、隅皆命上商六十，以除实毕。倍隅法得一千二百，上从方法，得一百八十九万七千二百。乃折之，方法一折，下法再折。又置上商八于上，以次前商之后。又置八于方法之下，下法之上，名曰隅法。方、隅皆命上商八，以除实毕。倍隅法得一十六，上从方法。下法一亦从之，得一十八万九千七百三十七分步之六万二千五百七十六。以里法三百步除之，得三百一十六里，不尽六十八步。即得三百一十六里六十八步、一十八万九千七百三十七分步之六万二千五百七十六也。

【注释】

〔1〕千乘之国：有一千辆兵车的国家，极言一国兵力之强大。《论语·学而篇》：“道千乘之国，敬事而信，节用而爱人，使民以时。”《论语·公冶长篇》：“由也，千乘之国，可使治其赋也，不知其仁也。”《史记·陈杞世家》：“贤哉楚庄王！轻千乘之国而重一言。”

〔2〕道：通“导”，引导，治理。语出《论语·学而篇》：“道千乘之国，敬事而信，节用而爱人，使民以时。”

〔3〕司马法：《司马法》，又称《司马兵法》《司马穰苴兵法》，中国古代重要兵书之一，大约成书于战国初期。据《史记·司马穰苴列传》记载：“齐威王使大夫追论古者《司马兵法》而附穰苴于其中，因号曰《司马穰苴兵法》。”《司马法》流传至今已两千多年，亡佚很多，现仅残存《仁本》《天子之义》《定爵》《严位》《用众》五篇。

〔4〕六尺为步……其地千成也：这段话出自《司马法》，但原文已佚，可见于《通典·卷一》《太平御览·工艺部·卷七》《晋书·地理志》等。

〔5〕重张相乘：平方。

〔6〕步之……至万而止：将下法一位一位地移动，直到平方之后超过一

位，到万位停止。1万的平方是1亿，再移动一位，则变为了10万，10万的平方是100亿，大于90亿，因此称“至万而止”。该步骤是估算开方之后所得结果的位数，因此意译为一位一位地去估算，可以估算出结果的最高位是万。

〔7〕乃折之……下法再折：然后进行折算，方法折算一次，下法折算两次。折，后移一位，因此将“方法一折”意译为“方法除以十”，将“下法再折”意译为“下法除以一百”。此处的一折，恰与我们日常生活中“打折”的概念相合。

【译文】

《论语》中“千乘之国”的计算方法：

“孔子说，治理拥有一千辆兵车的国家。”注上说：“《司马法》记载：6尺是1步，边长100步的正方形面积为1亩，100亩被称为1夫，3夫被称为1屋，3屋被称为1井，10井被称为1通，10通被称为1成。每成土地出1辆兵车。千乘之国，土地面积千成。”现今有一个千乘之国，其土地为千成，面积为90亿平方步。问其边长是多少？

答案为：316里68$\frac{62576}{189737}$步。

计算方法为：将面积作为实，开方，即可得解。

千乘之国，土地面积千成。边长10里，将1成土地的10里，乘以300步，等于3000步。平方后，等于9000000步。再乘以千成，等于90亿步。开方，即可得到其边长。

开方的方法为：借一算子为下法。一位一位地去估算，可以估算出结果的最高位是万。将上商90000写在实的上面。再将9亿写在实的下面，下法的上面，称其为方法。令实减去上商90000。方法9亿乘以2等于18亿。然后进行折算，方法除以10，下法除以100。再将4000写在上商处，在前商的后面。再将4000000写在方法的下面，下法的上面，称其为隅法。令

□ 车盖

据《周礼·冬官考工记》记载，车盖是车上用来御雨蔽日的部件，形如伞。顶部有盖斗，亦称“部”，四周凿二十八孔以纳二十八弓（盖骨架）。

实减去方法、隅法与上商4000之积。隅法乘2，等于8000000，加上方法，等于188000000。然后进行折算，方法除以10，下法除以100。再将800写在上商处，写在前商的后面。再将80000写在方法的下面，下法的上面，称其为隅法。令实减去方法、隅法与上商800之积。隅法乘以2等于16万，加上方法，等于18960000。然后进行折算，方法除以10，下法除以100。再将60写在上商处，写在前商的后面。再将600写在方法的下面，下法的上面，称其为隅法。令实减去方法、隅法与上商60之积。隅法乘2等于1200，加上方法，等于1897200。然后进行折算，方法除以10，下法除以100。再将8写在上商处，写在前商的后面。再将8写在方法的下面，下法的上面，称其为隅法。令实减去方法、隅法与上商8之积。隅法乘以2等于16，加上方法。再加上下法1，等于$\frac{62576}{189737}$步。（各上商相加得94868，再）除以里和步的换算单位300，等于316里，余数为68步。即可解得316里68$\frac{62576}{189737}$步。

【原文】

周官[1]车盖法：

“参分弓长，以其一为之尊。”[2]注云：“尊，高也。六尺之弓上部近平者二尺，爪末下于部二尺。二尺为句，四尺为弦，求其股。[3]股十二，开方除之，面三尺几半。”

甄鸾按：句股之法[4]，横者为句，直者为股，斜者为弦。若句三，则股四而弦五，此自然之率[5]也。今此车盖，句二、弦四则股三，此亦自然之率矣[6]。求之法，句、股各自乘，并而开方除之，即弦也。股自乘，以减弦自乘，其余开方除之，即句也。句自乘，以减弦自乘，其余开方除之，即股也。假令[7]句三自乘得九，股四自乘得十六，并之得二十五，开方除之得五，弦也。股四自乘得十六，弦五自乘得二十五，以十六减之，余九，开方除之得三，句也。句三自乘得九，弦五自乘得二十五，以九减之，余十六，开方除之得四，股也。今车盖崇[8]二尺，弓四尺。以崇下二尺为句，弓四尺为弦，为之求股。求股之法，句二尺自乘得四，弦四尺自乘得十六。以四减十六，余十二。开方除之，得三，即股三尺也。余三。倍方法三得六，又以下法一从之，得七。即股三尺、七分尺之三。故曰几半也。

臣淳风等谨按：其问宜云：车盖之弓，长六尺。近上二尺连部而平为高。四尺邪下宇曲为弦。爪末下于部二尺为句。欲求其股。问股几何？

曰：三尺、七分尺之三。

术曰：句自乘以减弦自乘，其余，开方除之，即可得股。

【注释】

〔1〕周官：周代的官阶制度，此处指《周礼·冬官考工记》。

〔2〕参分弓长，以其一为之尊：把弓长分成三等分，以靠近盖斗的一等分作为高而平伸的部分。参，通“叁”。尊，高。此句出自《周礼·冬官考工记》。

□ 五种丧服

中国古代的丧服全用麻布制成，所以有“披麻戴孝”的说法。而根据麻布的粗细、生熟以及缝制方法的不同，丧服分为五种，代表着不同的亲戚关系以及与死者的亲疏。图为宋代《新定三礼图》中所绘丧服，依次为斩衰、齐衰、大功、小功、缌麻。

〔3〕二尺为句……求其股：2尺是勾长，4尺是弦长，求解股长。句，通“勾”，直角三角形中的短直角边。弦，直角三角形中的斜边。股，直角三角形中的长直角边。

〔4〕句股之法：勾股定理。

〔5〕自然之率：自然的比率。率，比率。

〔6〕句二、弦四则股三，此亦自然之率矣：勾的长度为2、弦的长度为4，则股的长度为将近3.5，这也是自然的比率。此处省略了“几半”二字，勾二、弦四则股三几半，符合勾股定理，故为自然之率。

〔7〕假令：假如让。假，假如，如果。令，让。

〔8〕崇：高。

【译文】

《周礼·冬官考工记》中关于车盖的计算方法：

“把车盖的弓长分成三等分，以靠近盖斗的一等分作为高而平伸的部分。”注说：“尊，高。6尺长的弓，上面平伸的部分为2尺，在这长度为2尺的平伸部分之下是爪形。2尺是勾长，4尺是弦长，求解股长。股长的平方是12，开方，大约为3.5。”

甄鸾按：勾股定理中，横着的是勾，竖着的是股，斜边为弦。如果勾的长度为3，那么股的长度为4，弦的长度为5，这是自然的比率。现今的这个车盖，勾的长度为2、弦的长度为4，则股的长度为将近3.5，这也是自然的比率。求解的方法，勾长和股长分别平方，相加后开方，即为弦长。弦长的平方，减去股长的平方，所得之差开方，即可得到勾长。弦长的平方，减去勾长的平方，所得之差开方，即可得到股长。假如让勾的长度为3，平方之后等于9，让股的长度为4，平方之后等于16，两者相加等于25，开方之后等于5，是弦的长度。股的长度为4，平方之后等于16，弦的长度为5，平方之后等于25，减去16，所得之差为9，开方等于3，是勾的长度。勾的长度为3，平方之后等于9，弦的长度为5，平方之后等于25，减去9，所得之差为16，开方等于4，是股的长度。现今车盖的高是2尺，弓长4尺。将高度2尺作为勾，弓4尺作为弦，来计算股长。求股长的方法，将勾的长度2尺平方等于4，将弦的长度4尺平方之后等于16，16减去4，所得之差为12。开方，等于3，股长（整数部分）即为3。剩余3。方法3乘以2等于6，再加上下法1，等于7。也就是说股长为$3\frac{3}{7}$尺。因此称为将近一半。

李淳风等谨按：该问题应该为：车盖的弓，长6尺。靠近上方平伸的部分是高。下面斜着的部分有4尺，是弦长。爪的末端在平伸的部分下方2尺处，是勾。想要求得股长。问股长多少？

答案为：$3\frac{3}{7}$尺。

计算方法为：弦长的平方减去勾长的平方，所得之差开方，即可求得股长。

【原文】

仪礼丧服[1]绖带[2]法：

□ 腰绖（左）

丧服斩衰所配腰带，扎腰绖者不扎大带。大带，常服的腰带。

□ 苴绖（右）

由结子的大麻雌株做成。

“苴绖[3]大搹[4]，左本在下[5]。去五分一以为带。齐衰[6]之绖，斩衰[7]之带也，去五分一以为带。大功[8]之绖，齐衰之带也，去五分一以为带。小功[9]之绖，大功之带也，去五分一以为带。缌麻[10]之绖，小功之带也，去五分一以为带。”[11]注云：“盈手曰搹。[12]搹，扼也。中人之扼，围九寸。[13]以五分一为杀[14]者，象五服之数。”今有五服衰绖，迭相差五分之一。其斩衰之绖九寸，问齐衰、大功、小功、缌麻、绖各几何？

答曰：齐衰七寸、五分寸之一，大功五寸、二十五分寸之十九，小功四寸、一百二十五分寸之七十六，缌麻三寸、六百二十五分寸之四百二十九。

甄鸾按：五分减一者，以四乘之，以五除之。置斩衰之绖九寸，以四乘之得三十六为绖实，以五除之得齐衰之绖，七寸、五分寸之一。以母五乘绖七寸，得三十五，内子一得三十六。以四乘之，得一百四十四为实。以五乘下母五，得二十五为法。除之，得大功绖五寸、二十五分寸之十九。以母二十五乘绖五寸，得一百二十五，内子十九，得一百四十四。以四乘之，得五百七十六，为实。以五乘下母二十五，得一百二十五为法。以除之，得小功绖四寸、一百二十五分寸之七十六。以母一百二十五乘绖四寸，得五百，内子七十六，得五百七十六。又以四乘之，得二千三百四为实。以五乘下母一百二十五，得六百二十五为法。以除之，

得缌麻之绖三寸、六百二十五分寸之四百二十九。

臣淳风等谨按：其术宜云：置斩衰之绖九寸，以四乘之，五而一，得齐衰之绖。其求大功已下〔15〕者，准此〔16〕。有分者而通之。即合所问。

【注释】

〔1〕仪礼丧服：《仪礼·丧服》。《仪礼》，儒家十三经之一，是中国春秋战国时期的礼制汇编，记载了周代的冠、婚、丧、祭、乡、射、朝、聘等各种礼仪，其中以士大夫的礼仪为主。秦之前篇目不详，现流传至今有17篇，各篇亡佚情况未可知。

〔2〕绖（dié）带：古代丧服所用的麻布带子。

〔3〕苴（jū）绖：用苴麻做的带子，用以制作一等丧服斩衰。

〔4〕搹（è）：通“扼”，长。

〔5〕左本在下：麻根在左，朝下。本，草木的根，此处的意思是麻根。

〔6〕齐衰：旧时五种丧服中的第二等。以粗麻布制成，因其缝齐，故称为“齐衰”。服期分为一年、五月、三月三种。祖父母丧、妻丧、已嫁女的父母丧，服期为一年；曾祖父母丧，服期为五月；高祖父母丧等，服期为三月。

〔7〕斩衰：旧时五种丧服中的第一等。用粗麻布制成，左右和下边不缝，服期三年。由与死者关系最密切的亲属穿着，即儿子、未嫁的女儿为父母，媳为公婆，承重孙为祖父母，妻妾为夫。先秦时期，诸侯为天子、臣为君服孝也穿着斩衰。《礼记·丧服小记》：“斩衰，括发以麻；为母，括发以麻；免而以布。”

〔8〕大功：旧时五种丧服中的第三等。用熟麻布做成，较齐衰稍细，较小功为粗，服期九月。于已婚的姑、姊妹、侄女及众孙之丧时服之。《礼记·丧大记》：“大功布衰九月者，皆三月不御于内。”

〔9〕小功：旧时五种丧服中的第四等。用熟麻布制成，比大功稍细，比

缌麻略粗，服期五月。凡本宗为曾祖父母、伯叔祖父母、堂伯叔祖父母，未嫁祖姑、堂姑，已嫁堂姊妹，兄弟之妻，从堂兄弟及未嫁从堂姊妹；外亲为外祖父母、母舅、母姨等，均服此服。《仪礼 · 丧服》：“小功，布衰裳，澡麻带绖，五月者。”

〔10〕缌麻：旧时五种丧服中的第五等。用熟麻布制成，比小功稍细，服期三月，本宗为高祖、伯叔曾祖、族伯叔以及岳父母，均服此服。

〔11〕苴绖大搹……去五分一以为带：此段话原出自《仪礼 · 丧服》，但原文已亡佚，可参见《通典 · 卷八十七》：“苴绖大搹九寸，左本在下。去五分一以为腰绖，大七寸二分，绞垂两结间，相去四寸。”《太平御览 · 礼仪部 · 卷二十六》：“苴绖大搹，左本在下，去五分一以为带。齐衰之绖，斩衰之带也，去五分一以为带。”

〔12〕盈手曰搹：超过手臂长称为搹。盈，超过。手，指手臂。

〔13〕中人之扼，围九寸：一般长九寸。中人，一般的人。

〔14〕杀：减少。

〔15〕已下：以下。

〔16〕准此：按此标准。

【译文】

《仪礼 · 丧服》中关于丧服所用绖的长度的计算方法：

“斩衰用苴麻做成的绖很长，麻根在左，朝下。去掉长度的 $\frac{1}{5}$ 做成带子。齐衰所用的绖，由斩衰所用的绖去掉长度的 $\frac{76}{125}$ 而成。大功所用的绖，由齐衰所用的绖去掉长度的 $\frac{1}{5}$ 而成。小功所用的绖，由大功所用的绖去掉长度的 $\frac{1}{5}$ 而成。缌麻所用的绖，由小功所用的绖去掉长度的 $\frac{1}{5}$ 而成。”注云：“超过手臂长称为搹。搹，通‘扼’。一般长9寸。依次减少$\frac{1}{5}$，是五种丧服的长度。”现今五种丧服的绖，依次相差$\frac{1}{5}$。其中斩衰的绖长9寸，问齐衰、大功、小功、缌麻的绖各长多少？

答案为：齐衰长$7\frac{1}{5}$寸，大功长$5\frac{19}{25}$寸，小功长$4\frac{76}{125}$寸，缌麻长3寸。

甄鸾按：减少$\frac{1}{5}$，也就是乘以4，除以5。用斩衰之绖的长度9寸，乘以4等于36，是绖的分子，再除以5，即可得到齐衰之绖的长度为$7\frac{1}{5}$寸。用分母5乘以绖的长度7寸，等于35，加上分子1，等于36。乘以4，等于144作为分子。用5乘以分母5，等于25，作为分母。分子除以分母，即可得大功之绖的长度为$5\frac{19}{25}$寸。用分母25乘以绖的长度5寸，等于125，加上分子19，等于144。乘以4，等于576，作为分子。用5乘以分母25，等于125作为分母。分子除以分母，即可得小功之绖的长度为$4\frac{76}{125}$寸。用分母125乘以绖的长度4寸，等于500，加上分子76，等于576。再乘以4，等于2304，作为分子。用5乘以分母125，等于625，作为分母。分子除以分母，即可得缌麻之绖的长度为$3\frac{429}{625}$寸。

李淳风等谨按：该问题应该为：用斩衰之绖的长度9寸，乘以4，除以5，即可得到齐衰之绖的长度。求大功等绖的长度以此类推。有分母的，通分。即可得解。

【原文】

丧服制食米溢数法：

“朝一溢[1]米，夕一溢米。”[2]注云：“二十两曰溢。一溢为米一升、二十四分升之一。”

甄鸾按：一溢为米一升、二十四分升之一法：置一斛[3]米，重一百二十斤[4]，以十六乘之，为积一千九百二十两[5]。以溢法[6]二十两除之，得九十六溢为法。以米一斛百升为实。实如法得一升。不尽四升，与法具再半之[7]，名曰二十四分升之一。称法三十斤曰钧[8]，四钧曰石[9]。石有一百二十斤也。所以名斛为石者，以其一斛米重一百二十斤故也。

臣淳风等谨按：其问宜云：丧服朝一溢米，夕一溢米，郑注云，二十两曰溢，为米一升、二十四分升之一。欲求其指如何。

术曰：置一斛升数为实。又置一斛米重斤数，以斤法十六两乘之，所得，以溢法二十除之，为法。实如法得一升。不尽者与法俱再半之，即得分也。

【注释】

〔1〕溢：量词，古代质量单位。

〔2〕朝一溢米，夕一溢米：早晨吃一溢米粥，傍晚吃一溢米粥。语出《仪礼·既夕礼》，该篇的内容是丧殡的行为礼仪。

〔3〕斛：量词，古代容积单位。100升为1斛。

〔4〕斤：量词，古代质量单位。16两为1斤。

〔5〕两：量词，古代质量单位。

〔6〕溢法：这里指溢与两的进率，即20两为1溢。

〔7〕再半之：取半之后再取半，即除以4。

〔8〕钧：量词，古代质量单位。30斤为1钧。

〔9〕石：量词，古代质量单位。4钧为1石。

【译文】

服丧期间所食米之溢数的计算方法：

“早晨吃一溢米粥，傍晚吃一溢米粥。”注上说：“20两为1溢，1溢米的容积是1升。”

甄鸾按：算出1溢米的容积是$1\frac{1}{24}$升的方法：1斛米的质量是120斤，乘以16，所得之积为1920两。除以溢与两的进率20，等于96溢，作为分母。用米的容积1斛，即100升作为分子。分子除以分母，商等于1升，余数为4升，余数与分母均除以4，等于$\frac{1}{24}$升。我们称30斤为1钧，4钧为1石。1石有120斤重。因为1斛米的质量是120斤，因此可以将斛称为石。

李淳风等谨按：该问题应该为：服丧期间早晨吃1溢米粥，傍晚吃1溢米粥，郑玄的注说，20两为1溢，是$1\frac{1}{24}$升米。问这样换算的理由。

计算方法为：写下1斛的升数作为分子。再将1斛米重量的斤数，乘以斤换算成两的进率16，所得之积，除以溢换算为两的进率20，作为分母。分子除以分母，结果为1升，余数和分母均除以4，即可得到分数。

【原文】

礼记王制[1]国及地法：

“凡四海[2]之内有九州，大界[3]方三千里[4]。三三而九，计方一千里者有九也。今为里田之法[5]，方一千里为广一里，则长一百万里也。分方一千里为畿内，余为八州，州各得方一千里。各以方里自乘为积里。诸国皆仿方一百里国三十，一国万里，方百里自相乘。三十国合三十万里。方七十里国六十，一国四千九百里，六十国合二十九万四千里。方五十里国一百二十，一国二千五百里，一百二十国合三十万里。上法一州有二百一十国，合地八十九万四千里。以减一州之地大数一百万里，余一十万六千里为闲田[6]。此据一州而言，若八州则地七百一十五万二千里，以减八州八百万里，余八十四万八千里，为闲田。”

臣淳风等谨按：其问宜云：今有州方千里，其中封百里之国三十，七十里之国六十，五十里之国百二十。问三等国别及当方总数并都合积里，余为闲田，得地几何？

曰：百里之国，一国得积万里，总积三十万里。七十里之国，一国得积四千九百里，总积二十九万四千里。五十里之国，一国得积二千五百里，总积三十万里。都合得积八十九万四千里。闲田积十万六千里。

术宜云：置方里，各自乘为一国之积里。各以本方国数乘之，得当方总数。并之即都合积里。以减一州方里自乘大数，余即闲田也。

【注释】

〔1〕礼记王制：《礼记·王制》。该篇的内容为介绍分封制。

〔2〕四海：古代认为中国四周环海，因而称四方为“四海”，泛指天下各处。可见于《尚书·禹贡》：“四海会同，六府孔修。”《五代史平话·晋史·卷上》：“皇帝倾国来救敬瑭之急，四海之人，皆服皇帝信义。”

〔3〕大界：最外圈的边界。

〔4〕里：量词，古代长度单位。1里等于300步。

〔5〕里田之法：土地面积的计算方法。

〔6〕闲田：古代君王于分封后所剩余的土地。“闲”，文献异文作“间”。参见唐·孔颖达《礼记·王制》正义：“若封人附于大国，谓之附庸；若未封人谓之闲田。”

【译文】

《礼记·王制》中关于计算诸侯国土地面积的方法：

“四海之内一共有九州，最外圈边长为3000里。3乘以3等于9，边长为1000里的正方形共计有9个。现今根据土地面积的计算公式，边长1000

里的正方形土地，其面积与宽为1里长为100万里的土地的面积相等。将一块边长为1000里的正方形土地划分为王畿，其余部分划分为八个州，每个州均为边长1000里的正方形。各自将其边长平方，即可得面积。各州都划分出30个边长为100里的正方形诸侯国，每个诸侯国的面积是1万平方里，即边长100里的平方。30个诸侯国的面积一共是30万平方里。划分出60个边长为70里的正方形诸侯国，每个诸侯国的面积是4900平方里，60个诸侯国的面积一共是29.4万平方里。划分出120个边长为50里的正方形诸侯国，每个诸侯国的面积是2500平方里，120个诸侯国的面积一共是30万平方里。按照以上这种方法，一个州有210个诸侯国，土地面积总计89.4万平方里。用一州总共的土地面积100万平方里减去它，所得之差为10.6万平方里，是分封后所剩余的土地面积。根据一个州的情况，八个州分封的土地则共计715.2万平方里，用八个州的总面积800万平方里减去它，所得之差是84.8万平方里，是分封后所剩余的土地面积。”

李淳风等谨按：该问题应该为：现今有一州，边长1000里。其中边长为100里的附庸国有30个，边长为70里的附庸国有60个，边长为50里的附庸国有120个。问这三等附庸国的面积每一个分别是多少？每一类附庸国的总面积为多少？所有附庸国的总面积为多少？剩余的部分是闲田，其面积多少？

答案为：边长为100里的附庸国，每个附庸国面积是1万平方里，总面积为30万平方里。边长为70里的附庸国，每个附庸国面积是4900平方里，总面积为29.4万平方里。边长为50里的附庸国，每个附庸国面积是2500平方里，总面积为30万平方里。所有附庸国的总面积为89.4万平方里。闲田面积为10.6万平方里。

计算方法应该为：将边长的里数各自平方，即为一国的面积。各乘以附庸国的数量，可得该类附庸国的总面积。全部相加，即可得到全部附庸国的总面积。用州边长的里数平方，减去前述答案，所得之差即为闲田面积。

【原文】

畿内方百里国九，一国万里，九国合九万里。方七十里国二十一，一国四千九百里，二十一国合十万二千九百里。方五十里国六十三，一国二千五百里，六十三国合十五万七千五百里。上法，畿内有九十三国，计地三十五万四百里。以减一百万里，余六十四万九千六百里为闲田。以八州之地七百一十五万二千里并畿内三十五万四百里，九州之国合地七百五十万二千四百里。以减九州之地大数〔1〕**九百万里，余一百四十九万七千六百里，为闲田。此商制**〔2〕**也。**

臣淳风等谨按：其问宜云：今有畿内方千里。其中封百里之国九，七十里之国二十一，五十里之国六十三。问三等国别及当方总数并都合积里，余为闲田，各几何？

曰：百里之国，一国得积万里，总九万里。七十里之国，一国积四千九百里，总十万二千九百里。五十里之国，一国积二千五百里，总积十五万七千五百里。都合积三十五万四百里。闲田积六十四万九千六百里。

术宜云：方里各自乘为一国之积里。各以本方国数乘之，得当方总数。并之，即都合积里。以减畿内方里自乘大数，余即闲田也。

【注释】

〔1〕大数：总数，此处的意思是总面积。

〔2〕商制：商朝的制度。

【译文】

王畿之内，边长为100里的正方形诸侯国有9个，每个诸侯国面积为1万平方里，9个诸侯国的面积一共是9万平方里。边长为70里的正方形诸侯国有21个，每个诸侯国面积为4900平方里，21个诸侯国的面积一共是

10.29万平方里。边长为50里的正方形诸侯国有63个，每个诸侯国面积为2500平方里，63个诸侯国的面积一共是15.75万平方里。以上相加，93个诸侯国的面积一共是35.04万平方里。八州分封的土地面积715.2万平方里，加上王畿之内分封的土地面积35.04万平方里，九州的诸侯国土地面积一共是750.24万平方里。用九州总的土地面积900万平方里减去它，所得之差149.76万平方里，是分封后所剩余的总的土地面积。这是商朝的分封制度。

李淳风等谨按：此问题应该为：现今王畿之内边长1000里。其中边长为100里的附庸国有9个，边长为70里的附庸国有21个，边长为50里的附庸国有63个。问这三等附庸国的面积每一个分别是多少？每一类附庸国的总面积为多少？所有附庸国的总面积为多少？剩余的部分是闲田，面积多少？

答案为：边长为百里的附庸国，每个附庸国面积是1万平方里，总面积为9万平方里。边长为70里的附庸国，每个附庸国面积是4900平方里，总面积为10.29万平方里。边长为50里的附庸国，每个附庸国面积是2500平方里，总面积为15.75万平方里。所有附庸国的总面积为35.04万平方里。闲田面积为64.96万平方里。

计算方法应该为：将边长的里数各自平方，即为一国的面积。各乘以附庸国的数量，可得该类附庸国的总面积。全部相加，即可得到全部附庸国的总面积。用王畿边长的里数平方，减去前述答案，所得之差即为闲田面积。

【原文】

郑注云："周公制礼，九州大界方七千里。七七四十九，即四千九百万里。计方一千里者，四十九也。"分方千里为畿内，余为八州，州各得一千里者六，一州合地六百万里。方五百里国四，一国二十五万里，四国合一百万里。方四百里国六，一国十六万里，六国合九十六万里。方三百里国十一，一国九万里，十一国合九十九万里。方二百里国

二十五，一国四万里，二十五国合一百万里。方一百里国一百六十四，一国一万里，一百六十四国合一百六十四万里。上法，一州二百一十国，计地五百五十九万里。以减一州之地大数六百万里，余四十一万里，为附庸闲田。

按周礼据千里为法〔1〕**，则公国四，侯国六，伯国十一，子国二十五，男国一百六十四，合二百一十国者，非周之数矣。据地方一千里为地一百万里，五国合为地五百万里。方百里者五十九，方百里为地一万里，五十九国合为地五十九万里。上二法，计得地五百五十九万里，容前二百一十国。余方百里者四十一。方百里为地一万里，百里之国四十一，为地四十一万里。上据地以下三法合地六百万里，一州之大数。**

臣淳风等谨按：其问宜云：今有一州千里者六。其中封方五百里之国四，四百里之国六，三百里之国十一，二百里之国二十五，一百里之国一百六十四。问五等国别及当方总数并都合积里，余为附庸闲田，各几何？

曰：五百里之国四，一国得积二十五万里，总积一百万里。四百里之国六，一国十六万里，总九十六万里。三百里之国十一，一国九万里，总九十九万里。二百里之国二十五，一国四万里，总一百万里。一百里之国一百六十四，一国一万里，总一百六十四万里。都合二百一十国，总积五百五十九万里。附庸闲田积四十一万里。

术宜云：置五等方里，各自乘得一国之积里。各以本方国数乘之，得当方总数。并之，得都合积里。以减一州方里自乘积一百万里，即附庸闲田。

【注释】

〔1〕据千里为法：将1000里作为标准。法，标准。

【译文】

郑玄的注说："周公制定的礼仪，九州最外圈边长为7000里。7乘以7等于49，也就是49万平方里。边长为1000里的正方形，一共有49个。"将一块边长为1000里的正方形土地划分为王畿，其余部分划分为8个州，每个州各得到6个边长为1000里的正方形土地，一个州的总面积为600万平方里。边长为500里的正方形诸侯国有4个，每个诸侯国的面积是25万平方里，4个诸侯国的面积一共是100万平方里。边长为400里的正方形诸侯国有6个，每个诸侯国的面积是16万平方里，6个诸侯国的面积一共是96万平方里。边长为300里的正方形诸侯国有11个，每个诸侯国的面积是9万平方里，11个诸侯国的面积一共是99万平方里。边长为200里的正方形诸侯国有25个，每个诸侯国的面积是4万平方里，25个诸侯国的面积一共是100万平方里。边长为100里的正方形诸侯国有164个，每个诸侯国的面积是1万平方里，164个诸侯国的面积一共是164万平方里。按照以上这种方法，一个州有210个诸侯国，土地面积总计559万平方里。用一州总共的土地面积600万平方里减去它，所得之差为41万平方里，是分封后附庸闲田的面积。

按照周礼，将1000里作为标准，则公爵国有4个，侯爵国有6个，伯爵国有11个，子爵国有25个，男爵国有164个，一共有210个诸侯国，这不是周代诸侯国的数量。根据边长为1000里的正方形土地面积为100万平方里，5个诸侯国土地面积一共是500万平方里。边长为100里的正方形诸侯国有59个，边长为100里的正方形土地面积为1万平方里，59个诸侯国土地面积一共是59万平方里。按照以上第二种标准，土地总面积为559万平方里，容纳了210个诸侯国。剩余的边长为100里的正方形诸侯国有41个。边长为100里的正方形土地，面积为1万平方里，这样的诸侯国有41个，占据的土地总面积为41万平方里。根据以上第三种标准，土地总面积为

600万平方里，是一个州的总面积。

李淳风等谨按：该问题应该为：现今有边长为1000里的州有6个。其中边长为500里的附庸国有4个，400里的附庸国有6个，300里的附庸国有11个，200里的附庸国有25个，100里的附庸国有164个。问这五等附庸国每个附庸国面积多少，各类附庸国的总面积为多少？所有附庸国的总面积为多少？剩余的部分是附庸闲田，面积多少？

答案为：边长为500里的附庸国有4个，每个附庸国面积是25万平方里，总面积为100万平方里。边长为400里的附庸国有6个，每个附庸国面积是16万平方里，总面积为96万平方里。边长为300里的附庸国有11个，每个附庸国面积是9万平方里，总面积为99万平方里。边长为200里的附庸国有25个，每个附庸国面积是4万平方里，总面积为100万平方里。边长为100里的附庸国有164个，每个附庸国面积是1万平方里，总面积为164万平方里。总共有210个附庸国，所有附庸国的总面积为559万平方里。附庸闲田的面积为41万平方里。

计算方法应该为：将五等国边长的里数各自平方，即为一国的面积。各乘以附庸国的数量，可得该类附庸国的总面积。全部相加，即可得到全部附庸国的总面积。州边长的里数平方，等于面积100万平方里，减去前述答案，所得之差即为附庸闲田的面积。

【原文】

“古者〔1〕以周尺〔2〕八尺为步，今以周尺六尺四寸为步。古者百亩当今东田〔3〕百四十六亩三十步。古者百里当今百二十一里六十步四尺二寸二分。”〔4〕注云：“周尺之数，未之详闻。按礼制，周犹以十寸为尺。盖六国时〔5〕多变乱法度〔6〕。或言周尺八寸，则步更为八八六十四寸。以此计之，古者百亩当今百五十六亩二十五步。古者百里当今百二十五里也。”

甄鸾按：“古者以周尺八尺为步，今以周尺六尺四寸为步，古者一百

亩当今东田一百四十六亩三十步。”计之法：置古步八尺，以八寸乘之为六十四寸，自相乘得四千九十六寸，为古步法〔7〕。又置今步六尺，以八寸乘之，内四寸，得五十二寸。自相乘得二千七百四寸，为今步法〔8〕。置田一百亩，以百步乘之，得一万步。以古步法乘之，得四千九十六万寸为实。以今步法二千七百四寸除之，得一万五千一百四十七步。不尽二千五百一十二寸，约之，得一百六十九分步之一百五十七。以亩法一百步〔9〕除积步，得一百五十一亩，余四十七步及分。以经〔10〕中东田一百四十六亩三十步减之，计剩五亩一十七步及分。此即经自不合〔11〕。

臣淳风等谨按：其问宜云：古者以周尺八尺为步，今以周尺六尺四寸为步。周制八寸为尺，问古者百亩当今几亩？又与经中当今亩数，所较几何？

曰：一百五十一亩四十七步、一百六十九分步之一百五十七，多于经中五亩一十七步、一百六十九分步之一百五十七。

术宜云：置古步尺数，以八寸乘之，又自相乘为古步法。又置今步尺数，亦以八寸乘之，内子，自相乘为今步法。列田百亩步数，以古步法乘之，今步法除之。所得，以经中当今亩数减之，余即所多之数。

【注释】

〔1〕古者：古代的人，即前人。

〔2〕周尺：周代的一尺之长。

〔3〕东田：秦汉对陕东六国田亩的总称，别于商鞅变法后的秦田。此处则泛指农田。

〔4〕古者以周尺八尺为步……古者百里当今百二十一里六十步四尺二寸二分：这段话出自《礼记·王制》。

〔5〕六国时：山东六国时期。秦之崤山以东有韩、赵、魏、楚、齐、燕六个大的诸侯国，所以称为“六国”。六国时期，即战国时期。山东，崤山

以东。

〔6〕法度：长度的标准。法，标准。度，指长度。须注意，秦始皇统一了度量衡，度、量、衡是三种不同的物理概念。度，指长度。量，指容量、容积、体积。衡，指质量。可见于《尚书·舜典》："协时月正日，同律度量衡。"

〔7〕古步法：前人平方步的换算标准，此处的意思是前人平方步与平方寸之间的换算进率。法在此处的意思是进率。

〔8〕今步法：今人平方步的换算标准，此处的意思是今人平方步与平方寸之间的换算进率。法在此处的意思是进率。

〔9〕亩法一百步：亩与平方步的换算进率100。

〔10〕经：《礼记·王制》。《礼记》与《易经》《尚书》《诗经》《周礼》《仪礼》《左传》《春秋公羊传》《春秋穀梁传》《论语》《孝经》《尔雅》《孟子》十三部儒家的经典著作并称为"十三经"，故此处将《礼记·王制》简称为"经"。

〔11〕自不合：自相矛盾。不合，不一致。

【译文】

"前人将周代的8尺定义为1步，今人将周代的6尺4寸定义为1步。前人的100亩农田是今人的146亩30平方步。前人的100里是今人的121里60步4尺2寸2分。"注云："周代1尺的长度，具体不知。依据礼制，周代仍然以10寸作为1尺。由于战国时期经常改变长度规范。有人认为周代的1尺是8寸，则1步的长度变为8乘以8等于64寸。按照这种计算方法，前人的100亩是今人的146亩30平方步。前人的100里是今人的125里。"

甄鸾按："前人将周代的8尺规定为1步，今人将周代的6尺4寸规定为1步。前人的100亩农田是今人的146亩30平方步。"计算方法为：将前人的1步8尺，乘以8寸，等于64寸，平方后等于4096平方寸，这是前人平方步与平方寸之间的换算进率。再将今人的1步6尺，乘以8寸，加上4寸，等于52寸。平方后等于2704平方寸，这是今人平方步与平方寸之间的换算进率。将100亩的田地面积，乘以100平方步，等于1万平方步。乘以前人平方步与平方寸之间的换算进率，等于4096万平方寸，作为分母。除以今人平方步与平方寸之间的换算进率2704平方寸，商等于15147平方步。余数为2512平方寸，约分，等于$\frac{157}{169}$平方步。除以平方步与亩之间的进率，商等于151亩，余数为47平方步。减去《礼记·王制》中山东六国田地面积之和，还剩下5亩17平方步。这是《礼记·王制》中自相矛盾的地方。

李淳风等谨按：该问题应该为：前人将周代的8尺规定为1步，今人将周代的6尺4寸规定为1步。周代的制度规定8寸是1尺，问前人的100亩相当于今人的多少亩？与经中今人的亩数相比，相差多少？

答案为：前人的100亩相当于今人的151亩$47\frac{157}{169}$平方步，比经中多出来5亩$17\frac{157}{169}$平方步。

计算方法应该为：将前人1步的尺数，乘以8寸，再平方，即为前人平方步与平方寸之间的换算进率。再将今人一步的尺数，也乘以8寸，加上分子，平方，即为今人平方步与平方寸之间的换算进率。将100亩田地的平方步数，乘以前人平方步与平方寸之间的换算进率，除以今人平方步与平方寸之间的换算进率。所得结果，减去经中今人的亩数，所得之差即为多出来的数量。

【原文】

求经云“古者百里当今百二十一里六十步四尺二寸二分”法：

置百里，以三百步乘之，得三万步。以古一步六十四寸乘之，得

一百九十二万寸。以今步法五十二寸[1]除之，得三万六千九百二十三步，余四寸。以里法三百步[2]除积步，得一百二十三里，不尽二十三步四寸。以经中一百二十一里六十步四尺二寸二分减之，计剩一里二百六十二步一尺三寸八分。亦经自不合。

臣淳风等谨按：其问宜云：周制八寸为尺。古以周尺八尺为步，今以周尺六尺四寸为步。问古者百里当今几里？又与经中当今里数所较几何？

曰：一百二十三里二十三步四寸，多于经中一里二百六十二步一尺三寸八分。

术宜云：置百里步数，以古步寸数乘之，以今步寸数除之，以里法三百步除之，即得。以经中当今里数减之，余即所多之数。

【注释】

〔1〕今步法五十二寸：今人步与寸之间的换算进率52。52由前文可得。

〔2〕里法三百步：里与步之间的换算进率300。

【译文】

求解《礼记·王制》中“前人的100里是今人的121里60步4尺2寸2分”的计算方法：

将100里，乘以300步，等于30000步。乘以前人1步等于64寸，等于192万寸。除以今人步与寸的换算进率52，商等于36923步，余数为6寸。除以里与步的换算进率300，商等于123里，余数为23步4寸。减去《礼记·王制》中的121里60步4尺2寸2分，还剩下1里262步1尺3寸8分。这也是《礼记·王制》中自相矛盾的地方。

李淳风等谨按：该问题应该为：周代的制度规定8寸是1尺。前人将周代的8尺规定为1步，今人将周代的6尺4寸规定为1步。问前人的100里相当于今人的多少里？

与经中今人的里数相比较，相差多少？

答案为：前人的100里相当于今人的123里23步4寸，比经中多出来1里262步1尺3寸8分。

计算方法应该为：将100里的步数，乘以前人1步的寸数，除以今人1步的寸数，除以里与步的进率300步，即可得到答案。得数减去经中今人的里数，所得之差即为多出来的数量。

【原文】

求郑氏注云"古者百亩当今百五十六亩二十五步"：

依郑计之法：置经中古者八十寸，今六十四寸相约，古步率得五，今步率得四。古步率五自乘得二十五为古步法，今步率四自乘得十六为今步法。置田一百亩为一万步，以古步法二十五乘之，得二十五万。以今步法十六除之，得一万五千六百二十五步。以亩法一百步除之，得一百五十六亩，不尽二十五步。

臣淳风等谨按：其问宜云：郑注礼王制，"周犹以十寸为尺。或言周尺八寸，则步更为八八六十四寸。以此计之，古者百亩当今一百五十六亩二十五步。"欲求其旨趣如何？〔1〕

术宜云：置古步寸数，与今步寸数相约，所得各自为率。二率各自乘为步法。又列百亩步数，以古步法乘之，今步法除之，即得。

【注释】

〔1〕欲求其旨趣如何：这里的意思是求解郑注结论的计算方法。下文同。

【译文】

求解郑玄的注"前人的100亩是今人的156亩25平方步"：

□ 火罗图

印度天文学随佛教传来中国，与中国文化产生融合。此图为祭祀星宿用来禳灾的《火罗图》，据图中男像唐冠及“至成通十五年……”语，它应当绘于晚唐时期。此图长702厘米，宽427厘米，上部为北斗七星星君坐像，但具异名。图上的七曜与北辰并称。五星方位已配以中国传统的五行。在黄道十二宫名称中，今之双子宫称为夫妻宫，与佛经不同年代经文内的阴阳宫、男女宫或双女宫之名都不相同。二十八宿已用中国名称，以角宿为首。中央则为骑青狮的文殊菩萨。

依照郑玄的计算方法：将《礼记·王制》中的前人的80寸，与今人的64寸约分，前人的比率等于5，今人的比率等于4。前人的比率5平方，等于25，是前人的面积比率。今人的比率4平方，等于16，是今人的面积比率。100亩田地的面积是10000平方步，乘以前人的面积比率25，等于250000。除以今人的面积比率，等于15625平方步。除以亩与平方步的换算进率100，商等于156亩，余数为25平方步。

李淳风等谨按：这个问题应该为：郑玄在《礼记·王制》中的注，“周代仍然以10寸为1尺。如果称周代的1尺是8寸，那么一步则应更改为8乘8等于64寸。按此计算，前人的100亩相当于今人的156亩25平方步。”问这些话是什么意思?

计算方法应该为：将前人1步的寸数，与今人1步的寸数约分，所得结果为各自的比率。两个比率分别平方，即为各自的平方步与平方寸的换算进率。再将100亩的平方步数，乘以前人平方步与平方寸的换算进率，除以今人平方步与平方寸的换算进率，即可得到答案。

【原文】

求郑注云“古者百里当今一百二十五里”法：

置一百里，以三百步乘之，得三万步。以古步率五乘之，得一十五万为实。以今步率四乘里法三百步，得一千二百为法。实如法而一，得一百二十五里。按经自不合，郑注又不与经同。未详所以。

臣淳风等谨按：其问宜云：郑意以周犹以十寸为尺。或言周尺八寸，则步更为八八六十四寸。以此计之，古者百里当今一百二十五里。求其旨趣如何？

术宜云：以今步寸数等约古步寸数，各自为率。古步率得五，今步率得四。置百里步数，以古步率乘之，以今步率四而一，以里法三百步除之，即得。

【译文】

求解郑玄注“前人的100里是今人的125里”的方法：

将100里，乘以300步，等于30000步。乘以前人的比率5，等于150000，作为分子。将今人的比率4乘以里与步之间的换算进率300，等于1200，作为分母。分子除以分母，等于125里。《礼记·王制》自相矛盾，郑玄的注与《礼记·王制》也不符合。没有进一步研究。

李淳风等谨按：该问题应该为：郑玄的意思是，周代仍然以10寸为1尺。如果称周代的1尺是8寸，那么1步则应更改为8乘8等于64寸。按此计算，前人的100里相当于今人的125里。问这些话是什么意思？

计算方法应该为：用今人1步的寸数与前人1步的寸数约分，所得结果为各自的比率。前人步与寸的比率为5，今人步与寸的比率为4。将100里的步数，乘以前人步与寸的比率，再除以步与寸的比率4，再除以里与步之间的进率300，即可得到答案。

卷下

【原文】

礼记月令[1]黄钟[2]律管[3]法:

黄钟术曰：置一算，以三九遍因之[4]为法。置一算，以三因之得三，又三因之得九，又三因之得二十七，又三因之得八十一，又三因之得二百四十三，又三因之得七百二十九，又三因之得二千一百八十七，又三因之得六千五百六十一，又三因之得一万九千六百八十三为法。即是黄钟一寸之积分。重张其位于上，以三再因之[5]，为黄钟之实。以法除之，得黄钟，十一月，管长九寸。

置黄钟一寸积分一万九千六百八十三，以三因之得五万九千四十九。又置五万九千四十九，以三因之得十七万七千一百四十七，为黄钟实。以寸法[6]一万九千六百八十三除实，得黄钟之管长九寸。

律管之法，隔八相生[7]。子午巳东为上生，子午巳西为下生[8]。上生者三分益一，下生者三分损一。益者四乘，三除；损者二乘，三除。

黄钟下生林钟，六月，管长六寸。置黄钟管长九寸，以二乘之得十八，以三除之，得林钟管长六寸。

林钟上生太蔟，正月，管长八寸。置林钟管长六寸，以四乘之，得二十四，以三除之，得太蔟管长八寸。

太蔟下生南吕，八月，管长五寸、三分寸之一。置太蔟之管八寸，以二乘之，得十六，以三除之，得南吕之管长五寸、三分寸之一。

南吕上生姑洗，三月，管长七寸、九分寸之一。置南吕管长五寸，以分母三乘之，内子一，得十六。以四乘之，得六十四。以三乘法三，得九为法。以除之，得姑洗之管长七寸、九分寸之一。

姑洗下生应钟，十月，管长四寸、二十七分寸之二十。置姑洗管长七寸。以分母九乘之，内子一，得六十四。以二乘之，得一百二十八。以分母九乘法三，得二十七为法。以除之，得应钟之管长四寸、二十七分寸之二十。

应钟上生蕤宾，五月，管长六寸、八十一分寸之二十六。置应钟管长四寸，以分母二十七乘之，内子二十，得一百二十八。以四乘之，得五百一十二。以分母二十七乘法三得八十一为法。除之，得蕤宾管长六寸、八十一分寸之二十六。

蕤宾上生大吕，十二月，管长八寸、二百四十三分寸之一百四。置蕤宾管长六寸，以分母八十一乘之，内子二十六，得五百一十二。以四乘之。得二千四十八为实。以分母八十一乘法三，得二百四十三为法。除之，得大吕之管长八寸、二百四十三分寸之一百四。

大吕下生夷则，七月，管长五寸、七百二十九分寸之四百五十一。置大吕管长八寸，以分母二百四十三乘之，内子一百四，得二千四十八。以二乘之，得四千九十六为实。以分母二百四十三乘法三，得七百二十九为法。除之，得夷则管长五寸、七百二十九分寸之四百五十一。

夷则上生夹钟，二月，管长七寸、二千一百八十七分寸之一千七十五。置夷则管长五寸，以分母七百二十九乘之，内子四百五十一，得四千九十六。以四乘之，得一万六千三百八十四为实。以分母七百二十九乘法三，得二千一百八十七为法。除之，得夹钟管长七寸、二千一百八十七分寸之一千七十五。

夹钟下生无射，九月，管长四寸、六千五百六十一分寸之六千五百二十四。置夹钟管长七寸，以分母二千一百八十七乘之，内子一千七十五，得一万六千三百八十四。以二乘之，得三万二千七百六十八为实。

以分母二千一百八十七乘法三，得六千五百六十一为法。除之，得无射管长四寸、六千五百六十一分寸之六千五百二十四。

无射上生中吕，四月，管长六寸、一万九千六百八十三分寸之一万二千九百七十四。置无射管长四寸，以分母六千五百六十一乘之，内子六千五百二十四，得三万二千七百六十八。以四乘之，得十三万一千七十二为实。以分母六千五百六十一乘法三，得一万九千六百八十三为法。除之，得中吕之管长六寸、一万九千六百八十三分寸之一万二千九百七十四。

【注释】

〔1〕礼记月令：《礼记·月令》。此篇记载的是各个月份的宜忌，以及相关的礼仪。

〔2〕黄钟：古代的打击乐器，多为庙堂所用，此处指与冬至日相应的律管。可见于《淮南子·天文训》："黄者，土德之色；钟者，气之所钟也。日冬至德气为土，土色黄，故曰黄钟。"

〔3〕律管：古代音乐用来确定音高的标准器，以管的发音来调校音高，简称律。

〔4〕三九遍因之：乘以九次三，即乘以三的九次方。

〔5〕以三再因之：乘以两次三，即乘以三的平方。

〔6〕寸法：换算为寸的进率，此处的意思是寸换算为积数的进率。

〔7〕隔八相生：每隔八个音出现该音律的最谐和音。音律大小次序的排列是，黄钟、大吕、太蔟、夹钟、姑洗、中吕、蕤宾、林钟、夷则、南吕、无射、应钟。黄钟的最谐和音是林钟，正好隔八个律。其余的音律也是如此，故曰"隔八相生"。亦可参见《汉书·律历志》："八八为伍。"

〔8〕子午巳东为上生，子午巳西为下生：原音律的最谐和音律对应于第一

至第六的被称为上生，对应于第七至第十二的则被称为下生。古人将十二音律对应于十二时辰和十二个月份，以及黄道十二宫，并在对应时间以此音律为主音律。因此，子午巳东即为从子时到巳时，子午巳西即为从午时到亥时，所以子午巳东在此处意译为对应于第一到第六的音律，子午巳西在此处意译为对应于第七到第十二的音律。

【译文】

《礼记·月令》中，关于各音律标准管长的计算方法：

黄钟术为：写下1，乘以3的9次方作为分母。写下1，乘以3等于3，再乘以3等于9，再乘以3等于27，再乘以3等于81，再乘以3等于243，再乘以3等于729，再乘以3等于2187，再乘以3等于6561，再乘以3等于19683，作为分母。也就是黄钟1寸长对应的积数。重新将其写在上面，再乘以3的平方，是黄钟长的分子。除以分母，可得与十一月对应的黄钟管长为9寸。

写下黄钟1寸长对应的积数19683，乘以3等于59049。再写下59049，乘以3等于177147，作为黄钟长的分子。用分子除以寸换算为积数的进率19683，可得黄钟的管长为9寸。

律管的规则是每隔8个音出现该音律的最谐和音。原音律的最谐和音律对应于第一至第六的被称为上生，对应于第七至第十二的则被称为下生。上生出的音律比原音律的标准管长长$\frac{1}{3}$，下生出的音律比原音律的标准管长短$\frac{1}{3}$。上生出的音律标准管长的计算方法为乘以4，除以3；下生出的音律标准管长的计算方法为乘以2，除以3。

黄钟下生出的最谐和音是林钟，六月的主音律，其标准管的管长为6寸。用黄钟的标准管长9寸，乘以2，等于18，再除以3，即可得到林钟的标准管长为6寸。

林钟上生出的最谐和音是太蔟，正月的主音律，其标准管的管长为8寸。用林钟的标准管长6寸，乘以4，等于24，再除以3，即可得到太蔟的标准管长为8寸。

□ **五星神图**

五星亦称五纬，谓金木水火土五行星。在古代观天历算的经典作品中，多将五星二十八宿拟为人形。此图出自《中国迷信之研究》，画中从左至右分别为水星（辰星神）、金星（太白星神）、火星（荧惑星神）、木星（岁星神）、土星（镇星神）。

太蔟下生出的最谐和音是南吕，八月的主音律，其标准管的管长为$5\frac{1}{3}$寸。用太蔟的标准管长8寸，乘以2，等于16，再除以3，即可得到南吕的标准管长为$5\frac{1}{3}$寸。

南吕上生出的最谐和音是姑洗，三月的主音律，其标准管的管长为$7\frac{1}{9}$寸。用南吕的标准管长5寸，乘以分母3，加上分子1，等于16。乘以4，等于64。用3乘以分母3，等于9，作为分母。分子除以分母，即可得到姑洗的标准管长为$7\frac{1}{9}$寸。

姑洗下生出的最谐和音是应钟，十月的主音律，其标准管的管长为$4\frac{20}{27}$寸。用姑洗的标准管长7寸，乘以分母9，加上分子1，等于64。乘以2，等于128。用分母9乘以分母3，等于27，作为分母。分子除以分母，即可得到应钟的标准管长为$4\frac{20}{27}$寸。

应钟上生出的最谐和音是蕤宾，五月的主音律，其标准管的管长为

□ 时辰醒钟　清

此醒钟直径12.5厘米，厚7.5厘米，由清朝宫廷钟表处制造，表盘上刻着中国传统的一日十二时辰。其内部结构已经与现代普通机械钟表内部结构相似。

$6\frac{26}{81}$寸。用应钟的标准管长4寸，乘以分母27，加上分子20，等于128。乘以4，等于512。用分母27乘以分母3，等于81，作为分母。分子除以分母，即可得到蕤宾的标准管长为$6\frac{26}{81}$寸。

蕤宾上生出的最谐和音是大吕，十二月的主音律，其标准管的管长为$8\frac{104}{243}$寸。用蕤宾的标准管长6寸，乘以分母81，加上分子26，等于512。乘以4，等于2048，作为分子。分母81乘以分母3，等于243，作为分母。分子除以分母，即可得到大吕的标准管长为$8\frac{104}{243}$寸。

大吕下生出的最谐和音是夷则，七月的主音律，其标准管的管长为$5\frac{451}{729}$寸。用大吕的标准管长8寸，乘以分母243，加上分子104，等于2048。乘以2，等于4096，作为分子。分母243乘以分母3，等于729，作为分母。分子除以分母，即可得到夷则的标准管长为$5\frac{451}{729}$寸。

夷则上生出的最谐和音是夹钟，二月的主音律，其标准管的管长为$7\frac{1075}{2187}$寸。用夷则的标准管长5寸，乘以分母729，加上分子451，等于4096。乘以4，等于16384，作为分子。分母729乘以分母3，等于2187，作为分母。分子除以分母，即可得到夹钟的标准管长为$7\frac{1075}{2187}$寸。

夹钟下生出的最谐和音是无射，九月的主音律，其标准管的管长为

$4\frac{6524}{6561}$寸。用夹钟的标准管长7寸，乘以分母2187，加上分子1075，等于16384。乘以2，等于32768，作为分子。分母2187乘以分母3，等于6561，作为分母。分子除以分母，即可得到无射的标准管长为$4\frac{6524}{6561}$寸。

无射上生出的最谐和音是中吕，四月的主音律，其标准管的管长为$6\frac{12974}{19683}$寸。用无射管的标准管长4寸，乘以分母6561，加上分子6524，等于32768。乘以4，等于131072，作为分子。分母6561乘以分母3，等于19683，作为分母。分子除以分母，即可得到中吕的标准管长为$6\frac{12974}{19683}$寸。

【原文】

礼记礼运[1]注“始于黄钟，终于南吕”[2]法：

“五行之动迭相竭。[3]五行、四时[4]、十二月还相为本[5]。五声[6]、六律[7]、十二管[8]还相为宫[9]。五味[10]、六和[11]、十二食[12]还相为滑[13]。五色[14]、六章[15]、十二衣[16]还相为质[17]。”注云：“竭犹负载也。言五行运转，更相为始。五声宫、商、角、徵、羽。其管阳曰律，阴曰吕。[18]布在十二辰[19]，始于黄钟九寸。下生者三分去一，上生者三分益一。终于南吕。更相为宫，凡六十律。”

甄鸾按：五声、六律、十二管还相为宫，终于南吕：

黄钟为宫，林钟为徵，太蔟为商，南吕为羽，姑洗为角。

林钟为宫，太蔟为徵，南吕为商，姑洗为羽，应钟为角。

太蔟为宫，南吕为徵，姑洗为商，应钟为羽，蕤宾为角。

南吕为宫，姑洗为徵，应钟为商，蕤宾为羽，大吕为角。

姑洗为宫，应钟为徵，蕤宾为商，大吕为羽，夷则为角。

应钟为宫，蕤宾为徵，大吕为商，夷则为羽，夹钟为角。

蕤宾为宫，大吕为徵，夷则为商，夹钟为羽，无射为角。

大吕为宫，夷则为徵，夹钟为商，无射为羽，中吕为角。

夷则为宫，夹钟为徵，无射为商，中吕为羽，黄钟为角。

夹钟为宫，无射为徵，中吕为商，黄钟为羽，林钟为角。

无射为宫，中吕为徵，黄钟为商，林钟为羽，太蔟为角。

中吕为宫，黄钟为徵，林钟为商，太蔟为羽，南吕为角。

甄鸾按：礼记注一本乃有云“始于黄钟，终于南吕”者，更显之于后〔20〕**。**

【注释】

〔1〕礼记礼运：《礼记·礼运》。此篇论述的是礼的起源、运行与作用。

〔2〕始于黄钟，终于南吕：起始于黄钟，终止于南吕。古人将十二律中的最谐和音按五声的顺序排列，从黄钟开始，于南吕结束。此句出自《礼记·礼运》中的郑玄注。

〔3〕五行之动迭相竭：五行的运转，各元素不断更替，轮流作为主导。五行，金木水火土。动，运转。迭相竭，更替变换，轮流主导。

〔4〕四时：四季，春夏秋冬。

〔5〕本：本始。

〔6〕五声：古代音乐中的五种音阶，宫商角徵羽，此处作宫徵商羽角。

〔7〕六律：六阳律，黄钟、太蔟、姑洗、蕤宾、夷则、无射。

〔8〕十二管：十二律对应的十二标准管，黄钟、大吕、太蔟、夹钟、姑洗、中吕、蕤宾、林钟、夷则、南吕、无射、应钟。

〔9〕宫：古代音乐中的一种音阶。

〔10〕五味：甜酸苦辣咸五种味道。

〔11〕六和：酸苦辛咸滑甘。可见于《礼记·礼运》：“五味、六和、十二食，还相为质也。”郑玄注：“和之者，春多酸，夏多苦，秋多辛，冬多咸，皆有滑、甘，是谓六和。”孔颖达疏：“以四时有四味，皆有滑有甘，益之为六也，是为六和也。”按郑注系据《周礼·天官·食医》经文。后用以指多种美味。

〔12〕十二食：指人在一年十二个月中所吃的不同食物。

〔13〕滑：古时指使菜肴柔滑的作料，此处的意思是主味。

〔14〕五色：指青黄赤白黑五种颜色。

〔15〕六章：指青赤黄白黑玄六种颜色。

〔16〕十二衣：指人在一年十二个月中所穿的不同衣服。

〔17〕质：本质，此处的意思是主色。

〔18〕其管阳曰律，阴曰吕：这些音律中，次序为奇数的被称为阳律，次序为偶数的被称为阴吕。阳，奇数。阴，偶数。故六阳律为黄钟、太簇、姑洗、蕤宾、夷则、无射，六阴吕为大吕、夹钟、中吕、林钟、南吕、应钟。

〔19〕布在十二辰：排布在十二个时辰。布，排布。辰，时辰。十二辰，即子丑寅卯辰巳午未申酉戌亥十二个时辰。

〔20〕更显之于后：后文将表述得更加清楚。

【译文】

《礼记·礼运》的注中“起始于黄钟，终止于南吕”的规则：

“五行的运转，此去彼来，轮流作主。五行、四季、十二月，依次交替为本始。五声、六律、十二管，依次交替为宫声。五味、六和、十二食，依次交替为主味。五色、六章、十二衣，依次交替为主色。”注云：“竭，负载的意思。也就是说，五行运转，依次交替为本始。五声为宫、商、角、徵、羽。这些音律中，次序为奇数的被称为阳律，次序为偶数的被称为阴吕。排布在十二个时辰，起始于黄钟，其标准管长为九寸。下生出的音律减去三分之一，上生出的音律加上三分之一。终止于南吕。各音律交相为宫声，一共有六十律。”

甄鸾按：五声、六律、十二管，依次交替为宫声，终止于南吕。

黄钟为宫，林钟为徵，太蔟为商，南吕为羽，姑洗为角。

林钟为宫，太蔟为徵，南吕为商，姑洗为羽，应钟为角。

太蔟为宫，南吕为徵，姑洗为商，应钟为羽，蕤宾为角。

南吕为宫，姑洗为徵，应钟为商，蕤宾为羽，大吕为角。

姑洗为宫，应钟为徵，蕤宾为商，大吕为羽，夷则为角。

应钟为宫，蕤宾为徵，大吕为商，夷则为羽，夹钟为角。

蕤宾为宫，大吕为徵，夷则为商，夹钟为羽，无射为角。

大吕为宫，夷则为徵，夹钟为商，无射为羽，中吕为角。

夷则为宫，夹钟为徵，无射为商，中吕为羽，黄钟为角。

夹钟为宫，无射为徵，中吕为商，黄钟为羽，林钟为角。

无射为宫，中吕为徵，黄钟为商，林钟为羽，太蔟为角。

中吕为宫，黄钟为徵，林钟为商，太蔟为羽，南吕为角。

甄鸾按：《礼记》一注本云“起始于黄钟，终止于南吕”，将在后文表述得更加清楚。

【原文】

礼运一本注“始于黄钟，终于南事”法：

甄鸾按：司马彪〔1〕律历志〔2〕，黄钟下生林钟，林钟上生太蔟，太蔟下生南吕，南吕上生姑洗，姑洗下生应钟，应钟上生蕤宾，蕤宾上生大吕，大吕下生夷则，夷则上生夹钟，夹钟下生无射，无射上生中吕，中吕上生执始，执始下生去灭，去灭上生时息，时息下生结躬，结躬上生变

虡，变虡下生迟内，迟内上生盛变，盛变上生分否，分否下生解形，解形上生开时，开时下生闭掩，闭掩上生南中，南中上生丙盛，丙盛下生安度，安度上生屈齐，屈齐下生归期，归期上生路时，路时下生未育，未育上生离宫，离宫上生凌阴，离宫下生去南，去南上生族嘉，族嘉下生邻齐，邻齐上生内负，内负上生分动，分动下生归嘉，归嘉上生随期，随期下生未卯，未卯上生形始，形始下生迟时，迟时上生制时，制时上生少出，少出下生分积，分积上生争南，争南下生期保，期保上生物应，物应上生质末，质末下生否与，否与上生形晋，形晋下生夷汗，夷汗上生依行，依行上生色育，色育下生谦待，谦待上生未知，未知下生白吕，白吕上生南授，南授下生分乌，分乌上生南事，南事不生。

【注释】

〔1〕司马彪（？—306）：字绍统，西晋史学家，高阳王司马睦长子。曾作《九州春秋》，《续汉书》八十卷，《庄子注》二十一卷，《兵记》二十卷，文集四卷，均已失佚。

〔2〕律历志：《续汉书·律历志》。

【译文】

《礼运》一本的注中“起始于黄钟，终止于南吕”的规则：

甄鸾按：司马彪在《续汉书·律历志》中记载，黄钟下生林钟，林钟上生太蔟，太蔟下生南吕，南吕上生姑洗，姑洗下生应钟，应钟上生蕤宾，蕤宾上生大吕，大吕下生夷则，夷则上生夹钟，夹钟下生无射，无射上生中吕，中吕上生执始，执始下生去灭，去灭上生时息，时息下生结躬，结躬上生变虡，变虡下生迟内，迟内上生盛变，盛变上生分否，分否下生解形，解形上生开时，开时下生闭掩，闭掩上生南中，南中上生丙盛，丙盛下生安度，安度上生屈齐，屈齐下生归期，归期上生路时，路时下生未育，未育上生离宫，离宫上生凌阴，离宫下生去南，去南上生族嘉，族嘉下生邻齐，邻齐上生内负，内负上生分动，分动下生归嘉，归嘉上生随期，随期下生未卯，未卯上生形始，形始下生迟时，迟时上生制时，制时上生少出，少出下生分积，分积上生争南，争南下生期保，期保上生物应，物应上生质末，质末下生否与，否与上生形晋，形晋下生夷汗，夷汗上生依行，依行上生色育，色育下生谦待，谦待上生未知，未知下生白吕，白吕上生南授，南授下生分乌，分乌上生南事，南事不生。

【原文】

汉书[1]“终于南事”算之法：

甄鸾按：司马彪志序云：“汉兴[2]，北平侯张苍[3]首治律、历[4]。孝武[5]正乐[6]，置协律之官[7]。至元始[8]中，博征通知钟律者[9]，考其意义。刘歆[10]典领[11]条奏[12]。前史班固取以为志。而元帝[13]时郎中[14]京房[15]知五声之音，六律之数。上使太子太傅[16]元成、谏议大夫[17]章杂试问房于乐府。房对，受学[18]故小黄令焦延寿[19]。六十律相生之法：以上生下皆三生二，以下生上皆三生四[20]；阳下生阴，阴上生阳，始于黄钟，终于中吕，而十二律毕矣；中吕上生执始，执始下生去灭，上下相生，终于南事，六十律毕矣。夫十二律之变至于六十，犹八卦之变至于六十四也。宓羲[21]作易，纪[22]阳气之初，以为律法，建日冬至之声。以黄钟为宫，太蔟为商，姑洗为角，林钟为徵，南吕为羽，应钟为变宫，蕤宾为变徵，此声气之元[23]，五音之正也。故各统一月[24]，其余以次运行[25]。当月者各自为宫，而商、徵以类从焉[26]。礼运篇曰，‘五声、六律、十二管还相为宫’，此之谓也。以六十律分期之日，黄钟自冬至始，及冬至而复。阴阳、寒燠[27]、风雨之占生焉。所以检摄群音[28]，考其高

下〔29〕，苟非革木之声，则无不有所合。〔30〕

“竹声不可以度调〔31〕，故作准〔32〕以定数。准之状如瑟，长丈而十三弦。隐间〔33〕九尺，以应黄钟之律九寸。中央一弦，下有画分寸，以为六十律清浊〔34〕之节。〔35〕

“律术〔36〕曰，阳以圆为形，其性动。阴以方为节，其性静。动者数三，静者数二。以阳生阴倍之，以阴生阳四之，皆三而一。阳生阴曰下生，阴生阳曰上生。上生不得过黄钟之浊，下生不得不及黄钟之清。皆参天两地〔37〕、圆益方覆〔38〕、六耦承奇〔39〕之道也。黄钟律吕〔40〕之首，而生十一律者也。其相生也，皆三分而损益之。是故十二律之得十七万七千一百四十七。是为黄钟之实。”〔41〕

如前置一算，以三九遍因之，得一万九千六百八十三，为黄钟一寸之积分，即为一寸之法。即以三再因之，得一十七万七千一百四十七为黄钟之实。以寸法除之，得黄钟之管长九寸。又以二乘而三约之，是谓下生林钟之实。置黄钟之实一十七万七千一百四十七，以二因之，得三十五万四千二百九十四。以三除之，得一十一万八千九十八为林钟之实。以寸法一万九千六百八十三除之，得林钟之管长六寸。又以四乘而三约之，是谓上生太蔟之实。置林钟之实十一万八千九十八，以四因之，得四十七万二千三百九十二。以三除之，得十五万七千四百六十四为太蔟之实。以寸法一万九千六百八十三除之，得太蔟之管长八寸。自余诸管上、下相生，皆仿此。“推此上下以定六十律之实。以九三之，得一万九千六百八十三为法。”实如法，“于律为寸，于准为尺；于律为分，于准为寸〔42〕。不盈者十之所得为分，又不盈十之所得为小分。以其余正其强弱〔43〕”。

子，黄钟实十七万七千一百四十七。律九寸。下生林钟。

臣淳风等谨按：此六十律上下相生之法，空有都术而无问目。今于此下附一都问。自余诸律冋皆准此。其问宜云：黄钟实十七万七千一百四十七，律长九寸。下生林钟，实、律各几何？

曰：实，一十一万八千九十八。律长六寸。

色育实十七万六千七百七十七。律八寸九分。小分八微强。**下生谦待**。

执始实十七万四千七百六十二。律八寸八分。小分七太强。**下生去灭**。

丙盛实十七万二千四百一十。律八寸七分。小分六微弱。**下生安度**。

分动实十七万零八十九。律八寸六分。小分四微强。**下生归嘉**。

质末实十六万七千八百。律八寸五分。小分二半强。**下生否与**。

丑，大吕实十六万五千八百八十八。律八寸四分。小分三弱。**下生夷则**。

分否实十六万三千六百五十五。律八寸三分。小分一少强。**下生解形**。

凌阴实十六万一千四百五十二。律八寸二分。小分少弱。**下生去南**。

少出实十五万九千二百八十。律八寸。小分九强。**下生分积**。

寅，太蔟实十五万七千四百六十四。律八寸。下生南吕。

未知实十五万七千一百三十五。律七寸九分。小分八强。**下生白吕**。

时息实十五万五千三百四十四。律七寸八分。小分九强。**下生结躬**。

屈齐实十五万三千二百五十四。律七寸七分。小分八半强。**下生归期**。

随期实十五万一千一百九十一。律七寸六分。小分八微强。**下生未卯**。

形晋实十四万九千一百五十六。律七寸五分。小分八弱。**下生夷汗**。

卯，夹钟实十四万七千四百五十六。律七寸四分。小分九微强。**下生**

无射。

开时实十四万五千四百七十一。律七寸三分。小分九微强。**下生闭掩**。

族嘉实十四万三千五百一十三。律七寸二分。小分九微强。**下生邻齐**。

争南实十四万一千五百八十二。律七寸一分。小分九强。**下生期保**。

辰，姑洗实十三万九千九百六十八。律七寸一分。小分一微强。**下生应钟**。

南授实十三万九千六百七十六。律七寸。小分九半强。**下生分乌**。

变虞实十三万八千八十四。律七寸。小分一半强。**下生迟内**。

路时实十三万六千二百二十五。律六寸九分。小分二微强。**下生未育**。

形始实十三万四千三百九十二。律六寸八分。小分三弱。**上生迟时**。

依行实十三万二千五百八十三。律六寸七分。小分三半强。**上生色育**。

巳，中吕实十三万一千七十二。律六寸六分。小分六微弱。**上生执始**。

南中实十二万九千三百八。律六寸五分。小分七微弱。**上生丙盛**。

内负实十二万七千五百六十七。律六寸四分。小分八微强。**上生分动**。

物应实十二万五千八百五十。律六寸三分。小分九少强。**上生大吕**。

午，蕤宾实十二万四千四百一十六。律六寸三分。小分二微强。**上生大吕**。

南事实十二万四千一百五十六。律六寸三分。小分一弱。**不生**。

盛变实十二万二千七百四十一。律六寸二分。小分三半强。**上生**

分否。

离宫实十二万一千八十九。律六寸一分。小分五微强。**上生凌阴。**

制时实十一万九千四百六十。律六寸。小分七微弱。**上生少出。**

未，林钟实十一万八千九十八。律六寸。上生太蔟。

谦待实十一万七千八百五十一。律五寸九分。小分九弱。**上生未知。**

去灭实十一万六千五百八。律五寸九分。小分二微弱。**上生时息。**

安度实十一万四千九百四十。律五寸八分。小分四微弱。**上生屈齐。**

归嘉实十一万三千三百九十三。律五寸七分。小分六微强。**上生随期。**

否与实十一万一千八百六十七。律五寸六分。小分八少强。**上生形晋。**

申，夷则实十一万五百九十二。律五寸六分。小分二弱。**上生夹钟。**

解形实十万九千一百三。律五寸五分。小分四强。**上生开时。**

去南实十万七千六百三十五。律五寸四分。小分六太强。**上生族嘉。**

分积实十万六千一百八十六。律五寸三分。小分九少强。**上生争南。**

酉，南吕实十万四千九百七十六。律五寸三分。小分三少。**上生姑洗。**

白吕实十万四千七百五十七。律五寸三分。小分二强。**上生南授。**

结躬实十万三千五百六十三。律五寸二分。小分六微强。**上生变虞。**

归期实十万二千一百六十九。律五寸一分。小分九微强。**上生路时。**

未卯实十万七百九十四。律五寸一分。小分二微强。**上生形始。**

夷汗实九万九千四百三十七。律五寸。小分五微强。**上生依行。**

戌，无射实九万八千三百四。律四寸九分。小分九少强。**上生中吕。**

闭掩实九万六千九百八十一。律四寸九分。小分三弱。**上生南中。**

邻齐实九万五千六百七十五。律四寸八分。小分六微强。**上生内负。**

期保实九万四千三百八十八。律四寸七分。小分九半强。**上生物应。**

亥，应钟实九万三千三百一十二。律四寸七分。小分四微强。**上生蕤宾。**

分乌实九万三千一百一十七。律四寸七分。小分三微强。**上生南事。**

迟内实九万二千五十六。律四寸六分。小分八弱。**上生盛变。**

未育实九万八百一十七。律四寸六分。小分一少强。**上生离宫。**

迟时实八万九千五百九十五。律四寸五分。小分五强。**上生制时。**

甄鸾按：刚柔殊节，清浊异伦〔44〕，五音六律，理无相夺〔45〕。隔八相生，又如合契〔46〕。按司马彪志序云："上生不得过黄钟之浊，下生不得不及黄钟之清。"是则上生不得过九寸，下生不得减四寸五分。且依行者，辰上之管也。长六寸七分。上生色育。然则色育者，亥上之管也。长四寸四分，减黄钟之清。其名仍就下生之名，其算变取上生之实。乃越亥就子〔47〕，编于黄钟之下，律长八寸九分。非直名与实乖〔48〕，抑亦〔49〕违例隔凡〔50〕。志又云："始于黄钟，终于南事"，注云："不生"。且南事午上管也。计南事之律次得上生八寸四分之管。便是上生不过黄钟之浊。乃注云"不生"，此乃苟欲充六十之数。其于义理，未之前闻。〔51〕

【注释】

〔1〕汉书：此处指《续汉书》。

〔2〕汉兴：西汉初期。

〔3〕北平侯张苍：张苍（前256—前152），西汉初期丞相，精于历算。

〔4〕首治律、历：首次研究了音律、历法。治，研究。律，音律。历，历法。

〔5〕孝武：汉孝武帝，即汉武帝刘彻。

〔6〕正乐：厘正乐音。语出《史记·乐书》："自仲尼不能与齐优遂容于

鲁，虽退正乐以诱世，作五章以刺时，犹莫之化。”

〔7〕置协律之官：设置了掌管音律的官职。协律之官，掌管音律的官职。协，掌协，掌管。

〔8〕元始：汉平帝刘衎的年号。

〔9〕博征通知钟律者：广泛征集通晓音律的人。博，广泛。征，征集。通知，通晓。钟律，泛指音律。

〔10〕刘歆（约前50—23）：字子骏，后改名刘秀。西汉宗室，经学家。

〔11〕典领：主管。

〔12〕条奏：逐条上奏。

〔13〕元帝：汉元帝刘奭。性情仁厚，好儒术。

〔14〕郎中：官职名，属员外级，分掌各司事务，是仅次于丞相、尚书、侍郎的高级官员。

〔15〕京房（前77—前37）：本姓李，字君明，西汉学者，工于易学。

〔16〕太子太傅：官职名，汉代所置，主要职责是辅导太子。《史记·商君列传》：“太子，君嗣也，不可施刑，刑其傅公子虔，黥其师公孙贾。”

〔17〕谏议大夫：官职名，秦代所置，为郎中令之属官，主要职责是谏议大夫。

〔18〕受学：师从某人学习。

〔19〕小黄令焦延寿：小黄令，小黄县（今河南开封）的县令。焦延寿，原名焦赣，或作“焦贡”，字延寿。西汉中后期梁国睢阳（今河南商丘）人，汉代哲学家。

〔20〕以上生下皆三生二，以下生上皆三生四：用上生下都是乘以三分之二，用下生上都是乘以三分之四。

〔21〕宓羲：伏羲氏，三皇之一，八卦的创始人。《史记·太史公自序》：“伏羲至纯厚，作《易》八卦。”《文选·潘岳·为贾谧作赠陆机

诗》："粤有生民，伏羲始君。"

〔22〕纪：通"记"，记载。

〔23〕元：开始。

〔24〕各统一月：各自统领一个月份，即每个月分别都有主音律。

〔25〕以次运行：按次序变化。

〔26〕以类从焉：以此类推。

〔27〕寒燠（yù）：冷热。

〔28〕检摄群音：检查各个音律。

〔29〕高下：音调高低。

〔30〕汉兴……则无不有所合：这段话原出自《续汉书·律历志》，亦可见于《后汉书·律历志上》。

〔31〕度调：调整音调。度，调整。调，音调。

〔32〕准：标准，此处的意思是标准乐器。

〔33〕隐间：琴的有效弦长。

〔34〕清浊：清，声音清澈。浊，声音低沉浑厚。

〔35〕竹声不可以度调……以为六十律清浊之节：这段话原出自《续汉书·律历志》，亦可见于《后汉书·律历志上》。

〔36〕律术：即《律术》，是京房解释《周易》的著作，现大部分内容已失佚。

〔37〕参天两地：《周易》中关于立卦数字的一句话，参悟天数和地数。《周易·说卦》："参天两地而倚数。"

〔38〕圆益方覆：圆指阳，方指阴，故此处的意思是阴阳运转。

〔39〕六耦承奇：指卜卦。《周易·系辞下》："阳卦奇，阴卦耦。"耦，通"偶"。

〔40〕律吕："六律"、"六吕"的合称，即音乐上的"十二律"。

〔41〕律术曰……是为黄钟之实：这段话原出自《续汉书·律历志》，亦可见于《后汉书·律历志上》。

〔42〕于律为寸……于准为寸：按律历单位是寸的，做成标准管单位是尺；按律历单位是分的，做成标准管单位是寸。

〔43〕不盈者十之所得为分……以其余正其强弱：不满十的，记为分，再不满十的，记为小分（分子换算为寸与分有余数的，余数即为小分）。再剩下的，用强弱来修正。其中第一个“十”指一寸，第二个“十”指一分。例如：“南吕实十万四千九百七十六。律五寸三分。小分三少强。”计算方法为：104976除以19683，等于5.333……，3的循环。故此称为“律五寸三分。小分三少强”。其中“小分三少强”，指的是比小分三多一点。

〔44〕伦：次序。

〔45〕理无相夺：按照规则，没有排序不对的。此处意译为按规则排列。

〔46〕合契：对合符契。符契常常以竹木或金石制成，刻字后一分为二，双方各执其一。两半能够对合则生效。《后汉书·张衡传》：“合契若神。”

〔47〕越亥就子：越过亥时，编入子时。

〔48〕乖：背离。

〔49〕抑亦：或许，表推测。

〔50〕隔凡：古代民间音乐术语，一种旋宫变调手法，将原旋律的“角”音在演奏时变换为“清角”音。

〔51〕计南事之律次得上生八寸四分之管……未之前闻：南事管长的分子为124156，上生出音律的管长计算方法为：124156乘以$\frac{4}{3}$，再除以19683，约为8寸4分。没有超过6寸，即没有违背“上生不过黄钟之浊”，但注为“不生”，甄鸾猜测是为了凑齐六十律所致。

【译文】

《汉书》中“终于南事”的计算方法：

甄鸾按：司马彪作的序中说：“西汉初期，北平侯张苍首次研究了音律、历法。汉武帝时期，厘正乐音，设置了掌管音律的官职。至元始中期，广泛征集通晓音律的人，考究其意义。刘歆主管此事，逐条上奏。前史官班固据此记录。元帝时期，郎中京房通晓五声的声音、六律的数量。皇帝让太子太傅元成、谏议大夫章杂向京房提问关于乐府的问题。京房回答，我曾经师从小黄令焦延寿。六十律相生的规则为：用上生下都是乘以$\frac{2}{3}$，用下生上都是乘以$\frac{4}{3}$；阳律下生阴吕，阴吕上生阳律，起始于黄钟，终止于中吕，则十二律结束；中吕上生执始，执始下生去灭，上下相生，终止于南事，则六十律结束。那十二律变为六十律，就如同八卦变为六十四卦。伏羲作《易》，记载阳气的开始，并以此作为音律的规则，确立冬至所对应的音律。以黄钟为宫，太蔟为商，姑洗为角，林钟为徵，南吕为羽，应钟为变宫，蕤宾为变徵，这是声律气息的开始，五音中的正音。因此各月份都有其主音律，其余音律按照次序变化。当月的主音律为宫，而商、徵以此类推。《礼运》篇中说‘五声、六律、十二管，依次交替为宫声’，就是这个意思。用六十律对应于期日，黄钟从冬至日开始使用，到冬至日复还。其间阴阳、冷热、风雨对应的音律就产生了。用其去检查各个音律，考察它们的音调高低，如果不是皮革、木材发出的声音，就没有不相符的。

“竹子发出的声音不可以调整音调，因此将之作为标准。标准乐器的形状像瑟，长1丈，13根弦。弦长9尺，用以对应于黄钟标准音的9寸。中央有一根弦，下面画有标准，用以区分六十律中的清浊之节。

“《律术》写道，阳律用圆作为形状，表示动态的性质。阴吕用方作为形状，表示静止的性质。动数为3，静数为2。用阳律生阴吕要乘以

2，用阴吕生阳律要乘以4，而后都要除以3。阳律生阴吕被称为下生，阴吕生阳律被称为上生。上生出的音律不得比黄钟浑厚，下生出的音律不得比黄钟清澈。这些都是参天两地、圆益方覆、六耦承奇的奥妙。黄钟是第一个音律，从中生出十一律。相生的过程，都是增减。因此十二律共计177147，是黄钟的分子。"

像前面那样，写下1，乘以3的9次方，等于19683，是黄钟1寸长对应的积数，也是1寸长换算为积数的进率。再乘以3的平方，等于177147，是黄钟的分子。除以寸换算为积数的进率，可得黄钟的管长为9寸。再乘以2除以3，即是下生出林钟的分子。将黄钟的分子177147，乘以2，等于354294。再除以3，等于118098，是林钟的分子。除以寸换算为积数的进率19683，可得林钟的管长为6寸。再乘以4除以3，即是上生出太蔟的分子。将林钟的分子118098，乘以4，等于472392。再除以3，等于157464，是太蔟的分子。除以寸换算为积数的进率19683，可以得到太蔟的管长为8寸。其余各音律对应标准管的管长均按照这种方法上下相生。"按此方法来推断六十律的分子。3自乘9次，等于19683，作为分母。"分子除以分母，"按律历单位是寸的，做成标准管单位是尺；按律历单位是分的，做成标准管单位是寸。不满一寸的，记为分，再不满一分的，记为小分。再剩下的，用强弱来修正。"

子时，黄钟管长的分子为177147。律管长9寸。下生出林钟。

李淳风等谨按：这是六十律上下相生的方法，只有计算方法而没有设问。现今在这里附注一个设问。其余的音律以此类推。该问题应为：黄钟管长的分子为177147，律管长9寸。下生林钟。问林钟管长的分子是多少，律管长多少？

答案为：（林钟管长的）分子是118098。律管长6寸。

色育管长的分子为176777。律管长8寸9分。小分八微强。下生谦待。

执始管长的分子为174762。律管长8寸8分。小分七太强。下生去灭。

丙盛管长的分子为172410。律管长8寸7分。小分六微弱。下生安度。

分动管长的分子为170089。律管长8寸6分。小分四微强。下生归嘉。

质末管长的分子为167800。律管长8寸5分。小分二半强。下生否与。

丑时，大吕管长的分子为165888。律管长8寸4分。小分三弱。下生夷则。

分否管长的分子为163655。律管长8寸3分。小分一少强。下生解形。

凌阴管长的分子为161452。律管长8寸2分。小分少弱。下生去南。

少出管长的分子为159280。律管长8寸。小分九强。下生分积。

寅时，太蔟管长的分子为157464。律管长8寸。下生南吕。

未知管长的分子为157135。律管长7寸9分。小分八强。下生白吕。

时息管长的分子为155344。律管长7寸8分。小分九强。下生结躬。

屈齐管长的分子为153254。律管长7寸7分。小分八半强。下生归期。

随期管长的分子为151191。律管长7寸6分。小分八微强。下生未卯。

形晋管长的分子为149156。律管长7寸5分。小分八弱。下生夷汗。

卯时，夹钟管长的分子为147456。律管长7寸4分。小分九微强。下生无射。

开时管长的分子为145471。律管长7寸3分。小分九微强。下生闭掩。

族嘉管长的分子为143513。律管长7寸2分。小分九微强。下生邻齐。

争南管长的分子为141582。律管长7寸1分。小分九强。下生期保。

辰时，姑洗管长的分子为139968。律管长7寸1分。小分一微强。下生应钟。

南授管长的分子为139676。律管长7寸。小分九半强。下生分乌。

变虞管长的分子为138084。律管长7寸。小分一半强。下生迟内。

路时管长的分子为136225。律管长6寸9分。小分二微强。下生未育。

形始管长的分子为134392。律管长6寸8分。小分三弱。上生迟时。

依行管长的分子为132583。律管长6寸7分。小分三半强。上生色育。

巳时，中吕管长的分子为131072。律管长6寸6分。小分六微弱。上生执始。

南中管长的分子为129308。律管长6寸5分。小分七微弱。上生丙盛。

内负管长的分子为127567。律管长6寸4分。小分八微强。上生分动。

物应管长的分子为125850。律管长6寸3分。小分九少强。上生大吕。

午时，蕤宾管长的分子为124416。律管长6寸3分。小分二微强。上生大吕。

南事管长的分子为124156。律管长6寸3分。小分一弱。不生。

盛变管长的分子为122741。律管长6寸2分。小分三半强。上生分否。

离宫管长的分子为121089。律管长6寸1分。小分五微强。上生凌阴。

制时管长的分子为119460。律管长6寸。小分七微弱。上生少出。

未时，林钟管长的分子为118098。律管长6寸。上生太蔟。

谦待管长的分子为117851。律管长5寸9分。小分九弱。上生未知。

去灭管长的分子为116508。律管长5寸9分。小分二微弱。上生时息。

安度管长的分子为114940。律管长5寸8分。小分四微弱。上生屈齐。

归嘉管长的分子为113393。律管长5寸7分。小分六微强。上生随期。

否与管长的分子为111867。律管长5寸6分。小分八少强。上生形晋。

申时，夷则管长的分子为110592。律5寸6分。小分二弱。上生夹钟。

解形管长的分子为109103。律5寸5分。小分四强。上生开时。

去南管长的分子为107635。律5寸4分。小分六太强。上生族嘉。

分积管长的分子为106186。律5寸3分。小分九少强。上生争南。

酉时，南吕管长的分子为104976。律管长5寸3分。小分三少强。上生姑洗。

白吕管长的分子为104757。律管长5寸3分。小分二强。上生南授。

结躬管长的分子为103563。律管长5寸2分。**小分六微强**。上生变虞。

归期管长的分子为102169。律管长5寸1分。**小分九微强**。上生路时。

未卯管长的分子为100794。律管长5寸1分。**小分二微强**。上生形始。

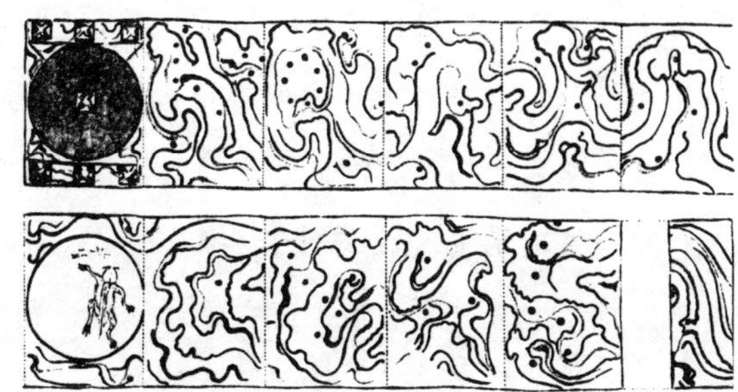

□ 河南洛阳西汉墓壁画天象图

在中国古代，“云气”也属天文学范畴。这幅图是河南洛阳西汉墓壁画天象图，绘在墓前室顶脊砖砌体的12块砖上。图中用朱色绘日、月、星辰，朱墨两色绘流云，粉白涂地。

夷汗管长的分子为99437。律管长5寸。**小分五微强**。上生依行。

戌时，无射管长的分子为98304。律管长4寸9分。**小分九少强**。上生中吕。

闭掩管长的分子为96981。律管长4寸9分。**小分三弱**。上生南中。

邻齐管长的分子为95675。律管长4寸8分。**小分六微强**。上生内负。

期保管长的分子为94388。律管长4寸7分。**小分九半强**。上生物应。

亥时，应钟管长的分子为93312。律管长4寸7分。**小分四微强**。上生蕤宾。

分乌管长的分子为93117。律管长4寸7分。**小分三微强**。上生南事。

迟内管长的分子为92056。律管长4寸6分。**小分八弱**。上生盛变。

未育管长的分子为90817。律管长4寸6分。**小分一少强**。上生离宫。

迟时管长的分子为89595。律管长4寸5分。**小分五强**。上生制时。

甄鸾按：刚柔不同的节奏，清浊不同的次序，五音六律，按规则排列。隔八相生，就如同符契相合那样。按照司马彪所写的序言，“上生出的音律，管长不得超过黄钟的管长；下生出的音律，管长不得短于黄钟管长的一半”。就是说上生出的音律，管长不得超过9寸，下生出的音律，管长不得少于4寸5分。依行，辰时的音律，其管长6寸7分。上生色育。然而色育是亥时的音律，其管长为4寸4分，比黄钟管长的一半短。它的名字仍然是下生音律的名字，而它的计算方法则用的是上生。于是就将其从亥时的音律归到了子时，编在了黄钟之下，律管长8寸9分。这不仅仅是它的名字与实际背离，或许还是违反惯例变调。司马彪还记载：“起始于黄钟，终止于南事。”注云：“不生。”南事是午时的音律。南事按音律上生出的音律管长8寸4分。按照规则上生出的音律，其管长并没有超过黄钟的管长，但却注为“不生”，这是想要凑齐60这个数字吧。这其中的原因，前人没有提到。

【原文】

礼记投壶[1]法：

“壶颈修七寸，腹修五寸，口径二寸半，容斗五升。”[2]注云：“修，长也。腹容斗五升[3]，三分益一[4]，则为二斗。得圆囷[5]之象，积三百二十四寸。以腹修五寸约之，所得求其圆周。圆周二尺七寸有奇，是为腹径九寸有余。”

甄鸾按：斛法一尺六寸二分[6]，上十之[7]，得一千六百二十寸为一斛。积寸下退一等，得一百六十二寸为一斗。积寸倍之，得三百二十四寸为二斗。积寸以腹修五寸约之，得六十四寸八分。乃以十二乘之，得七百七十七寸六分。又以开方除之，得圆周二十七寸，余四十八寸六分[8]。倍二十七，得方法五十四。下法一从方法，得五十五。以三除二十七寸得九寸。又以三除不尽四十八寸六分，得十六寸二分。与法俱上十之，是为壶腹径九寸五百五十分寸之一百六十二。母与子亦可俱半之，

为二百七十五分寸之八十一。

臣淳风等谨按：其问宜云：今有壶腹修五寸，容斗五升。三分益一则为二斗，得圆囷之象。问积寸之与周、径各几何？

曰：积三百二十四寸。周二尺七寸、二百七十五分寸之二百四十三。径九寸、二百七十五分寸之八十一。

术宜云：置二斗以斗法乘之，得积寸。以腹修五寸除之，所得以十二乘之。开方除之，得周数。三约之，即得径数。

【注释】

〔1〕礼记投壶：《礼记·投壶》，该篇的主要内容是投壶时的礼仪。

〔2〕壶颈修七寸……容斗五升：壶颈长7寸，壶腹长5寸，壶口直径是2寸半，容积为1斗5升。语出《礼记·投壶》。壶颈，即瓶颈，壶上端细长的部分。腹，即壶腹，壶中间部分粗的部分。口，即壶口。

〔3〕斗五升：1斗5升。

〔4〕三分益一：增加$\frac{1}{3}$。

〔5〕圆囷（qūn）：原意指圆形的谷仓，此处引申为圆底器皿。囷，圆形的谷仓。

〔6〕斛法一尺六寸二分：一斛是1.62立方尺。

〔7〕上十之：即乘以1000。上，上位，此处的意思是乘以1000，即10的三次方。

〔8〕余四十八寸六分：此处的计算方法为，777.6平方寸，减去27寸的平方，即可得48.6平方寸。

【译文】

《礼记·投壶》关于求壶直径的计算方法：

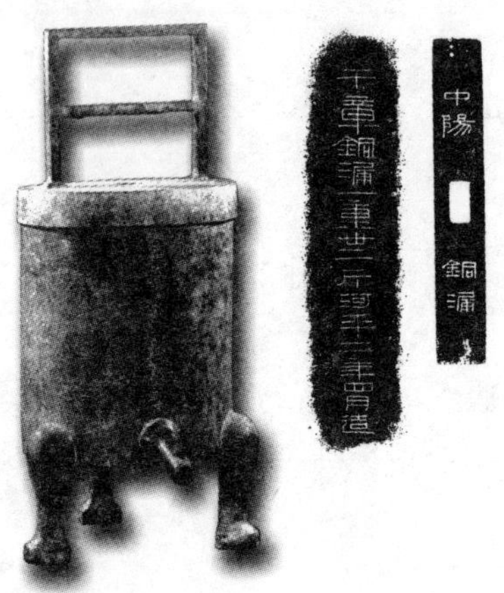

□ 千章漏壶

西汉实行“夜漏尽，指天明，要鸣鼓报时。昼漏尽，指夜临，要鸣钟报时”的计时制度，自汉代以后历代循行。这件西汉漏壶出土于内蒙古自治区鄂尔多斯市杭锦旗。它能够容水6384立方厘米，近管端处有一圈凹槽，壶身外流管上有铭文“千章铜漏一，重卅二斤”等字样，可知系铸于当时西河郡的千章县。此壶为迄今容量最大、保存最完整的西汉铜漏壶，制于汉成帝河平二年（前27年）。

“壶颈长7寸，壶腹长5寸，壶口直径是2寸半，容积为1斗5升。”注云：“修，长。壶的容积为1斗5升，增加$\frac{1}{3}$，即为2斗。即可得到圆底器皿的容积为324立方寸。再约去壶腹的长度5寸，即可求得其圆周。圆周为2尺7寸多，壶腹的直径即为9寸多。”

甄鸾按：1斛是1.62立方尺，乘以10，可得知1620立方寸为1斛。前面的立方寸数除以10，可得知162立方寸为1斗。立方寸换算为斗的进率乘以2，可得324立方寸为2斗。用前面的立方寸数除以壶腹的长5寸，等于64.8平方寸。再乘以12，等于777.6平方寸。开方可以得到圆周为27寸，余数为48.6平方寸。27乘以2，可得方法54。下法等于1加上方法，即55。27寸除以3等于9寸。用余数48寸6分除以3，等于16寸2分。分子分母均乘以10，即可得壶腹的直径为9$\frac{162}{550}$寸。分子分母也可以都约去2，是9$\frac{81}{275}$寸。

李淳风等谨按：该问题应为：现今有壶，腹长5寸，容积为1斗5升。多$\frac{1}{3}$则为2斗，即可得到圆底器皿的容积。问容积是多少立方寸，周长和直径各是多少？

答案为：容积是324立方寸。周长为2尺7$\frac{243}{275}$寸。直径为9$\frac{81}{275}$寸。

计算方法应该为：将2斗，乘以斗与立方寸之间的进率，即可得到容积立方寸。除以腹长5寸，所得结果乘以12。开方，即可得到周长。除以3，即可得到直径。

【原文】

推春秋鲁僖公五年正月辛亥〔1〕朔〔2〕法：

经〔3〕云，“僖公五年春，王正月辛亥朔，日南至〔4〕”。南至，冬至也。冬至之日南极至，故谓之日南至也。日中之时景〔5〕最长，以景度之，知其南至。周官以土圭〔6〕度日景，以求地中〔7〕。夏至之日景尺有五寸。冬至之日立八尺之木以为表，度而知之。“公既视朔，遂登观台以望云气〔8〕，而书〔9〕，礼也。凡分、至启闭〔10〕，必书云物，为备故也。”

臣淳风等谨按：此经皆有术无问。今并准其术意而加问焉。其问宜云：从周历上元丁巳至僖公五年丙寅，积二百七十五万九千七百六十九算。元法四千五百六十，章岁十九，章月二百三十五，岁中十二，闰余〔11〕七，周天分二万七千七百五十九，日法九百四十。问僖公五年正月朔，闰余及大、小余〔12〕各几何？并二月复是何朔？

曰：闰余尽，大余四十七，小余二百三十五。正月辛亥朔，二月庚辰朔。

术曰：置周历上元丁巳至僖公五年虽在丙寅，积二百七十五万九千七百六十九算。以元法四千五百六十，除之，得六百五，弃之。取不尽九百六十九，以章月二百三十五乘之，得二十二万七千七百一十五，以章岁十九除之，得一万一千九百八十五，为积月。不尽为闰余。闰余十二以上，其岁有闰。今闰余尽，则知五年无闰。

【注释】

〔1〕辛亥：辛亥日。此处为辛亥纪日法。

〔2〕朔：原意是日月合朔，即太阳、地球、月亮位于同一直线上，古人将

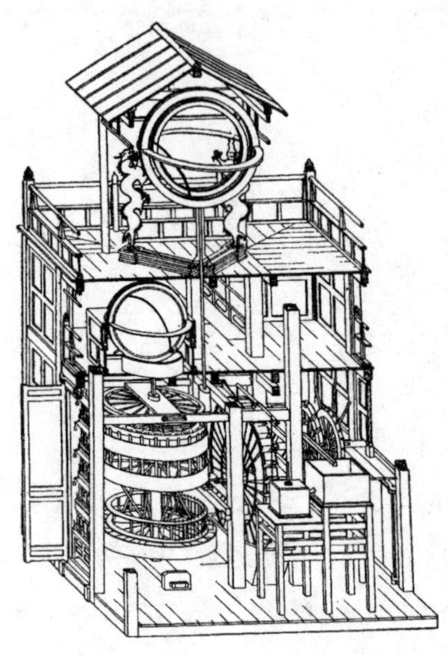

□ 北宋苏颂水运仪象台

这座天文台由苏颂与吏部令史韩公廉等人合作创制，高宋尺3丈5尺6寸5分（11.2米），底宽广各2丈1尺（6.6米）。上层安装浑仪，中层置浑象，下层设一组木制机械传动装置，可以报时。它由一组水力驱动装置来传动全部设施。浑仪基座水趺（fū）上装有铜圭表，长1丈2尺（4.33米），可测日影，定二十四节气。它是当时世界上最先进、最完备的天文台。

这一天规定为农历的初一。

〔3〕经：此处指《左传》中的经，《左传》每一章均有经和传两部分。下文“经”同。

〔4〕南至：冬至。冬至当天，太阳直射南回归线，是太阳所能直射的最南方，因此被称为“南至”。

〔5〕景：通“影”，影子。

〔6〕土圭：一种古老的测量日影长短的工具，通过记录它正午时影子的长短变化来确定季节的变化。其结构简单，将一根杆垂直矗立在带有刻度的长方形物体上即可作为土圭。该杆被称为表。

〔7〕地中：大地的正中。参见《周礼·地官司徒·大司徒》：“正日景以求地中……日至之景，尺有五寸，谓之地中。”清·孙诒让：“地中者，为四方九服之中也。”《荀子·大略篇》云：“欲近四旁，莫如中央。故王者必居天下之中。”

〔8〕云气：稀薄流动的云雾。古人认为龙起生云，虎啸生风，观测天空中的云雾是占卜测望的需要，占卜的人能够看出吉凶之兆、测望出天子产生的地方。如《鸿门宴》：“吾令人望其气，皆为龙虎，成五采，此天子气也。”

〔9〕书：书写记录。

〔10〕凡分、至启闭：凡是各个重要节气。分，指春分、秋分。至，指

夏至、冬至。启，指立春、立夏。闭，指立秋、立冬。启闭连用则指各个重要节气。

〔11〕闰余：古代历法术语，即多出来的闰月数量。古人十九年置七闰，故将七称为闰余。

〔12〕大、小余：大余和小余，均为古代天文术语。大余，一年中除去完整的甲子周期数剩余的天数，计算方法为：用该年的天数除以六十，所得余数即为大余。小余，每年十二个月整日数之外的小数部分。大余用以推算甲子日，小余用以推算大、小月和平闰年。

【译文】

推算出春秋时期鲁僖公五年正月初一是辛亥日的方法：

《左传》中的经上说，“鲁僖公五年春，正月初一是辛亥日，南至”。南至，即为冬至。冬至当天，太阳直射最南方，因此称冬至日为“南至”。当天中午的影子为全年最长，测量影子的长度，就可以得知冬至到了。周代的官员用土圭来测量日影的长度，以此来确定大地的正中。夏至当天的日影有5寸。冬至那天，立一根8尺长的木头作为表，测量影长即可知晓。“鲁僖公已经知道辛亥日是初一了，于是就登观景台来看稀薄游动的云，并进行记录，这是一种礼制。在各个重要节气，都要记录云气，以防不测。”

李淳风等谨按：这些经文都有计算方法，但没有设问。现在我准确阐述计算方法的含义，并且加上设问。该问题应为：从周历上元丁巳到僖公五年丙寅年，积分为2759769。元法是4560，章岁19，章月235，一年12个月，闰余为7，周天分27759，日法940。问僖公五年正月初一，闰余和大、小余各是多少？二月初一是哪一日？

答案为：闰余为零，大余是47，小余是235。正月初一是辛亥日，二月初一是庚辰日。

计算方法为：写下周历上元丁巳年到僖公五年丙寅年的积分2759769。除以元法4560，商等于605，舍弃。取余数969，乘以章月235，等于227715，除以章岁19，商等于11985，是积月。余数为闰余。如果闰余大于12，则该年有闰月。现今闰余为零，可知5年内没有闰月。

【原文】

推积日法：

置积月一万一千九百八十五，以周天分二万七千七百五十九乘之，得三亿三千二百六十九万一千六百一十五为朔积分。以日法九百四十除之，得三十五万三千九百二十七为积日，不尽二百三十五为小余。以六十除积日得五千八百九十八，弃之。取不尽四十七为大余，命以甲子算外，即正月辛亥朔〔1〕。

【注释】

〔1〕正月辛亥朔：计算方法为，从乙丑开始数，第47位正好是辛亥。

【译文】

推算积日的方法：

将积月11985，乘以周天分27759，等于332691615，是朔积分。除以天数的分母940，商等于353927，是积日，余数为235，是小余。用积日除以60，商等于5898，舍弃。取余数47，是大余。从甲子之后开始计算，可得正月初一是辛亥日。

【原文】

求次月[1]朔法：

置正月朔大、小余，加朔大余二十九、小余四百九十九。若小余满日法九百四十，除之，从大余一。满六十除之，命以甲子算外，即次月朔。如是一[2]，加得一月朔。若小余满四百四十一以上，其月大，减者小也。

【注释】

〔1〕次月：二月。

〔2〕如是一：如果是一。这里引申为如果除尽。

【译文】

求二月初一的计算方法：

写下该年正月初一的大余和小余，大余加上29，小余加上499。如果小余超过天数的分母为940，那么减去分数部分，加上大余，加上1。除以60，取余数。从甲子之后开始计算，即可得二月初一。如果正好除尽，则加得下一个月的初一。如果小余大于等于441，则该月是大月，减去的分数部分小。

【原文】

推僖公五年正月辛亥朔旦冬至法：

经云，“僖公五年春，王正月辛亥朔，日南至”。

臣淳风等谨按术意，其问宜云：一年二十四气[1]。气有大余十五、三十二分之七。从周历上元丁巳至僖公五年，元余有九百六十九算，度余五日[2]、四分度之一。欲求此年朔旦冬至及算此气之法。其术如何？

曰：辛亥朔。

术曰：置前推月朔积年九百六十九算，以余数二十一乘之，得二万三百四十九为实。以度分母四除之，得五千八十七为积日，不尽一为小余。以六十除积日，得八十四，弃之。取不尽四十七为大余。命以甲子算外，辛亥冬至与正月朔同，故曰朔旦冬至。

臣淳风等谨按：术期三百六十五日、四分日之一，今以甲子六十除之，余五日、四分日之一。通之得二十一，故名为余数。即与四为度法也。

【注释】

〔1〕气：节气。古代历法以太阳历二十四节气配阴历十二月，每月配有二气，月中以前叫节气，月中以后叫中气。

〔2〕日：度。根据古人的定义，太阳一日运行的角度为一度。

【译文】

推算鲁僖公五年正月初一辛亥日是冬至日的方法：

《左传》中的经上说，“鲁僖公五年春，正月初一是辛亥日，冬至”。

李淳风等谨按术意，该问题应为：一年有二十四节气。两个节气直接相差$15\frac{7}{32}$天。从周历上元丁巳至僖公五年，元余是969，度余是$5\frac{1}{4}$度。想要求证该年的冬至日是正月初一，并求解计算该节气的方法。如何计算？

答案为：正月初一是辛亥日。

计算方法为：用先前根据月朔算得的积年数969，乘以余数21，等于20349，将其作为分子。除以周天度的分母4，等于5087，是积日，不满1的余数部分是小余。积日除以60，等于84，舍弃。取余数47为大余。从甲子之后开始计算，辛亥日、冬至、正月初一相同，因此称“朔旦冬至”。

臣淳风等谨按：计算方法中一年有$365\frac{1}{4}$日，现今除以甲子周期60，余数为5

日。通分之后的分子为21，因此称为“余数”，即除以分母4的余数。

【原文】

求次气法：

加大余十五，小分二十一。小分满气法二十四，从小余一。小余满四，从大余一。大余满六十，去之，命以甲子算外，次气日。如是一加得一气。

臣淳风等谨按：一年之中有二十四气。欲求一气度者，以二十四气除周天分，即得也。然周天分母有四，须以四乘之，二十四期得九十六为法，以除之，得一气十五日、九十六分日之二十一。等数[1]约之，得三十二分之七也。

术曰：小分二十一。满气法从小余，小四满余从大余者，乃是不约其分，不出分母虽合其数无所由来。若求次气者，宜云加大余十五，小分七。小分满三十二从大余一。如是一加得一气。

【注释】

〔1〕等数：公因数。

【译文】

求下一个节气日期的方法：

加上大余15，小分21。小分除以24，加上小余和1。小余满4，加上大余和1。大余除以60，取余数。从甲子之后开始计算，即可得下一个节气。如果除尽，则是下一个节气。

李淳风等谨按：一年之中有二十四个节气。想要求一个节气的度数，用周天分除以二十四节气，即可得解。然而周天分有小数部分，分母为4，需要用24乘以4，一个周期则是以96作为分母。周天分除以96，可得一个节气是$15\frac{21}{96}$日。约去公因数，等于15 $\frac{7}{32}$ 日。

计算方法为：小分是21。超过节气的分母则小余加1，小余满4则大余加1，实际上是不约分的情况，此处没有写出分母，虽然方法正确，但不易理解。如果想求下一个节气，应该说加上大余15，加上小分7。小分满32则大余加1。如果正好除尽，则加得下一个节气。

【原文】

推文公元年，岁在乙未〔1〕，闰当在十月下，而失在三月〔2〕法：

经云，文公元年“于是闰三月，非礼〔3〕也。先王之正时也，履端于始〔4〕，举正于中〔5〕，归余于终。履端于始，序则不愆〔6〕。举正于中，则民不惑。归余于终，事则不悖〔7〕”〔8〕。

臣淳风等谨按术意，其问宜云：从周历上元丁巳至鲁文公元年岁在乙未，积二百七十五万九千七百九十八算。岁中十二，闰余七。问其年有闰与不？若有闰，复在何月下？

曰：其年有闰，在十月下。

术曰：置周历上元丁巳至鲁文公元年岁在乙未，积二百七十五万九千 七百九十八算。以元法四千五百六十，除之，得六百五，弃之。取不尽九百九十八，以章月二百三十五乘之，得二十三万四千五百三十。以章岁十九除之，得一万二千三百四十三，为积月。不尽十三为闰余。经云，闰余十二已上其岁有闰。今有十三，即知文公元年有闰也。

【注释】

〔1〕岁在乙未：乙未年。

〔2〕失在三月：错误地将闰月设立在三月。

〔3〕非礼：不符合传统习惯。

〔4〕履端于始：从冬至开始推算时历。习俗上，古代将冬至视为一年的第一天，此日举行祭祀。天文方面的原因为，冬至日地球位于远日点。履，执行。

〔5〕举正于中：在中间设立标准。此处意译为测定春分、秋分、夏至、冬至的月份作为四季的中月。

〔6〕序则不愆（qiān）：四季的顺序就不会错乱。序，指四季的顺序。愆，错乱。

〔7〕事则不悖：就不会与实际情况相悖。事，此处指太阳与月球的运行。

〔8〕于是闰三月……事则不悖：这段话出自《左传·文公元年》。

【译文】

推算文公元年是乙未年，所以闰月应设置在十月，但闰月却被错误地将设立在三月，对此说明如下：

《左传》的经上说，文公元年“于是闰三月，不符合传统习惯。先王修正时令，推算时历从冬至开始，测定春分、秋分、夏至、冬至的月份作为四季的中月，将剩余的天数归在一年的年尾。从冬至开始推算时历，则四季的顺序就不会错乱。测定春分、秋分、夏至、冬至的月份作为四季的中月，则臣民对农事就不会疑惑。将剩余的天数归在一年的年尾，就不会与实际情况相悖”。

李淳风等谨按术意，该问题应为：从周历上元丁巳至鲁文公元年乙未年，积分为2759798。一年12个月，闰余为7。问该年是否有闰月？如果有闰月，闰几月？

曰：该年有闰月，闰十月。

术曰：写下周历上元丁巳至鲁文公元年乙未年，积分以2759798算。除以元法4560，商等于605，舍弃。取余数998，乘以章月235，商等于234530。除以章岁19，商等于12343，是积月。余数13为闰余。经上说，闰余超过12则该年有闰月。现今是13，即可得知文公元年有闰月。

【原文】

推闰余十三在何月法：

置章岁十九，以闰余〔1〕十三减之，不尽六。以岁中十二〔2〕乘之，得七十二。以章闰〔3〕七除之，得十。命从正月起算外，闰十月下而尽。闰三月者，非也。

【注释】

〔1〕闰余：一回归年中农历一年多出的天数。

〔2〕岁中十二：指一年中有12个月。岁，年。

〔3〕章闰：古人19年置7闰，故章闰指7。

【译文】

推算闰余十三时闰在几月的方法：

写下章岁19，减去闰余13，所得之差为6。乘以一年中的月份12，等于72。除以章闰7，商等于10。除去正月开始计数，数到十月之后停止，故应是闰十月。该年被设为闰三月，不符合传统习惯。

【原文】

推文公六年，岁在庚子，是岁无闰而置闰法：

经云，文公六年"闰月不告朔〔1〕，犹朝于庙"〔2〕。传〔3〕曰，"闰月不告朔，非礼也。闰以正时，时以作事〔4〕，事以厚生〔5〕。生民之道〔6〕于是乎在矣。不告闰朔，弃时正也，何以为民？"〔7〕

臣淳风等谨按术意，问宜云：从周历上元丁巳至文公元年，元余九百九十八算。问文公六年合有闰不？

曰：无闰。

术曰：置文公元年算九百九十八，更加五得一千三算。以章月二百三 十五乘之，得二十三万五千七百五。以章岁十九除之，得一万二千四百五为积月。不尽十为闰余。经云，闰余十二已上其岁有闰。今止有十，即知六年无闰也。

【注释】

〔1〕告朔：古代一种祭祀仪式。天子在岁末冬季时，把来年的历书颁布给诸侯，诸侯拜受历书，收藏进祖庙。每个月的朔日，须以活羊祭庙并听政。参见《周礼·春官宗伯》："大史……颁告朔于邦国。"

〔2〕闰月不告朔，犹朝于庙：闰月不举行告朔的仪式，但仍然要在宗庙朝见。语出《左传·文公六年》。

〔3〕传：此处指《左传》中的传。《左传》每一章均有经和传两部分。下文"传"同。

〔4〕时以作事：时令用以指导农事。时，时令。事，指农事。

〔5〕事以厚生：农事符合时令则使人民富裕。厚，使……厚。厚生，使生活富裕。

〔6〕生民之道：教化人民的方法。生，使……生，意指教化人民。

〔7〕闰月不告朔……何以为民：这段话出自《左传·文公六年》。

【译文】

推断文公六年是庚子年，该年本不应该有闰月，但却置闰。对此说明如下：

《左传》的经上说，文公六年"闰月不举行告朔的仪式，仍然在宗庙朝见”。传曰，“闰月不举行告朔的仪式，不符合礼仪制度。闰月用来补正时令，时令用以指导农事，农事符合时令则使人民生活富裕。这就是教化人民的方法。不举行告朔的仪式，这是放弃了修正时令，怎么能教化百姓从事农事呢？”

李淳风等谨按术意，该问题应为：从周历上元丁巳到文公元年，元余是988。问文公六年有闰月吗？

答案为：没有闰月。

计算方法为：将文公元年的元余998，加上5，等于1003。乘以章月235，等于235705。除以章岁19，商等于12405，是积月。余数为10，是闰余。经云，闰余超过12则该年有闰月。现今只有10，即可得知文公六年没有闰月。

【原文】

推襄公二十七年，岁在乙卯，再失闰法：

襄公二十七年，岁在乙卯，九月乙亥朔，是建申之月〔1〕也。鲁史书“十二月乙亥朔，日有食之”〔2〕。传曰，冬“十一月乙亥朔，日有食之。于是辰在申〔3〕，司历〔4〕过也，再失闰矣”。言时实以为十一月也。不察其建，不考之于天也。〔5〕

臣淳风等谨按术意，问宜云：从文公十一年至襄公二十七年，合七十一年。从何术推求得知再失闰？

术曰：置文公十一年岁在乙巳会于承匡之岁，至襄公二十七年岁在乙卯，合七十一年。闰余七，即以七乘七十一年得四百九十七。以章岁十九除之，得二十六闰。以长历校之，正二十四闰。故云再失闰。

【注释】

〔1〕建申之月：古代以北斗七星斗柄的运转作为定季节的标准，将十二地

支和十二个月份相配，用以纪月。建申之月，即北斗七星斗柄指向申。通常将冬至所在的十一月称为“建子之月”，而后依次为建丑之月、建寅之月……以此类推，直至十月建亥之月，按此周而复始。由于农历需置闰，故在实际使用中，不能简单地将建子之月等同于十一月。此处九月为建申之月，就是置闰所致。

〔2〕十二月乙亥朔，日有食之：原出处不可考，甄鸾引“鲁史书”。

〔3〕辰在申：北斗七星的斗柄指向申。辰，北辰，即北斗七星，此处的意思是北斗七星的斗柄。

〔4〕司历：掌管历法的官吏。

〔5〕传曰……不考之于天也：疑似转引自《汉书·律历志下》。

【译文】

推算襄公二十七年是乙卯年，置闰少了两次。对此说明如下：

襄公二十七年是乙卯年，九月初一是乙亥日，该月是建申之月。鲁国史书记载“十二月初一乙亥日”。《左传》的传上说，冬季“十一月初一乙亥日，有日食。北斗七星的斗柄指向申，（应该是九月）由于司历的错误，再次没有置闰”。当时以为是十一月，原因是没有考察月建和天象。

李淳风等谨按术意，问题应该为：从文公十一年到襄公二十七年，合计共71年。用什么方法推知置闰少了两次？

计算方法为：从文公十一年乙巳年承匡之会那年，到襄公二十七年乙卯年，合计共71年。闰余为7，用71年乘以7，等于497。除以章岁19，可得应有26个闰月。比对月历，月历是24个闰月。因此说置闰少了两次。

【原文】

推绛县老人[1]生经四百四十五甲子法：

襄公三十年，岁在戊午，二月癸未。注："二月一日，丁卯朔。癸未十七日也。""晋悼夫人食与人之城杞者。绛县人长矣，无子，而往与于食。有与疑年，使之年。曰：'臣小人也，不知纪年。臣生之岁，正月甲子朔，四百有四十五甲子矣。其季于今三之一也[2]。'吏走问诸朝，师旷曰：'鲁叔仲惠伯会却成子于承匡之岁也……七十三年矣。'史赵[3]曰：'亥有二首六身，下二如身，是其日数也。'士文伯曰：'然则二万六千六百有六旬也。'"

甄鸾按："四百四十五甲子，其季于今三之一"者，计四百四十五甲子有二万六千七百日。其季三之一者，谓不满四百有四十五甲子。于未满一甲子六十日之中，三分取一，谓去四十日，止留二十日也。是以注云，三分六甲之一得甲子、甲戌尽癸未。谓止有四百有四十四甲子，奇二十日，合二万六千六百六十日，以应史赵"亥有二首六身"之数也。

术曰：置积日二万六千六百六十日，以四乘之，得十万六千六百四十日为实。又置周天三百六十五日、四分日之一，以四乘之，内子一，得一千四百六十一为一岁之日法。以除实，得七十二岁。一千四百四十八，少十三分不满法。计四分为一日[4]，更少三日，不终季年。算法，半法以上收成一，为七十三年。据多而言也。

【注释】

〔1〕绛县老人：《左传·襄公三十年》中记载的人物，因其长寿，后"绛县老人"代称高寿之人。

〔2〕其季于今三之一也：从上一个甲子日到下一个甲子日已经过去三分之一了。

〔3〕史赵：春秋时期晋国人，生卒年不详，担任太史一职。

〔4〕计四分为一日：将四分看作一日。一年有365$\frac{1}{4}$天，故四分为一日。

【译文】

推算绛县老人经历了445个甲子日的方法：

襄公三十年，是戊午年，二月是癸未月。注："二月一日，丁卯初一。癸未月十七日。""晋悼公夫人请那些为杞国筑城的人吃饭。绛县中有一个年龄很大的人，没有儿子，也去吃饭。有人怀疑他的年龄，就让他自己说。此人称：'臣是小人，不知道记录年龄。臣出生那年，正月初一是甲子日，目前已经过了445个甲子日了。上一个甲子日过去了$\frac{1}{3}$。'官吏走到朝廷中询问，师旷说：'这是鲁国的叔仲惠伯与却成子在承匡会见的那年……73年了。'史赵说：'亥，上面是二，下面是六。下面的二当作身子，就是天数了。'士文伯：'那么就是26660天了。'"

甄鸾按：根据"445个甲子日，上一个甲子日过去了$\frac{1}{3}$"这句话，先计算出445个甲子日即过去了26700天。上一个甲子日过去了$\frac{1}{3}$，也就是不满445个甲子周期的部分。在未满一个甲子周期的60天中，取$\frac{1}{3}$，也就是去掉40天，只留下20天。因此注上说$\frac{1}{3}$个甲子周期从甲子年到癸未年，$\frac{1}{6}$个甲子周期从甲子年到甲戌年。说只有444个甲子日，多出来20日，一共是26660日，与史赵说的"亥有二首六身"这个数相合。

计算方法为：将积日26660，乘以4，等于106640日，作为分子。周天$365\frac{1}{4}$日，将365乘以4，加上分子1，等于1461，为一年的日法。分子除以日法，商等于72年。余数1448，比日法少13。将4分看作1日，则少了3日，不到73年。根据计算方法，多于日法一半则加1，是73年。据此是多说了年数。

【原文】

推文公十一年，岁在乙巳，夏正月甲子朔[1]，绛县老人生月法：

襄公三十年，绛县人曰："臣小人也，不知纪年。臣生之岁，正月甲子朔，四百四十五甲子矣。其季于今三之一也。"

臣淳风等谨按术意，问宜云：从周历上元至绛县老人生年，元余有一千八算。正月既甲子朔。问正月以前十二月、十一月大小，又各是何朔？及大余、小余之数，当月各有几何？

曰：夏之十一月小，乙丑朔。大余一，小余一百一十三。十二月大，甲午朔。大余三十，小余六百一十二。正月小，甲子朔。大余尽，小余一百七十一。

术曰：置文公元年九百九十八算，更加十得一千八算。以章月二百三十五乘之，得二十三万六千八百八十。以章岁十九除之，得一万二千四百六十七为积月。不尽七为闰余。

【注释】

〔1〕夏正月甲子朔：夏历的正月初一是甲子日。

【译文】

文公十一年，即乙巳年，夏历正月初一是甲子日。推算绛县老人出生月份的方法：

襄公三十年，绛县老人说："臣是小人，不知道记录年龄。臣出生那年，正月初一是甲子日，目前已经过了445个甲子日了。从上一个甲子日到下一个甲子日已经过去$\frac{1}{3}$了。"

李淳风等谨按术意，该问题应为：从周历上元到绛县老人出生那年，元余为1008。正月初一正好是甲子日。问正月之前的十二月、十一月是大月还是小月？它们当月的大余、小余分别是多少?

答案为:夏历的十一月是小月,十一月初一是乙丑日。大余是1,小余是113。十二月是大月,十二月初一是甲午日。大余是30,小余是612。正月是小月,正月初一是甲子日。大余为0,小余是171。

计算方法为:将文公元年998,加上10,等于1008。乘以章月235,等于236880。除以章岁19,商等于12467,是积月。余数7是闰余。

【原文】

推积日法:

置积月一万二千四百六十七,以周天分二万七千七百五十九乘之,得三亿四千六百七万一千四百五十三为朔积分。以日法九百四十除之,得三十六万八千一百六十一为积日,不尽一百一十三为小余。以六十除积日,不尽一为大余。命以甲子算外,乙丑。推次月朔法,如前僖公五年中术。

臣淳风等谨按:此术所推得乙丑朔者,是夏之十一月朔也。欲求十二月朔者,置前月小余一百一十三,加朔小余四百九十九。又置前月大余一,加朔大余二十九。命以甲子算外,十二月大,甲午朔。次求正月朔者,置前月小余六百一十二,加朔小余四百九十九。又置前月大余三十,加大余二十九。小余满日法从大余,满六旬除之,适得尽。命以甲子算外,正月小,甲子朔,是老人所生之岁也。

【译文】

推算积日的方法:

将积月12467,乘以周天分27759,等于346071453,是朔积分。除以日法天数的分母940,等于368161,是积日。余数113是小余。积日除以

60，不满1的余数是大余。从甲子之后开始计算，是乙丑日。推算下月初一的方法，类似于先前僖公五年中给出的计算方法。

李淳风等谨按：以该计算方法推得的初一是乙丑日，这说的是夏历十一月初一。想要求十二月初一的话，将前一月的小余113，加上初一的小余499。再将前月的大余1，加上初一的大余29。从甲子之后开始计算，十二月是大月，初一是甲午日。再求正月初一，将前月的小余612，加上初一的小余499。再将前月的大余30，加上大余29。小余超过日法天数的分母则大余加1，满60则去掉，正好除尽。从甲子之后开始计算，正月是小月，初一是甲子日，是老人出生那年。

【原文】

推昭公十九年，闰在十二月后，而以闰月为正月，故以正月为二月法：

臣淳风等谨按术意，问宜云：从周历上元至昭公十九年岁在戊寅，积二百七十五万九千九百一算。问此年合有闰与不，并正月复是何朔？

曰：有闰。正月乙丑朔。

术曰：置周历上元丁巳至昭公十九年岁在戊寅，积二百七十五万九千九百一算。以元法四千五百六十除之，得六百五，弃之。取不尽一千一百一，以章月二百三十五乘之，得二十五万八千七百三十五。以章岁十九除之，得一万三千六百一十七，为积月。不尽十二为闰余。经云，闰余十二已上，其岁有闰。今闰余有一十二，则知十九年有闰也。

【译文】

昭公十九年，闰月在十二月之后，因此以闰月作为正月，而以正月作为二月的推算方法：

李淳风等谨按术意，该问题应为：从周历上元至昭公十九年戊寅年，积分为

2759901。问该年是否有闰月，正月初一是何日？

答案为：有闰月。正月初一是乙丑日。

计算方法为：将周历上元至昭公十九年戊寅年的积分2759901，除以元法4560，等于605，舍弃。取余数1101，乘以章月235，商等于258735。除以章岁19，商等于13617，是积月。余数12是闰余。经云，闰余超过12则该年有闰月。现今闰余是12，可知昭公十九年有闰月。

【原文】

推积日法：

置积月一万三千六百一十七，以周天分二万七千七百五十九乘之，得三亿七千七百九十九万四千三百三为朔积分。以日法九百四十除之，得四十万二千一百二十一为积日。不尽，五百六十三为小余。以六十除积日，得六千七百二，弃之。不尽一为大余。命以甲子算外，正月乙丑朔。

【译文】

推算积日的方法：

将积月13617，乘以周天分27759，等于377994303，是朔积分。除以日法天数的分母940，商等于402121，是积日。余数563是小余。积日除以60，商等于6702，舍弃。余数1是大余。从甲子之后开始计算，正月初一是乙丑日。

【原文】

推昭公十九年，岁在戊寅，闰在十二月下法：

臣淳风等谨按术意，问宜云：昭公十九年闰余十二，既有闰，当在何月下？

曰：在十二月下。

术曰：置章岁十九，以闰余十二减之，不尽七。以十二乘之，得八十四。以章闰七除之，得十二。命从正月起算外，即闰在十二月下也。

【译文】

昭公十九年，是戊寅年，闰十二月的推算方法：

李淳风等谨按术意，该问题应为：昭公十九年闰余是12，该年有闰月，问应当闰几月？

答案为：闰十二月。

计算方法为：将章岁19，减去闰余12，所得之差为7。乘以12，等于84。除以章闰7，等于12。从正月的下一个月开始计算，可知闰十二月。

【原文】

推昭公十九年，岁在戊寅，月朔法：

臣淳风等谨按：昭公十九年依前求之，正月大，乙丑朔。大余一，小余五百六十三。问其年十二月及闰月大、小余，月朔甲子，并当月大、小余各几何？

曰：正月大，乙丑朔，大余一，小余五百六十三。二月小，乙未朔，大余三十一，小余一百二十二。三月大，甲子朔，大余尽，小余六百二十一。四月小，甲午朔，大余三十，小余一百八十。五月大，癸亥朔，大余五十九，小余六百七十九。六月小，癸巳朔，大余二十九，小余二百三十八。七月大，壬戌朔，大余五十八，小余七百三十七。八月小，壬辰朔，大余二十八，小余二百九十六。九月大，辛酉朔，大余五十七，小余七百九十五。十月小，辛卯朔，大余二十七，小余三百五十四。十一月大，庚申朔，大余五十六，小余八百五十三。十二月小，庚辰朔，大余二十六，小余四百一十二。闰月大，己未朔，大余五十五，小余九百一十一。

淳风等推求朔甲乙及月大小，并当月大、小余之法：术曰，置前月大、小余，各加朔大、小余。满日法从大余一，大余满六十去之，余命起甲子算外，即次月朔。如是一，加得一月朔。若小余满四百四十一以上，其月大。不满者小。

其昭公二十年推月朔法，亦准此。

【译文】

昭公十九年，是戊寅年，各月初一的推算方法：

李淳风等谨按：昭公十九年依照前面已经求得，正月是大月，初一是乙丑日。大余是1，小余是563。问该年的十二个月和闰月是大月还是小月，每月初一是何日，并且当月的大、小余分别是多少？

答案为：正月是大月，初一是乙丑日，大余是1，小余是563。二月是小月，初一是乙未日，大余是31，小余是122。三月是大月，初一是甲子日，大余尽，小余是621。四月是小月，初一是甲午日，大余是30，小余是180。五月是大月，初一是癸亥日，大余是59，小余是679。六月是小月，初一是癸巳日，大余是29，小余是238。七月是大月，初一是壬戌日，大余是58，小余是737。八月是小月，初一是壬辰日，大余是28，小余是296。九月是大月，初一是辛酉日，大余是57，小余是795。十月是小月，初一是辛卯日，大余是27，小余是354。十一月是大月，初一是庚申日，大余是56，小余是853。十二月是小月，初一是庚辰日，大余是26，小余是412。闰月是大月，初一是己未日，大余是55，小余是911。

李淳风等推算初一的干支纪日，以及各月大小，和当月大、小余的方法：将前一月的大余和小余，分别加上初一的大余和小余。满天数的分母则大余加1，大余每满60去掉，余数从甲子之后计算，即可得到下一月的初一。如果正好除尽，则是下一个月的初一。如果小余超过441，该月是大月。否则是小月。

要推算昭公二十年各月初一，也都按照此方法。

【原文】

推昭公二十年，岁在己卯，月朔法：

正月大，己丑朔，大余二十五，小余四百七十。二月小，己未朔，大余五十五，小余二十九。三月大，戊子朔，大余二十四，小余五百二十八。

【译文】

昭公二十年，是己卯年，各月初一的推算方法：

正月是大月，初一是己丑日，大余是25，小余是470。二月是小月，初一是己未日，大余是55，小余是29。三月是大月，初一是戊子日，大余是24，小余是528。

【原文】

推昭公二十年，岁在己卯，正月己丑朔，旦冬至，而失云二月己丑冬至法：

臣淳风等谨按术意，问宜云：从周历上元丁巳至昭公二十年己卯，积二百七十五万九千九百二十算。欲求此正月朔日冬至，及大、小余各几何？

曰：大余二十五，小余二。

术曰：从周历上元丁巳至昭公二十年岁在己卯，积二百七十五万九千九百二十算。以元法四千五百六十除之，得六百五，弃之。取不尽一千一百二。以二十一乘之，得二万三千一百四十二。以度分母除之，得五千七百八十五，不尽二为小余。以六十除积日，得九十六，弃之。不尽二十五为大余。命以甲子算外，己丑冬至。与正月朔旦同。

【译文】

昭公二十年，是己卯年，正月初一是己丑日冬至，却误写为二月己丑日冬至的推算方法：

李淳风等谨按术意，该问题应为：从周历上元丁巳年至昭公二十年己卯年，积分是2759920。求证该年正月初一是冬至，并求其大、小余是多少？

答案为：大余是25，小余是2。

计算方法为：从周历上元丁巳年至昭公二十年己卯年，积分是2759920。除以元法4560，商等于605，舍弃。取余数1102。乘以21，等于23142。除以周天度的分母，商等于5785，余数2为小余。积日除以60，商等于96，舍弃。余数25为大余。从甲子之后开始计算，己丑日是冬至，正好是正月初一。

【原文】

甄鸾按：周历昭公十九年，岁在戊寅。其年闰十二月。其月大，己未朔。二十年，岁在己卯。正月大，己丑朔。即以己丑朔，旦为冬至。而昭公十九年，不置闰，乃以闰十二月为正月，故以为二月也。

【译文】

甄鸾按：周历昭公十九年，是戊寅年。该年闰十二月，是大月，初一是己未日。二十年是己卯年。正月是大月，初一是己丑日。于是用初一己丑日作为冬至。而昭公十九年，不设置闰月，于是用闰十二月作为正月，因此（正月被）当成了二月。

【原文】

推哀公十二年，岁在戊午，应置闰而不置，故书有“十有二月螽”[1]法：

经云，哀公十二年“冬十有二月螽”。“季孙[2]问诸仲尼。仲尼曰：‘丘闻之，火[3]伏而后蛰者毕。今火犹西流，司历过也。’”

臣淳风等谨按术意，问宜云：从周历上元丁巳至哀公十二年岁在戊午，积二百七十五万九千九百四十二算。有闰与无？若有闰，复在何月之下？

曰：有闰。在八月之下。

术曰：置周历上元丁巳至哀公十二年岁在戊午，积二百七十五万九千九百四十二算。以元法四千五百六十除之，得六百五，弃之。取不尽一千一百四十二，以章月二百三十五乘之，得二十六万八千三百七十。以章岁十九除之，得一万四千一百二十四为积月。不尽十四为闰余。经云，闰余十二已上有闰。其岁有余十四，则知十二年有闰也。

【注释】

〔1〕螽（zhōng）：蝗虫。此处的意思是蝗灾。

〔2〕季孙：季孙氏，生卒年不详，春秋时期鲁国人。姓姬，“孙”是尊称，三桓之首。

〔3〕火：大火星，即心宿二，今西方星座系统中天蝎座的主星。

【译文】

推算哀公十二年，戊午年，应该置闰却未置闰，因此记载到“十月有两个月的蝗灾”的计算方法：

经云，哀公十二年“冬季十月有两个月的蝗灾”。“季孙氏向孔子询问这件事。孔子说：‘我听说，大火星下沉后昆虫都蛰伏完毕。现今大火星还在向西运动，这是司历官的错误。’”

李淳风等谨按术意，该问题应为：从周历上元丁巳年至哀公十二年戊午年，积分为2759942。该年是否有闰月？如果有闰月，应该闰几月？

答案为：有闰月。闰八月。

计算方法为：周历上元丁巳年至哀公十二年戊午年，积分为2759942，除以元法4560，商等于605，舍弃。取余数1142，乘以章月235，等于268370。除以章岁19，商等于14124，是积月。余数14是闰余。经云，闰余大于12则该年有闰月。该年闰余为14，可知哀公十二年有闰月。

【原文】

求十二年闰月法：

置章岁十九，以闰余十四减之，不尽五。以岁中十二乘之，得六十。以章闰七除之，得八。命从正月起算外，即闰在八月下。

甄鸾按：周十二月，夏之十月也。哀公十二年，闰在夏八月下。当时实是夏之九月，而失以闰月为九月，以九月为十月。故书“冬十有二月螽”也。

【译文】

求哀公十二年闰月的方法：

用章岁19，减去闰余14，所得之差为5。乘以一年12个月，等于60。除以章闰7，商等于8。从正月开始计算，可知闰八月。

甄鸾按：周历的十二月，是夏历的十月。哀公十二年，闰月是夏历的八月。当时实际上是夏历的九月，被误当作闰九月，而九月被当作了十月。因此写道“冬季十月有两个月的蝗灾”。

文化伟人代表作图释书系全系列

第一辑

《自然史》
〔法〕乔治·布封 / 著

《草原帝国》
〔法〕勒内·格鲁塞 / 著

《几何原本》
〔古希腊〕欧几里得 / 著

《物种起源》
〔英〕查尔斯·达尔文 / 著

《相对论》
〔美〕阿尔伯特·爱因斯坦 / 著

《资本论》
〔德〕卡尔·马克思 / 著

第二辑

《源氏物语》
〔日〕紫式部 / 著

《国富论》
〔英〕亚当·斯密 / 著

《自然哲学的数学原理》
〔英〕艾萨克·牛顿 / 著

《九章算术》
〔汉〕张苍 等 / 辑撰

《美学》
〔德〕弗里德里希·黑格尔 / 著

《西方哲学史》
〔英〕伯特兰·罗素 / 著

第三辑

《金枝》
〔英〕J. G. 弗雷泽 / 著

《名人传》
〔法〕罗曼·罗兰 / 著

《天演论》
〔英〕托马斯·赫胥黎 / 著

《艺术哲学》
〔法〕丹纳 / 著

《性心理学》
〔英〕哈夫洛克·霭理士 / 著

《战争论》
〔德〕卡尔·冯·克劳塞维茨 / 著

第四辑

《天体运行论》
〔波兰〕尼古拉·哥白尼 / 著

《远大前程》
〔英〕查尔斯·狄更斯 / 著

《形而上学》
〔古希腊〕亚里士多德 / 著

《工具论》
〔古希腊〕亚里士多德 / 著

《柏拉图对话录》
〔古希腊〕柏拉图 / 著

《算术研究》
〔德〕卡尔·弗里德里希·高斯 / 著

第五辑

《菊与刀》
〔美〕鲁思·本尼迪克特 / 著

《沙乡年鉴》
〔美〕奥尔多·利奥波德 / 著

《东方的文明》
〔法〕勒内·格鲁塞 / 著

《悲剧的诞生》
〔德〕弗里德里希·尼采 / 著

《政府论》
〔英〕约翰·洛克 / 著

《货币论》
〔英〕凯恩斯 / 著

第六辑

《数书九章》
〔宋〕秦九韶 / 著

《利维坦》
〔英〕霍布斯 / 著

《动物志》
〔古希腊〕亚里士多德 / 著

《柳如是别传》
陈寅恪 / 著

《基因论》
〔美〕托马斯·亨特·摩尔根 / 著

《笛卡尔几何》
〔法〕勒内·笛卡尔 / 著

续

第七辑

《蜜蜂的寓言》
〔荷〕伯纳德·曼德维尔 / 著

《宇宙体系》
〔英〕艾萨克·牛顿 / 著

《周髀算经》
〔汉〕佚　名 / 著　赵　爽 / 注

《化学基础论》
〔法〕拉瓦锡 / 著

《控制论》
〔美〕诺伯特·维纳 / 著

《福利经济学》
〔英〕A. C.庇古 / 著

中国古代物质文化丛书

《长物志》
〔明〕文震亨 / 撰

《园冶》
〔明〕计　成 / 撰

《香典》
〔明〕周嘉胄 / 撰
〔宋〕洪　刍　陈　敬 / 撰

《雪宧绣谱》
〔清〕沈　寿 / 口述
〔清〕张　謇 / 整理

《营造法式》
〔宋〕李　诫 / 撰

《海错图》
〔清〕聂　璜 / 著

《天工开物》
〔明〕宋应星 / 著

《工程做法则例》
〔清〕工　部 / 颁布

《髹饰录》
〔明〕黄　成 / 著　扬　明 / 注

《鲁班经》
〔明〕午　荣 / 编

“锦瑟”书系

《浮生六记》
刘太亨 / 译注

《老残游记》
李海洲 / 注

《影梅庵忆语》
龚静染 / 译注

《生命是什么？》
何　滟 / 译

《对称》
曾　怡 / 译

《智慧树》
乌　蒙 / 译

《蒙田随笔》
霍文智 / 译

《叔本华随笔》
衣巫虞 / 译

《尼采随笔》
梵　君 / 译